鉄筋コンクリートの
材料と施工

加藤佳孝＋伊代田岳史＋渡部正＋梅村靖弘 共著

鹿島出版会

まえがき

　1990年代後半から、「土木工学科」を名乗る大学が減少し、「環境」、「社会」、「都市」、「システム」、「デザイン」などを用いた学科名が多くなった。一方で、国土の均衡ある発展を目指して1962年に策定された全国総合開発計画の五全総にあたる計画（1998年閣議決定、目標年次2010年～2015年）では、これまでの計画とは一線を画し、地域の自立の促進と美しい国土の創造が掲げられた。また、このころからわが国の建設投資は徐々に減少している。各大学が改名・改組した本当の理由はわからない。しかし、国土計画の転向や建設投資の減少と、学科の改名・改組の時代が重なることには大きな関係があると思われる。市民が安全・安心で豊かな生活を営むために必要不可欠なインフラの整備が一区切りついたと考えられた時代であり、土木工学科が新たなニーズへの対応や新たなシーズの創造を目指し始めた時代なのであろう。

　比較的成熟した分野では、いつかは保守と革新に分かれるときがくる。土木分野でも、改名・改組した学科と、土木工学の伝統を尊重しその名前を守り続けている保守的な学科とに分かれた。これは、優劣をつけるような話ではない。比較的成熟した分野であるからこそ、様々な考えが共存し切磋琢磨していくことが重要なのである。土木工学科の名称を守り続けている大学は、著者の知る限り6校程度あるが、偶然にも本書の著者全員は土木工学科に所属している。

　さて、成熟した分野での講義内容には全く変化がなく、お決まりの講義となるのであろうか？　答えは、否である。著者の学生時代（1990年代前半）と比較してみると、本書で取り上げている環境性、劣化、耐久性照査、維持管理などは、当時は講義の対象ではなかった。また、コンクリート構造物で使用される材料や施工においても、時代のニーズに合わせて様々な技術開発が行われ、一般に利用されるようになっている。学生には酷な話ではあるが、年々、学ぶべきことは確実に増えている。一方で、大学卒業までに必要な単位取得数に変化はない。そのうえ、1科目の講義時間にも変化がない。つまり、新しい知識を講義の中だけで提供しようとすれば、講義の内容は浅く広くせざるを得ない。シラバスには教員や学科の特徴が現れるものであるが、基礎重視型、応用重視型、バランス型などに分類でき、それぞれに一長一短がある。基礎重視型と比較すると、応用重視型は学生が講義内容に興味を抱きやすい。しかし、基礎知識が少ないため対象としなかったことへの応用力が弱くなりやすいという欠点がある。また、バランス型はすべてが中途半端になる可能性がある。いずれの場合でも、講義時間以外の自己学習が重要となる。そのとき必要となるのは、わかりやすい書籍である。

　コンクリート工学に関連する書籍は、平易な説明、イラストや演習問題を活用した初級者向けの書籍や、現場で役立つ知識をまとめた実務者向けの書籍、最近の研究成果などを盛り込んだ専門的な書籍など多岐にわたる。著者は講義のために少なくとも20冊以上の教科書を読んできたが、共通して感じることがある。それは、ある程度専門的な知識があれば文章の真意をくみ取れる（行間を読める）が、果たして初めてコンクリートを学ぶ人が、この真意をくみ取れるのか？　と思うことである。

　本書では、このような著者の経験から、自己学習ができるように可能な限り丁寧に解

説することに努めた。そのため、多少くどい解説になっている箇所もあるかと思うが、ご容赦頂きたい。また、近代セメントが開発されてから200年程度が経過していながら、未だにコンクリートの諸特性は理論的に説明されていない。本来、コンクリートの諸特性も、物理・化学的な理論体系の基で説明されるべきであるが、現状では、実験事実や実構造物で観察された事実などに基づいた工学的な解釈で理解している部分が多く存在する。このような例を端的に表しているのは、第6章で紹介する配合設計にある。構造物の要求性能に基づき、必要となるコンクリートの諸特性を満足する材料選定や配合設計の際に、過去の実績などを参照して暫定の配合を定め、その後は試行錯誤で配合を決定する。この配合設計において、物理・化学的な理論体系で説明が可能であれば「試行錯誤」は不要であるが、たとえ同じ材料・配合で製造しても、得られるコンクリートの特性が異なることは実際によくあることである。コンクリートは、水、セメント、骨材が基本材料で、材料を練混ぜた後に型枠に打込み、時間の経過とともに硬化する材料である。構造物の規模は大きく、見た目には想像し難いと思うが、用いる材料の大きさは数μmから数十mm程度、コンクリート中に存在する空隙の大きさは数nmから数百μm程度と、様々な大きさの物質で構成されている複合材料である。このことが基礎的な物理・化学的な知識のみではコンクリートの諸特性を十分に説明できない要因の一つであるが、それ故に、知的好奇心をもたらす材料なのであろう。本書では、コンクリートの諸特性の解釈の基礎となる物理・化学的な知識と、工学的な知識を説明しているが、前記したように、両者は必ずしも明確にリンクした状況にないことを付記しておく。

　本書はコンクリートの材料・施工を対象としており、土木工学科系の学部教育で提供されるコンクリート工学、実験、施工などの講義で用いられることを想定している。従来の教科書に比べて環境性なども対象としている点や、コンクリートの諸特性について比較的高度な知識に関しても説明している点などにおいて、大学院生の教科書や研究職の入門書としても活用できる。また、第4章の施工やコラムに記述した分析手法や各種非破壊試験などについては、実務者の入門書としても活用できるであろう。本書は初めてコンクリートを学ぶ人、実務経験はあるものの基礎知識などを再学習したい人など、とにかく「学びたい人（学ぶ必要がある人）」の手助けとなる「自己学習できる」書籍を目指したものであり、広くご活用頂ければ幸いである。

　最後に、本書をまとめるにあたり鹿島出版会の橋口聖一氏には多大なご協力を頂いた。また、写真やデータ等をご提供頂きました皆様にも、厚く御礼申し上げます。

2012年8月

共著者を代表して　加藤　佳孝

目　次

まえがき

第1章　コンクリートの社会的役割
1.1　社会とコンクリート ………………………………………………………… 1
　　1.1.1　社会基盤整備の概要 …………………………………………… 1
　　1.1.2　社会基盤整備におけるコンクリート ……………………… 2
　　1.1.3　コンクリートとは ……………………………………………… 2
　　1.1.4　コンクリートとセメントの歴史 …………………………… 3
1.2　建設プロジェクトとコンクリート ……………………………………… 5
1.3　性能規定と仕様規定 ………………………………………………………… 7
1.4　環境負荷と環境貢献 ………………………………………………………… 8
　　1.4.1　コンクリート構造物の環境性 ……………………………… 8
　　1.4.2　環境負荷の評価方法 …………………………………………… 8
　　1.4.3　コンクリートの環境負荷低減技術 ………………………… 9

第2章　鉄筋コンクリートの構成材料
2.1　概　説 ………………………………………………………………………… 13
2.2　セメントの製造、性質と水和反応 …………………………………… 13
　　2.2.1　ポルトランドセメントの製造 ……………………………… 13
　　2.2.2　ポルトランドセメントの組成と物理的性質 …………… 15
　　2.2.3　ポルトランドセメントの水和反応 ………………………… 18
2.3　セメントの種類と材料選定 …………………………………………… 24
　　2.3.1　ポルトランドセメント ……………………………………… 24
　　2.3.2　混合セメント ………………………………………………… 25
　　2.3.3　エコセメント ………………………………………………… 26
　　2.3.4　その他のセメント …………………………………………… 26
　　2.3.5　国際的なセメントの種類 …………………………………… 27
2.4　骨材（細骨材・粗骨材） ……………………………………………… 27
　　2.4.1　骨材の役割と求められる性質 ……………………………… 27
　　2.4.2　骨材の種類 …………………………………………………… 28
　　2.4.3　細骨材と粗骨材 ……………………………………………… 29
　　2.4.4　骨材の物理的性状 …………………………………………… 30
　　2.4.5　骨材の化学的性状 …………………………………………… 33
2.5　混和材料 …………………………………………………………………… 35
　　2.5.1　混和材 ………………………………………………………… 35
　　2.5.2　混和剤 ………………………………………………………… 38

2.6 水 39
2.7 補強材 39
   2.7.1 鋼　材 39
   2.7.2 エポキシ樹脂塗装鉄筋 40
   2.7.3 ステンレス鉄筋 41
   2.7.4 短繊維補強材 42
   2.7.5 連続繊維補強材 42

第3章 コンクリートの性質

3.1 良いコンクリートの条件 43
3.2 コンクリートに要求される基本的品質 43
3.3 フレッシュコンクリート 44
   3.3.1 フレッシュコンクリートを表す性質 44
   3.3.2 フレッシュコンクリートの試験 45
   3.3.3 フレッシュコンクリートのモデル化 46
   3.3.4 良好なワーカビリティーの確保 47
   3.3.5 材料分離現象 48
3.4 硬化したコンクリートの力学的特性 49
   3.4.1 各種強度 49
   3.4.2 変形特性 51
   3.4.3 強度に影響を与える要因 52
3.5 コンクリート中の空隙 53
3.6 コンクリートの水密性 56
3.7 コンクリートのひび割れ 57
   3.7.1 ひび割れ発生の各種原因 57
   3.7.2 体積変化に起因するひび割れ 58
   3.7.3 ひび割れの取扱い 60

第4章 鉄筋コンクリート構造物の施工

4.1 施工計画書の作成 63
4.2 レディーミクストコンクリート 64
   4.2.1 コンクリートの製造 64
   4.2.2 レディーミクストコンクリート工場の選定 65
   4.2.3 レディーミクストコンクリートの発注 65
   4.2.4 コンクリートの品質管理 67
4.3 コンクリートの受入れ検査 72
4.4 型枠・支保工の設計と施工 74
4.5 鉄筋の加工と組立て 77
4.6 打継目および伸縮継目 80
4.7 コンクリートの場内運搬 82
4.8 コンクリートの打込み、締固めおよび仕上げ 85
4.9 養生および型枠・支保工の取り外し 88

4.10	寒中コンクリートの施工	90
4.11	暑中コンクリートの施工	91
4.12	マスコンクリートの施工	92
4.13	構造物の品質検査および出来形検査	93
4.14	施工記録	97

第5章 劣化機構と耐久性照査

5.1	耐久性とは	99
5.2	鋼材腐食	100
	5.2.1 鋼材腐食の概要	100
	5.2.2 平衡状態の鋼材腐食	100
	5.2.3 鋼材腐食速度	101
	5.2.4 不動態	102
5.3	コンクリート中の鋼材腐食と耐久性照査	103
	5.3.1 コンクリート中の鋼材腐食の基礎	103
	5.3.2 中性化に伴う鋼材腐食	105
	5.3.3 塩　害	110
5.4	凍　害	118
	5.4.1 凍害機構の基礎	118
	5.4.2 凍害に及ぼす影響	119
	5.4.3 耐凍害性を有するコンクリートの確認	120
5.5	化学的侵食	121
5.6	アルカリ骨材反応	123

第6章 コンクリートの配合設計

6.1	配合設計の位置づけ	125
6.2	配合設計の方法	126
	6.2.1 配合選定の考え方と手順	126
	6.2.2 目標性能の設定	127
	6.2.3 配合条件の設定	127
	6.2.4 暫定の配合	131
	6.2.5 計画配合の決定	133
	6.2.6 現場配合	134

第7章 要求性能を満たす様々なコンクリート

7.1	概　説	137
7.2	使用材料が特殊なコンクリート	137
	7.2.1 短繊維補強コンクリート	137
	7.2.2 軽量骨材コンクリート	138
7.3	要求性能が特殊なコンクリート	139
	7.3.1 高強度コンクリート	139

7.3.2　高流動コンクリート　………………………………………………… 140
7.3.3　水中不分離性コンクリート　…………………………………………… 142
7.3.4　海洋コンクリート　……………………………………………………… 143
7.3.5　収縮補償コンクリート　………………………………………………… 144
7.3.6　ポーラスコンクリート　………………………………………………… 144
7.4　施工方法が特殊なコンクリート　…………………………………………… 145
7.4.1　水中コンクリート　……………………………………………………… 145
7.4.2　プレパックドコンクリート　…………………………………………… 148
7.4.3　吹付けコンクリート　…………………………………………………… 149
7.4.4　転圧コンクリート　……………………………………………………… 149

第8章　維持管理の基礎

8.1　維持管理の必要性　…………………………………………………………… 153
8.2　コンクリート構造物の維持管理とは　……………………………………… 153
8.2.1　合理的な維持管理計画に向けて　……………………………………… 153
8.2.2　管理体制の重要性　……………………………………………………… 154
8.2.3　設計と維持管理の関係　………………………………………………… 154
8.3　維持管理の方法　……………………………………………………………… 155
8.3.1　維持管理の流れ　………………………………………………………… 155
8.3.2　維持管理計画　…………………………………………………………… 155
8.3.3　診　断　…………………………………………………………………… 155
8.3.4　対　策　…………………………………………………………………… 158
8.3.5　記　録　…………………………………………………………………… 160

付録　土木材料実験の手引き

Ⅰ．鉄筋の引張試験　………………………………………………………………… 163
Ⅱ．セメントの強さ試験　…………………………………………………………… 165
Ⅲ．骨材の物性試験　………………………………………………………………… 168
　　［骨材のふるい分け試験］　……………………………………………………… 168
　　［細骨材の密度および吸水率試験］　…………………………………………… 171
　　［粗骨材の密度および吸水率試験］　…………………………………………… 175
　　［細骨材の表面水率試験］　……………………………………………………… 178
　　［骨材の含水率試験および含水率に基づく表面水率の試験］　……………… 181
　　［骨材の単位容積質量および実積率試験］　…………………………………… 182
Ⅳ．コンクリート試験　……………………………………………………………… 184
　　［スランプ試験］　………………………………………………………………… 184
　　［フレッシュコンクリートの空気量の圧力による試験］　…………………… 184
　　［コンクリートの圧縮強度試験］　……………………………………………… 186
　　［コンクリートの曲げ強度試験］　……………………………………………… 188

column	セメントの鉱物組成の分析、水和物の解析〔XRD-Rietveld〕	*22*
	水和物（特に CH、CO_2）の定量〔TG-DTA〕	*23*
	セメント、粉体、水和物の観察〔SEM〕	*23*
	硬化体中の空隙分布の測定〔水銀圧入法〕	*55*
	非破壊による圧縮強度の推定方法	*96*
	鋼材腐食の測定	*104*
	物質移動特性の非破壊的計測	*107*
	塩化物イオン量の測定	*117*

索　引　　*191*

第1章
コンクリートの社会的役割

1.1 社会とコンクリート

1.1.1 社会基盤整備の概要

社会基盤（Infrastructure：インフラストラクチャー）は、人が安全・安心で豊かな生活を営み、社会の持続可能な発展（sustainability：サステナビリティー）を支えるために整備された仕組みのことであり、国土の管理・保全や、交通・輸送システム、防災、情報など、その分野は多岐にわたっている。国民生活と密接に関係するため、これらの供給は、市場による供給だけでは不十分であり、国や地方自治体が公共事業として行うことが多い。建設産業は、社会基盤を構成する施設（道路、鉄道、港湾、空港、ダム、河川、上下水道など）の整備を行う業種である。

図 1-1 は、国土交通省が公表している建設投資の推移について、名目投資額と実質投資額（平成 17 年度基準として建設工事費デフレーターにより算出）を示したものである。1990 年代前半をピークとして、年々建設投資が減少しているのがわかる。

戦後のわが国の経済史を振り返ると、1954 年 12 月に始まる神武景気を皮切りに 1970 年代前半頃までは高度経済成長期、その後安定成長期となった。さらに、1980 年後半から 1991 年までのバブル期、バブル崩壊後に失われた 10 年ともいわれる低成長（あるいはゼロ成長）期を迎えた。2002 年から景気は外需主導の回復局面に入り、2007 年までいざなみ景気といわれる戦後最大の景気拡大期間となったが、その後、サブプライムローン問題をきっかけとした米国の住宅バブル崩壊に端を発し、2011 年現在に至るまで世界金融危機は続いている。このような経済情勢と民間における建設投資の変遷は、非常に結びつきが強いことが図から理解できる。わが国では、2011 年 3 月 11 日に東日本大震災が発生したが、今後の社会に大きな影響を与えると思われる。

図 1-2 は、名目 GDP に対する名目建設投資額比率の推移を示したものである。社会基盤施設が不足していた 1980 年代までは約 20%前後で推移していたが、その後、景気の低迷もあり、2011 年現在では約 9%と低下している。

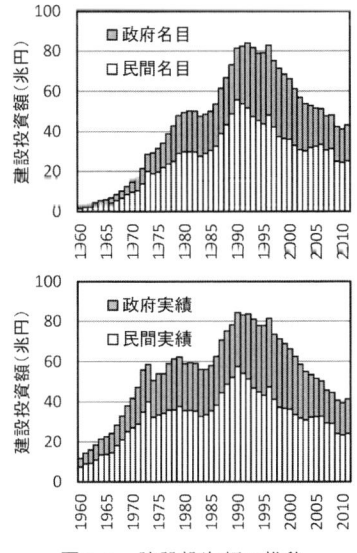

図 1-1　建設投資額の推移

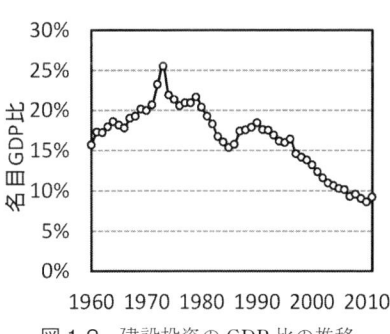

図 1-2　建設投資の GDP 比の推移

2003年から2007年頃の世界各国の名目GDPに対する名目建設投資額比率は、米国（約9％）、英国（約6％）、独国（約5％）、仏国（約6％）、豪州（約10％）、韓国（約17％）であり、わが国は米国とほぼ同じ状況となっている。ただし、世界有数の地震大国である日本では、同じ機能を有する構造物を建設するための費用は、地震等の災害リスクの少ない国と比べて多くなるため、建設投資額＝社会基盤整備状況、とはならないことに注意が必要である。

1.1.2 社会基盤整備におけるコンクリート

図1-3は、国土交通白書（平成22年）をもとに、レディーミクストコンクリート（生コン）と普通綱鋼材の年間使用量の推移を示したものである。コンクリートは圧縮に強く鋼材は引張に強い材料であり、使用する目的が異なるため、それらを単純に体積割合で比較することに問題はあるものの、コンクリートの割合が非常に多いことがわかる。

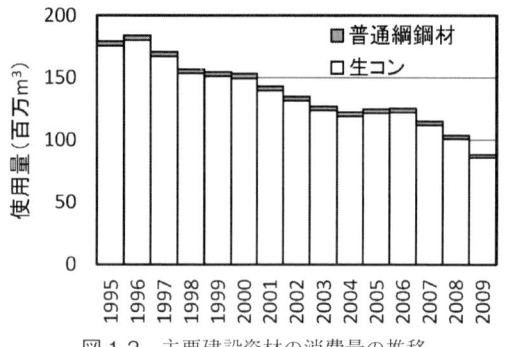

図1-3 主要建設資材の消費量の推移

図1-4は、高速道路、国道、県道、市道における橋梁種類の割合を、コンクリート橋、鋼橋およびその他として示したものである。この図からも、コンクリートが主要な建設材料であることがわかる。

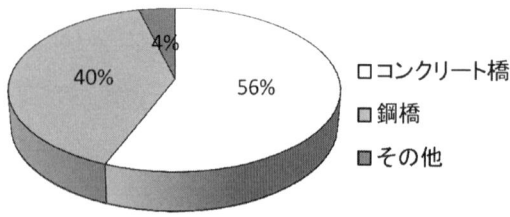

図1-4 橋梁に占める割合（橋長15m以上、1998年）

コンクリートがこれほど多く使われているのは、大規模な社会基盤整備に用いられる建設材料にとって、次に示すような重要な性質を有していることによる。

① 調達が簡単で大量に使用でき安価であること
② 作用外力に対して十分な強度が確保できること
③ 環境作用に対して耐久的であること
④ 施工が容易であること

コンクリートを構成する材料のほとんどは、天然資源としてわが国のいたる所に豊富にあるため、材料入手が容易で安価となる。レディーミクストコンクリートの値段は種類や場所によって異なるが、一般的なコンクリートが東京では12,000円/m^3（12円/L）程度である。材料の性質上、任意の形状の構造物をどこでも構築でき、非常に耐久的な材料である。加えて、材料の製造過程やコンクリート材料として、産業廃棄物を有効利用することが可能である（1.4.3や第2章参照）。

1.1.3 コンクリートとは

コンクリート（concrete）とは、ラテン語のconcretusに由来し、con-「一緒に」、cretus「成長して固まった」から、"種々の材料が混じり合って次第に硬く結合してできた固体"を表し、13世紀後半にラテン語から英語化された。今日でもコンクリートは、粗骨材（砂利や砕石）と細骨材（砂や砕砂）を、セメントや石灰、石こうなど水と反応して硬化する無機質系の結合材や、アスファルトや合成樹脂など有機系の結合剤の糊付け作用によって固化した物体を表す言葉として使用されている。結合材の種類によって、セメントコンクリート、アスファルトコンクリート、ポリマーコンクリートなどと区別されているが、単にコンクリートといえば、セメントを結合材とするコンクリートを指す。また、日本工業規格（JIS）では、コンクリートの定義を「セメント、水、細骨材、粗骨材および必要に応じて加える混和材料を構成材料とし、これらを練り混ぜその他の方法によって、一体化したもの」としている。

セメントに水を加えたものを「セメントペースト」、さらに細骨材を加えたものを「モルタル」、さらに粗骨材を加えたものを「コンクリート」と

呼び、これらのまだ固まらない状態を「フレッシュ（フレッシュコンクリート）」、固まった状態を「硬化（硬化コンクリート）」あるいは単にコンクリートと呼ぶ。

コンクリートは、水、セメント、細骨材、粗骨材を基本として、様々な材料を混合することで、多様な要求に対応する性質を付与することが可能である。一般的なコンクリートの場合、容積の約70%は骨材が占めているが、コンクリート構造物の外観を見ただけでは、骨材がこれほど多く混合されていることを想像できない。

1.1.4　コンクリートとセメントの歴史

コンクリートの起源を概観すると、現在確認されている範囲では、イスラエル・イフタス地方で発掘された遺跡調査結果を根拠とした約9,000年前とする説や、中国・大地湾地方で発掘された遺跡調査結果を根拠とした約5,000年前とする説などがある。古代エジプトのピラミッドにもモルタルとして、気硬性セメントが使用されていたようである。気硬性セメントは、現在使用されている水硬性セメントとは異なり、二酸化炭素を吸収して緻密化する石灰質の材料であり、水硬性セメントと比べて硬化するまでに非常に長い時間が必要であった。

水硬性セメントの起源は不明だが、古代ローマの時代になると、ヴェスヴィオ火山付近やナポリ湾から採取した火山性堆積物（ポゾラン）を粉砕し、石灰、砂と混ぜたモルタルを使用していた（**写真1-1、写真1-2**参照）。気硬性セメントに比べて早く硬化するため、社会基盤整備に要する時間が非常に短縮できたと考えられている。ポゾランとは、それ自体には水硬性はないが、ポゾランに含まれている可溶性のケイ酸（ケイ素（Si）、酸素、水素の化合物の総称）等が水酸化カルシウム（石灰中に存在）と徐々に反応して、不溶性の安定なケイ酸カルシウムをつくる物質のことである。ポゾランには人工的なフライアッシュやシリカフュームおよび天然の火山ガラスや珪藻等がある（2.4「混和材料」を参照）。

写真1-2　ポンペイ遺跡のコンクリート

ローマ帝国の滅亡以降、コンクリートによる大規模な構造物がつくられた形跡はなく、ローマ帝国の影響を強く受けた南フランスの地域で、細々と伝承されたといわれている。ローマ帝国滅亡後は、社会的価値観として壮麗さ、豪華さが注目されたため、構造物でもゴシック様式などの石造建造物が主流となった（**写真1-3**参照）。

写真1-1　ヴェスヴィオ山とポンペイ遺跡

写真1-3　ケルン大聖堂（ゴシック様式）

1750年代後半になると、イギリスの土木技術者であるジョン・スミートンが、エディストン灯台の再建（基底部の石材と岩礁との固定）のため、水硬性セメントの開発を目指した。当時は気硬性セメントを用いたモルタルが主流であった。古代ローマ時代は、ポゾランの添加が不可欠であったが、アバーソウの石灰岩（青色石灰岩で粘土質）を焼成すると、それだけで水硬性を有する材料となる事実を知ったスミートンは、この石灰岩の化学分析を実施した。その結果、粘土の含有を確認し、水硬性セメントに必要不可欠な成分と結論づけた（その含有量は5〜21%）。現在のポルトランドセメント（詳細は **2.2.1**「ポルトランドセメントの製造」参照）でも、粘土は15%程度使用されていることからも、このスミートンの発見は、現在のポルトランドセメントの基礎を築いたものといえる。スミートンは、「強度と耐久性の面で、市場で取引されている最上のポルトランド石に匹敵する」セメントであると述べている（ポルトランド石：当時ロンドンで好んで使われていた建築用石材で、ジュラ紀の石灰岩で、ポルトランド島で切り出されていた）。

一方、ローマンセメントの出現もこの頃で、1796年英国人のジェイムズ・パーカーが、粘土を含む石灰石の塊を焼成して水硬性セメントを製造した。彼は、そのセメントの色がイタリア産のポゾランの色に似ていることにちなんで、ローマンセメントの名前で英国特許を取得している。

1824年、英国のレンガ積み職人ジョセフ・アスピディンは、細かく粉砕したチョーク（灰白色の軟質石灰岩）と粘土を混ぜて石灰焼成窯で結・粉砕してセメントを製造した。彼は、スミートンの言葉に敬意を表し、「ポルトランドセメント」と命名した。ただし、焼成温度が低いため、現在のポルトランドセメントの性能域には達していなかった。

わが国では、幕末から樽詰めでアメリカから輸入し、港湾建設などに使用していた。明治政府はポルトランドセメントが近代国家の建設に不可欠な建設材料であると判断し、伊藤博文のもと大蔵省土木寮建設局の手によって、1873（明治6）年に東京・深川に官営セメント工場を設立した。1884（明治17）年、明治政府の殖産興業政策の一環として深川セメント工場は民間人の浅野総一郎に払い下げられ、民営の深川セメント工場が誕生した（浅野セメント、後の日本セメント、現在の太平洋セメント）。

明治以降、わが国でも急速に社会基盤施設の整備が進められた。歴史的コンクリート構造物として紹介される国家的なプロジェクトに、初代小樽築港事務所長の廣井勇博士が指揮をとった小樽築港がある。小樽港北防波堤（**写真 1-4 参照**）はわが国初の本格的外洋防波堤であり、その整備は1897（明治30）年に着手された。当時、スリランカのコロンボ港等で実績のあったコンクリートブロックを斜め積みする「斜塊式混成堤」が採用された。海外文献の調査と試験が実施されたが、その中でも特に有名なのが、現在も継続している数万個におよぶモルタルブリケット（**写真 1-5 参照**）による長期耐久性試験や、コンクリートの耐海水性向上と工事費削減のための火山灰の使用であり、これらの業績は今日の土木工学発展の礎として燦然と輝いている。

写真 1-4　小樽築港・北防波堤

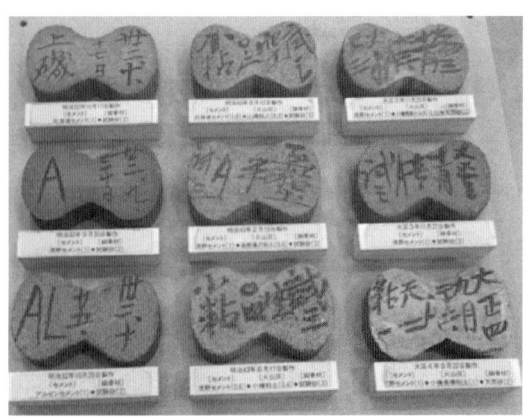

写真 1-5　モルタルブリケット

今から100年以上も前に、耐久性や品質管理・検査の重要性を認識しており、「ブロックに用いるコンクリートは、その強度よりは密度に重点をおいて、海水に対して不透性であるようにすべきであって、各工事においては、そのつもりで用材の質を検査し、工事に適切な配合と処理法を講じなければならない」との記述が残されている。さらに、このように造られたコンクリートは、「海水の作用をどう受けているかをたびたび検査すると、火山灰を混入したかどうかに関係なく、わずかの異常も示さないで、ますます「固結の度」を増進するようである。ことに、ブロックの外面は、ことごとく海草が覆うようになって海水の侵入を防ぐなど、ブロックの耐久の質については、天然の石材と少しも異なるところがない」と記されており、その耐久性の高さが伺える。

わが国で最初の鉄筋コンクリート構造物として紹介されるのが、1903（明治36）年に竣工した若狭橋（神戸市、スラブ橋、橋長3.7m）、および琵琶湖疎水運河のメラン式RC造単桁弧形橋（橋長7.3m）である（**写真1-6参照**）。琵琶湖疏水建設事業を先導した田邊朔郎は、コンクリートの本格的研究のため、当時非常に貴重だった国産セメントを使用し、この橋を試作している。この経験をもとに翌年には、第二トンネルそばに日本初の実用RCアーチ橋（御陵黒岩橋：橋長8m）を完成させている（**写真1-7参照**）。1907（明治40）年に日本初のRC造鉄道橋である島田川暗渠（鳥取）が竣工している。

写真1-7 日本初の実用RCアーチ橋（京都府京都市）[1]

1.2 建設プロジェクトとコンクリート

社会基盤整備における建設プロジェクトは、大まかに事業計画から始まり、設計、施工、供用・維持管理の流れとなる。事業計画の段階では、具体的な社会基盤整備の必要性などを社会面、経済面、環境面等の様々な観点から総合的に判断することが重要視されてきている。このような観点は、社会基盤整備においては古くから意識されてきたが、特に近年、持続可能性（sustainability）の重要性が世界の共通した認識となっている。持続可能性あるいは持続可能な発展は、1987年の国際連合（UN）ブルントラント報告である「Our Common Future」で、「将来世代のニーズを損なうことなく、現世代のニーズを満たす開発」とはじめて定義され、1992年の国連環境開発会議によって提案、2005年の国連総会によって正式なものとされた。環境、経済、および社会という持続可能性の「3側面」を統合したものとして可視化（指標化）されている（**図1-5**）。今後はすべての人間活動において、持続可能性評価に基づいた意志決定がなされるべきであり、特に公共性の高い社会基盤整備では極めて重要な視点となる。

写真1-6 日本初のRC橋（京都府京都市）[1]

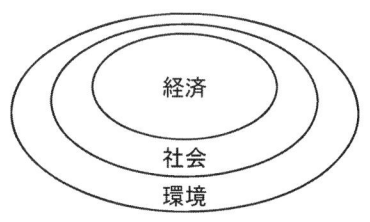

図1-5 持続可能性評価の3側面

事業の必要性が検討された後は、国土形成計画などの上位計画や法令・設計基準などをもとに，構造種別（橋梁構造，トンネル構造，土構造など）が決定される。構造種別が決定されれば，要求性能，材料，主要寸法の設定，施工方法，維持管理手法，環境性，経済性などを総合的に考慮し，鋼構造物，複合構造物，あるいはコンクリート構造物などの大まかな構造形式等が選定される。

コンクリート構造物が選定され、具体的な設計、施工、維持管理と進んでいく際には、土木学会コンクリート標準示方書（以下、示方書）［設計編］［施工編］［維持管理編］を参照して、各種マニュアルや規準類を用いる。

建設プロジェクトでは、発注者（国・地方公共団体、高速道路事業者、鉄道事業者など）に加えて、建設コンサルタント、建設工事の請負者（建設会社、いわゆるゼネコン）、専門工事業者、材料・機械等の製造業者、レディーミクストコンクリート工場、プレキャストコンクリート工場、廃棄物処理業者など多くの組織が携わるのが一般的である。また、供用時の維持管理においても、調査・診断会社や補修・補強工事会社（専門業者や建設会社）なども参加する。古くは、現場でコンクリートを製造していたが、現在では、レディーミクストコンクリートを専門に製造する工場が全国各地に存在するため、発注すれば現場まで運搬してきてくれる。1949年にレディーミクストコンクリート工場が日本に導入され、1953年に品質基準がJISとして政府により制定されてから急速に普及し、2010年では3,662工場が存在している。

このように非常に多くの組織が関わるため、計画、設計、施工、供用・維持管理の各段階で、情報の伝達を確実に実施することが重要である。例えば、設計段階で作成される設計図書および施工段階で作成される工事記録や竣工記録は、維持管理段階の点検・診断・対策を実施する上での重要な資料になるため、正確な情報を確実に維持管理者に引き渡すことが重要である。

なお、当該プロジェクトの情報は、その他のプロジェクトの参考資料としても有益な情報となるため、情報の保管や活用を確実に行うことも重要なことである。また、計画、設計、施工と建設プロジェクトの進行に伴い、具体的な条件が確定していくため、プロジェクトの上流段階ほど、様々な可能性を検討できる。例えば、施工段階において、計画、設計の段階で想定していたことの実現が難しいと判断された場合は、計画や設計の見直しとなり、無駄な時間と費用を費やすこととなるため、上流段階での意志決定は極めて重要となる（図1-6参照）。

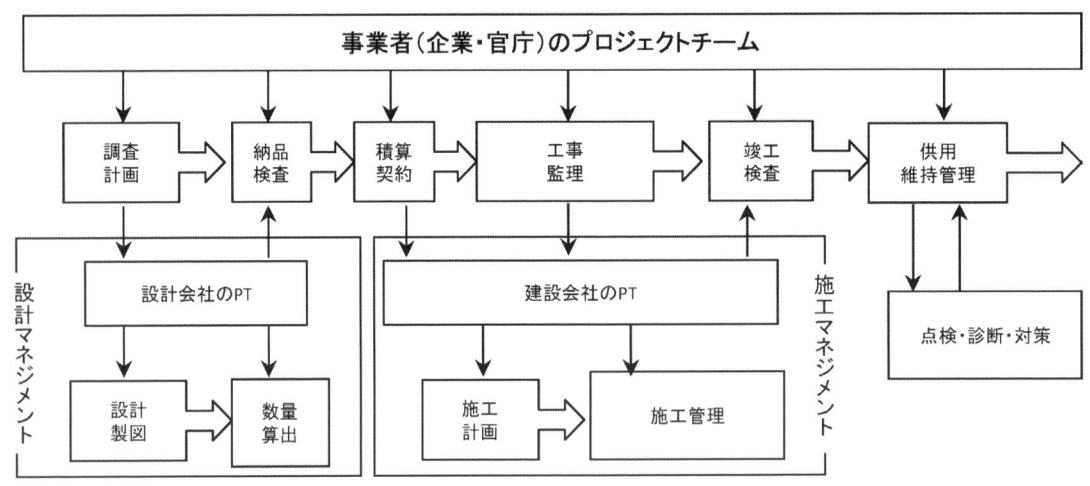

図1-6　建設プロジェクトの流れの一例

1.3 性能規定と仕様規定

コンクリート構造物の建設は、前述したように示方書に基づいて実施するのが一般的である。ここで、2011年現在の示方書は、性能規定型の設計、施工、維持管理といわれている。わが国では、阪神・淡路大震災以後、性能規定型の整備が急務であると認識され、目標を明確にした透明性の高い各種基準類の整備が図られてきた。

土木学会では、1991年に原子力発電施設地中鉄筋コンクリートの耐震設計指針に性能規定型の考え方を導入した。示方書は、1995年前後から性能規定型への移行に向けた議論を開始し、2002年制定の示方書でほぼ性能規定型となった。性能規定型設計の流れは以下のとおりとなる。

① 構造物に要求する安全性、使用性等の性能を明確に定義して、顧客（依頼人）にわかるように表示する。
② 要求性能を満足するための「解」を見いだすべく設計（構造物の寸法や諸元、材料の選択と配置など）を行う。なお、具体的な設計方法は、設計者の自由である。
③ 設計された構造物が要求性能を満足することを、解析や検証実験等を用いて事前に照査あるいは建設後に検査する。

すなわち、性能規定型設計では、具体的な設計方法は規定されていない。性能規定型と対比して、従来の方法を仕様規定型と呼ぶことが多い。これは、具体的な設計方法が規定されており、その手順に従えば要求性能を満足すると思われる構造物が（仕様規定型では目標とする性能が定量的でないため、思われるという表現を用いた）、設計できるようになっている。つまり、設計方法を熟知した技術者であれば、要求性能を明確に認識することができるが、すでに確立されている設計方法を踏襲するだけの技術者は、設計した構造物が達成する性能レベルがわからない（わからなくても要求性能を満足する構造物が設計できてしまう）。仕様規定型のメリットは、誰でも安全な構造物を設計できることにあるが、デメリットとして技術者の能力を評価することが難しい、新技術が採用されない、技術開発のモチベーションがないなどがある。仕様規定型から性能規定型への移行は、「透明性（性能が明らか）」「規制緩和（方法論は問わない）」「技術者責任」を意味するといわれている。

コンクリート構造物を設計する段階では、環境性や経済性を考慮したうえで、設計耐用期間において構造物が満足すべき性能（要求性能）を設定する。コンクリート構造物の性能には、耐久性、安全性、使用性、復旧性、ならびに第三者影響度などがある。示方書では、次のように定義されている。

① 耐久性は、構造物中の材料の劣化により生じる性能の経時的な変化に対して構造物が有する抵抗性である。
② 安全性は、構造物が使用者や第三者の生命や財産を脅かさないための性能である。
③ 使用性は、使用者が快適に構造物を使用できるための性能、および構造物に要求される諸機能に対する性能である。
④ 復旧性は、地震等により生じた機能低下に対する機能回復の難易度に対する性能である。構造物の損傷に対する修復の難易度（修復性）のみならず、被災後の復旧資材の確保、復旧技術の開発などのハード面や、復旧体制の整備などのソフト面の構築状況により復旧性は大きく左右される。
⑤ 第三者影響度は、構造物の建設や使用に起因した騒音などの公衆災害、かぶりコンクリートの剥落が人や器物に与える影響度である。

これらの性能のうち、構造物の要求性能については、構造物の設計耐用期間、重要度、作用外力等に応じて、具体的な性能水準（限界値）を設定し、設計耐用期間中、構造物が保有する性能（応答値）が、その限界値を下回らないことを確認する（照査する）必要がある。すなわち、構造物の性能照査を合理的に行うためには、性能項目を可能な限り直接表現することができる照査指標を用いて、限界値と応答値の比較を行うことが必要である。示方書での照査は、一般に次式により行う。

$$\gamma_i \cdot S_d / R_d \leqq 1.0$$

ここに、S_d：設計応答値、R_d：設計限界値、γ_i：構造物係数

なお、本書は、コンクリートの材料・施工を主な対象範囲としているため、コンクリート構造物の性能のうち、耐久性および使用性の一部を対象

としており、安全性については、コンクリート構造に関する書籍を参照されたい。

1.4 環境負荷と環境貢献

1.4.1 コンクリート構造物の環境性

地球環境の保全のために、地球温暖化対策や天然資源の有効利用、汚染、騒音振動等の環境負荷を抑制することが重要となっている。コンクリート構造物の環境性を考えた場合、設計、材料の製造、コンクリートの製造・施工、供用、維持管理、更新・解体・リサイクルの、それぞれの段階で環境負荷の抑制を考慮する必要がある。対象とする環境の範囲はグローバルな問題からローカルな問題まであり、一般に地球環境、地域環境、工事従事者の作業環境などの環境を考慮する必要がある。各々の環境における検討事項としては、次のようなものが考えられる。

① 地球環境：温室効果ガス、エネルギー消費量、天然資源消費量、廃棄物使用量など
② 地域環境：大気汚染物質、水質・土壌汚染物質など
③ 作業環境：人体に有害な物質の排出、騒音・振動など
④ その他

このうち、地域環境ならびに作業環境保全は法規による規制があるため、直接測定等により計測した結果が法規制を満足しているかを確認して保全を行っている。そこで、本章においては、地球環境保全に関することを記述する。

1.4.2 環境負荷の評価方法

環境負荷の評価手法としては、LCAによる手法を取り入れることが多い。LCAとはライフサイクルアセスメント（Life Cycle Assessment）の略称であり、製品に対する、環境影響評価手法のことである。ISO14040/44では、①目的・評価範囲の設定、②インベントリ分析、③影響評価、④解釈、の4つのステージから構成されると規定されている。LCAでは主に製品の製造、輸送、使用、廃棄、再利用の各段階の環境負荷を明らかにし、その改善策をステークホルダーとともに議論して検討することとしている。その評価においては一般的には積み上げ方式により積算することが多く用いられている。

地球環境を考慮する場合、コンクリート産業においては、温室効果ガス、大気汚染物質、資源・エネルギー、廃棄物などに着目する。

製品の製造等において、その原料採取から製造、廃棄に至るまでのライフサイクル（原料採取→製造→流通→使用→リサイクル・廃棄）のすべての段階において環境負荷を考慮する必要がある。地球環境負荷を考える場合には、それぞれ着目する検討物質（例えば温室効果ガスであれば、二酸化炭素（CO_2）、メタン（CH_4）、亜酸化窒素（N_2O）、ハイドロフルオロカーボン類（HFCs）、パーフルオロカーボン類（PFCs）、六フッ化硫黄（SF_6）の6種類があるが、そこから検討に必要な物質を選択）をその行為や工程ごとに原単位やインベントリデータを入手し積み上げることで算出する。ここで、行為や工程とは、ライフサイクルにおける段階やその一部を表す。また原単位とは、その行為に必要な個々の数量を表し、インベントリデータとは個々における検討物質の排出量を整理したものである。具体的には、あらかじめ設定した調査範囲内で投入される資源・エネルギーや、排出される物質を調査・集計することでライフサイクル全体での総量を算出するものである。例えば、コンクリートの製造段階におけるCO_2排出量を考えた場合、コンクリートの製造に使用するセメント、骨材、混和材料ごとのCO_2インベントリデータと配合表から得られる原単位を掛け合わせて総和とするとともに、ミキサの使用電力や養生、製品の移動などに用いられる化石燃料の使用量とインベントリデータの総和も加えて積み上げ方式により算出することとなる。

コンクリート構造物の環境負荷を考えた場合、設計、材料の製造、コンクリートの製造・施工、供用、維持管理、更新・解体・リサイクルのそれぞれの段階で環境負荷の抑制を考慮することが望ましい。

コンクリートを構成する材料の製造において、最も環境負荷が大きいと考えられるものはセメントである。セメント製造では、2.2.1に詳述するが、原料である石灰石の高温焼成時には、脱炭酸現象が生じCO_2を排出する。加えて、1,450℃もの高温で焼成することから、化石燃料等を用いる必要がある。このように、脱炭酸現象による非エ

ネルギー起源と燃料焼成によるエネルギー起源の両者からCO_2が排出されるため、非常に大量のCO_2を排出することとなる。

そのほか、鉄筋の製造、骨材製造時の破砕、再生骨材の製造、混和材料製造時等にかかるエネルギー起源のCO_2やエネルギー消費、天然資源消費などもある。

さらに材料の製造における運搬として、原料を工場へ運搬する際に消費するエネルギー、製品出荷時における、船舶やトラック等の輸送に関わるエネルギー消費を考慮する必要もある。このように、材料製造時にかかる環境負荷は非常に大きい。

次に、コンクリート製造時にはレディーミクストコンクリート工場でのミキサ等電力消費、運搬時にはトラックアジテータ車を用いたエネルギー消費、施工では、現場施工での重機使用、養生に関わるエネルギー消費等を考える必要がある。

維持管理においても、点検に関わる重機の使用や補修・補強に用いる材料の製造や運搬に関わる環境負荷などが挙げられる。

構造物の更新・解体・リサイクルにおいては、構造物から発生するコンクリート塊が与える環境負荷は大きい。また再生骨材等のリサイクル材製造においては、破砕や摩耗などの工程で使用する機材のエネルギー消費などがある。

このように、コンクリート構造物のライフサイクルにわたって環境負荷量が大きいため、様々な工夫を施すことで負荷を低減できる技術が必要である。

1.4.3 コンクリートの環境負荷低減技術

コンクリート構造物の建設全般において、環境負荷を低減する技術が提案されている。その一部を下記に紹介する。

（1）セメント製造

セメントの製造においては、前述したようにコンクリート産業において最も負荷が大きいといえる。そのため、少しでも低減することが重要であり、社団法人セメント協会ではセメント各社が協力して自主規制を設け、セメント製造時の環境負荷低減を実現している。具体的には、省エネルギー設備の普及や資源・エネルギー代替廃棄物の利用、混合セメントの生産比率拡大などを検討

し実施してきた。その結果、図1-7および図1-8に示すようにエネルギー原単位ならびにCO_2排出量は年々減少し、効率の良いセメント製造が可能となっている。さらに、図1-9および図1-10は温室効果ガス排出量およびエネルギー消費量の国際比較であるが、日本におけるセメント製造技術は、すべての項目において世界トップクラスの技術であり、今後この技術を世界へ展開していくことが望まれる。

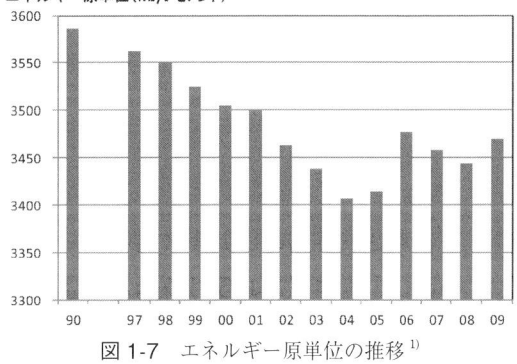

図1-7　エネルギー原単位の推移[1]

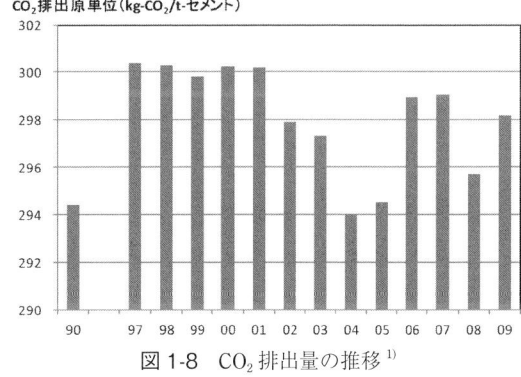

図1-8　CO_2排出量の推移[1]

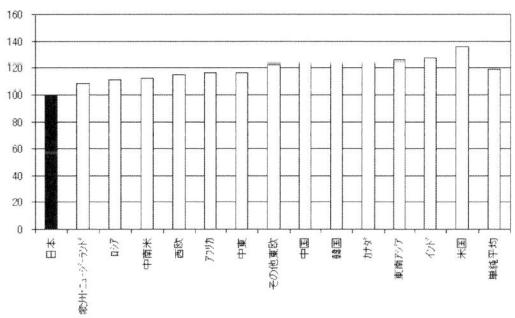

図1-9　セメント1t当りのCO_2排出量指数比較（2000年）[1]

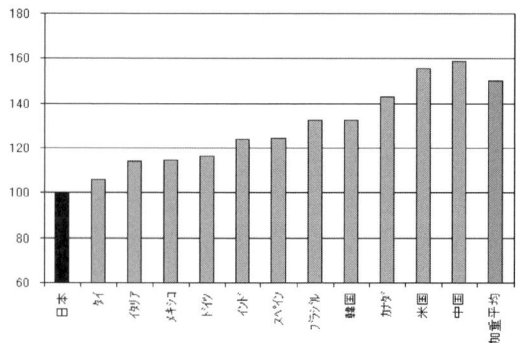

図 1-10 クリンカ 1t 当りのエネルギー消費量指数比較（2003 年）[1]

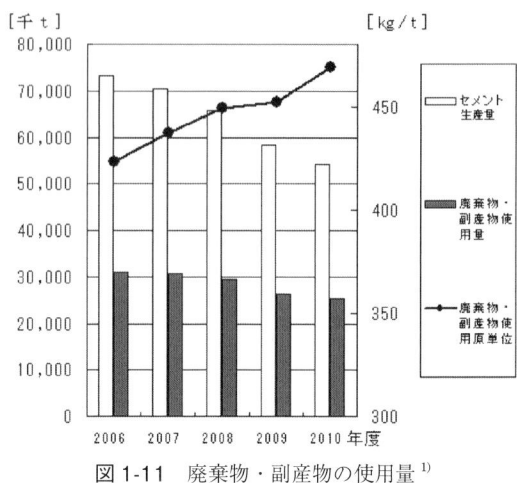

図 1-11 廃棄物・副産物の使用量 [1]

近年、セメント製造においては原料やエネルギーの代替として廃棄物を大量に投入しており、CO_2 排出量削減に加え、埋立処理の必要な廃棄物の削減に取り組んでおり、循環型社会に貢献している。その使用量は、図 1-11 に示すように、2010 年現在でクリンカ 1t 当り 450kg 以上の廃棄物を使用してセメント製造を行っている。また、セメント業界において受け入れている廃棄物・副産物の種類とその使用量は、表 1-1 のように推移しており、原料ならびにエネルギーの代替品として使用されている。その一方で廃棄物や副産物の使用は、セメント製品の品質低下やばらつきの原因となる。そのためセメント製品としての一定の品質基準を満足するよう、高度な製造技術が要求されており、今後も様々な検討が進められていくものと思われる。

また、混合セメントは、クリンカの製造量の削減による資源・エネルギー量削減や CO_2 排出量削減に貢献できるため、ここ数年は総セメント使用量の 25％程度であるが、その比率を拡大することが期待されている。

表 1-1 セメントに適用している廃棄物・副産物 [1]

種類	主な用途	2006年度	2007年度	2008年度	2009年度	2010年度
高炉スラグ	原料、混合材	9,711	9,304	8,734	7,647	7,345
石炭灰	原料、混合材	6,995	7,256	7,149	6,789	6,443
汚泥、スラッジ	原料	2,965	3,175	3,038	2,621	2,514
副産石こう	原料（添加材）	2,787	2,636	2,461	2,090	1,974
建設発生土	原料	2,589	2,643	2,779	2,194	1,931
燃えがら（石炭灰は除く）、ばいじん、ダスト	原料、熱エネルギー	982	1,173	1,225	1,124	1,261
非鉄鉱滓等	原料	1,098	1,028	863	817	654
木くず	原料、熱エネルギー	372	319	405	505	564
鋳物砂	原料	650	610	559	429	478
廃プラスチック	熱エネルギー	365	408	427	440	413
製鋼スラグ	原料	633	549	480	348	400
廃油	熱エネルギー	225	200	220	192	269
廃白土	原料、熱エネルギー	213	200	225	204	236
再生油	熱エネルギー	249	279	188	204	195
廃タイヤ	原料、熱エネルギー	163	148	128	103	87
肉骨粉	原料、熱エネルギー	74	71	59	65	61
ボタ	原料、熱エネルギー	203	155	0	0	0
その他	—	615	565	527	518	591
合計	—	30,890	30,720	29,467	26,291	25,415
セメント 1t 当りの使用料（kg/t）		423	436	448	451	469

（2）コンクリート製造

コンクリート製造時において環境負荷低減に最も貢献する項目は、セメント量の削減である。そのため、セメントの一部を混和材で置換したり、コンクリートの全体積に占めるセメントペースト量を削減したりすることが有効である。下記は、その手法の一例を示したものである。

コンクリートにおける CO_2 排出量削減技術
（セメント量の削減方法）
・混和材（高炉スラグ微粉末、フライアッシュ、石灰石微粉末など）を混入する
・単位水量を小さく設定する
・W/C を大きく設定する
・粗骨材の最大寸法を大きくする

（3）コンクリート構造物の解体

コンクリート構造物の解体においては、大量のコンクリート塊が排出され、コンクリートは産業廃棄物となる。現在、わが国ではアスファルト塊・コンクリート塊の再利用率は95％を超えているが、そのほとんどが道路の路盤材に利用されている。今後、道路施工が減少するとこれらの産業廃棄物の処理が困難となる。そこで、一部はセメント工場でセメントへの再生を行っているが、それ以外の技術として、コンクリート塊を再生骨材として高度処理して再利用することが行われている（再生骨材（**第2章**）、再生骨材コンクリート（**第7章**）を参照）。

（4）コンクリート構造物の長寿命化

構造物が高耐久であり長寿命であれば、維持管理の頻度の削減や更新・解体までの耐用年数が伸び、結果的に環境負荷が低減される。すなわち、高耐久性なコンクリートを利用することも、環境負荷低減に大きく貢献する。

（5）コンクリート構造物の環境便益

コンクリートは環境にプラスの効果（便益）をもたらす場合もあり、その一部を以下に紹介する。

コンクリートには吸音・遮音性能を付与することが可能であり、コンサートホールや道路高架橋の遮音壁などにも利用されている。

透水舗装や植物の生育のために開発されたポーラスコンクリート（**第7章**参照）は、周囲の環境改善や保全に役立つものであり、環境便益と考えられる。また、コンクリート自体が軽量化することから、水質浄化や屋根スラブや屋上緑化などへの適用も期待されている。

コンクリートは耐火性に優れるため、焼却場などに用いられる。また、コンクリートは放射性遮蔽効果を有しており、低レベル放射性廃棄物の処分場などにも用いられている。

参考・引用文献
1) セメント協会ホームページ

第2章
鉄筋コンクリートの構成材料

2.1 概説

　コンクリートは、セメント、水、細骨材（砂）、粗骨材（砂利）ならびに混和材料を適切な配分で混合することで製造できる複合材料である。一般的なコンクリートの場合、各材料の体積割合は、セメント（10％）、水（15％）、細骨材・粗骨材（70％）、空気量（5％）程度である。これらの材料のうちセメントと混和材料は工業製品だが、それ以外は普段身の回りにも存在し価格が安いため、コンクリートは非常に安価である。しかし、コンクリートのみで構造物を構築することは少なく、コンクリートの弱点である低い引張強度を補完するために鉄筋などの補強材を用い、鉄筋コンクリート（Reinforced Concrete）として構築することが多い。鉄筋とコンクリートの両者を用いて建設材料として成立する理由として、①鉄筋とコンクリートの付着強度が強い、②温度に対する長さ変化（熱膨張係数）がほぼ等しい、③コンクリート中の鉄筋は腐食しにくいことが挙げられる。

　本章では、これら鉄筋コンクリート構造物を構成する材料に関して、2.2～2.6でコンクリート、2.7で補強材について、それぞれの特徴を解説する。コンクリートに要求される性能を満足するためには、本章で解説する材料の特徴を理解した上で適切な材料を選択することが重要である。

2.2 セメントの製造、性質と水和反応

2.2.1 ポルトランドセメントの製造
（1）セメントの製造方法

　セメントはその中間材料である焼成されたクリンカを粉砕することで製造される。一般的なクリンカの原料は、石灰石、けい石、粘土、鉄原料などである。1tのクリンカを焼成するためには、おおよそ、石灰石1,100kg、粘土200kg、けい石80kg、鉄原料30kgが必要であり、生成するクリンカに対して1.4倍程度の原料を消費する。これらの原料はすべて国内で入手可能であり、セメントは自国内の資源で製造できるという特徴がある。

　これら原料を粉砕ミルにて粉砕し、要求されるセメント品質に合わせて投入する原料の量を調整し（原料調合技術）、セメントキルンにて1,450℃程度で焼成する。その焼成工程を簡単に説明すると、調合された原料粉は、NSP（New Suspension Pre-heater）のタワーで徐々に温度を上昇させ800℃程度まで温められる。その後、ロータリーキルン（回転窯）へ投入され1,450℃まで昇温する（**写真2-1**参照）。ロータリーキルン内では原料粉が化学反応を起こし、溶融状態となる。その後、クリンカクーラーにて徐々に100℃程度まで冷却されて硬化することでクリンカとなる。このような焼成温度と冷却温度の設定ならびに温度条件を変更するタイミングなどの細かな温度制御技術により、要求に応じたクリンカの焼成を行うこ

写真2-1　セメント製造設備（NSPとロータリーキルン）
［写真提供：日本セメント協会］

とが可能となる。焼成されたクリンカ中の成分には水と接すると瞬結するものも存在することから、それを抑制するために、3～4％の石こうを加えて微粉砕したものがポルトランドセメントとなる（図2-1参照）。

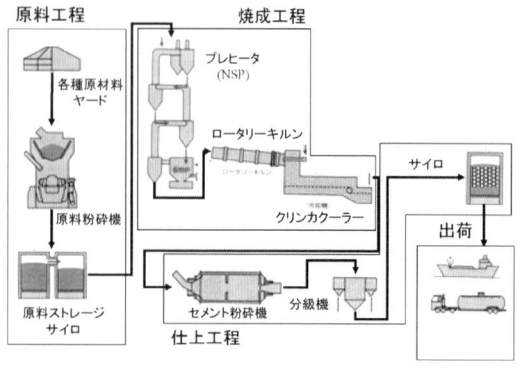

図2-1　セメントの製造工程[1]

上記のようなクリンカの製造には、高温を保つために石炭などを燃焼させているため、燃料エネルギー起源の温室効果ガスである二酸化炭素が排出される。また、石灰石を700℃程度の高温で燃焼すると脱炭酸現象（$CaCO_3 \rightarrow CaO + CO_2 \uparrow$）が生じ、二酸化炭素が発生する。このため、クリンカ製造量が多くなると二酸化炭素排出量が増大することとなる。

（2）セメント製造おける環境負荷低減

セメントの製造においては、前述したとおり大量の二酸化炭素が排出される。それは燃料エネルギー起源と非エネルギー（原料）起源の両者がカウントされるためであり、1tのセメント製造でCO_2排出量が700kg以上にもなる。そのため、セメント製造においては二酸化炭素排出削減の取り組みがなされている。

また、循環型社会形成の取り組みとして、他産業で発生した廃棄物や副産物を原料・エネルギー・製品の一部に積極的に活用している。

セメント産業において受け入れている産業廃棄物・副産物は多岐にわたり、鉄鋼業界の高炉スラグ、副産石こうや建設発生土などの原料代替品に加え、木くずや廃プラスチック、廃タイヤなどの燃料エネルギー代替品などが挙げられる。図2-2はその一例を示したものである。多種多様な業界から多種多様な産業廃棄物・副産物を引き取っていることがわかる。

また、その量は増加傾向にあり、セメント協会が2005年に定めた2010年度における産業廃棄物・副産物の受入れ目標値（セメント1t当り400kg）を超え、2010年度では469kg/tまでとなっている。これにより、天然石灰石や、石油・石炭の化石燃料の使用量が減少している。しかし、このように大量の産業廃棄物・副産物をセメント製造に用いることにより、酸化アルミニウム（Al_2O_3）などが増加することも知られている。これによりモルタル、コンクリートの流動性低下や経時変化が大きくなることが懸念されるため、製品の品質管理には高度な技術が必要となる。現在市販の

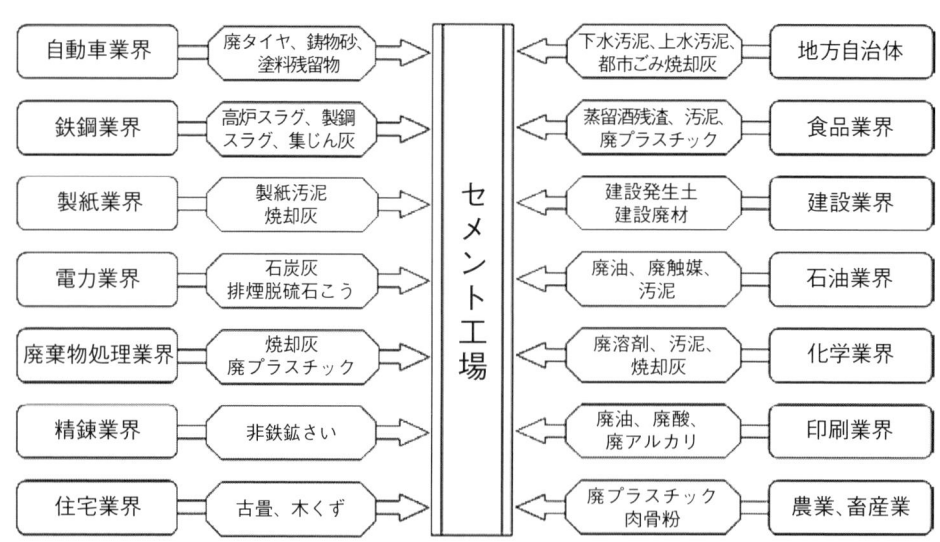

図2-2　セメント産業において受け入れている産業廃棄物・副産物[1]

各種セメントは、このように循環型社会形成に貢献しながら、高度な技術で品質を確保している。

(3) セメント製造に利用される材料

セメント製造には、ポルトランドセメント以外の材料で、結合材や増量材として次のような粉体が用いられる。

(a) 高炉スラグ微粉末

高炉スラグとは、製鉄所の高炉にて銑鉄を製造する際に排出される副産物であり、鉱石中の不純物などが分離されたものである。スラグは鉄より軽いため、溶融銑鉄の上部にたまったものを分離して生成する。

高炉スラグを水で急冷し微粉化して粒度を調整したものを高炉スラグ微粉末（Ground Granulated Blast-Furnace Slag：GGBFS）という。高炉スラグ微粉末には潜在水硬性があり、それ自体が水と反応して硬化する特徴をもつ。さらにアルカリ刺激があると反応が早い段階で起こる。ポルトランドセメントと共存すると、ポルトランドセメントから生成した水酸化カルシウムのアルカリ刺激により反応するため反応が促進される。

(b) フライアッシュ

火力発電所などの微粉炭燃焼ボイラーから排出される排ガスに含有される灰の微粉粒子を、集塵機により集めた球形粒子のことで、産業副産物である。

フライアッシュはポゾラン物質の一種であり、高炉スラグ微粉末とは異なり、水とは反応しないものの、水酸化カルシウムと反応して水和物を生成する。この反応をポゾラン反応という。ポゾラン反応は、ポルトランドセメントの水和反応と比較して遅いことが知られている。

(c) シリカフューム

金属シリコンなどの製造時に生じる排ガスから凝集した粒子であり、産業副産物である。

超微粒子（半均粒径 $0.1\ \mu m$ 程度で煙草の煙と同じくらい）であり、粉体の隙間を埋めるほか、フライアッシュ同様、ポゾラン反応を有する。

(d) 石こう

石こうとは硫酸カルシウム（$CaSO_4$）を主成分とする鉱物であり、天然では温泉がわき出るときや蒸発岩の一種として生じる。一方、排ガスの脱硫過程やリン酸系の化学肥料製造工場、製塩などでも副産物として生じる。

2.2.2 ポルトランドセメントの組成と物理的性質

(1) ポルトランドセメントの化学成分と化学組成

セメント中の化学成分のうち代表的なものに、酸化カルシウム（CaO）、二酸化けい素（SiO_2）、酸化アルミニウム（Al_2O_3）、酸化第二鉄（Fe_2O_3）があり、これらが互いに結合する。ポルトランドセメントのJIS規格を表2-1に、各種セメントの代表的な化学分析結果を表2-2に示す。このうち、以下の化学成分値については、制限値が設けられている。

- **MgO**：過多の場合には膨張して長期の安定性を害するおそれがある。
- **SO_3**：主に石こうに含有され、セメントの種類や粉末度に応じた適正量があり、過少であれば異常凝結を示し、過多であれば膨張する。
- **強熱減量（ig.loss）**：975 ± 25℃で強熱したときの減量値であり、風化が進むと大きくなることから新鮮度の目安となる。混合材が混入されている場合には増量することがある。

セメント製造では、上記主要化学成分が温度に応じて図2-3に示すような反応を示す。このうち、各種セメントの特徴を表す主要4鉱物は、C_3S（けい酸三カルシウム、エーライト：$3CaO \cdot SiO_2$）、C_2S（けい酸二カルシウム、ビーライト：$2CaO \cdot SiO_2$）、C_3A（アルミン酸三カルシウム、アルミネート相：$3CaO \cdot Al_2O_3$）、C_4AF（鉄アルミン酸四カルシウム、フェライト相：$4CaO \cdot Al_2O_3 \cdot Fe_2O_3$）である。

なお、セメント化学では、略語として、C：CaO、S：SiO_2、A：Al_2O_3、F：Fe_2O_3、H：H_2O のように用いる。

これらの鉱物は表2-3に示すように、各種特性に対して異なった性質を持つことから、鉱物の含有量を調整することで特徴の異なるセメントを製造することが可能となる。これらの鉱物含有量はセメントの化学分析結果から、次のボーグの式により算出可能である。

ボーグ式

$C_3S = (4.07 \times CaO) - (7.60 \times SiO_2) - (6.72 \times Al_2O_3) - (1.43 \times Fe_2O_3) - (2.85 \times SO_3)$

$C_2S = (2.87 \times SiO_2) - (0.754 \times C_3S)$

$C_3A = (2.65 \times Al_2O_3) - (1.69 \times Fe_2O_3)$

$C_4AF = (3.04 \times Fe_2O_3)$

表2-1 ポルトランドセメントのJIS規格

品質			普通ポルトランドセメント	早強ポルトランドセメント	超早強ポルトランドセメント	中庸熱ポルトランドセメント	低熱ポルトランドセメント	耐硫酸塩ポルトランドセメント
密度		g/cm^3	—	—	—	—	—	—
比表面積		cm^2/g	2,500以上	3,300以上	4,000以上	2,500以上	2,500以下	2,500以上
凝結	始発	min	60以上	45以上	45以上	60以上	60以上	60以上
	終結	h	10以下	10以下	10以下	10以下	10以下	10以下
安定性	パット法		良	良	良	良	良	良
	ルシャトリエ法	mm	10以下	10以下	10以下	10以下	10以下	10以下
圧縮強さ N/mm^2	1d		-	10.0以上	20.0以上	-	-	-
	3d		12.5以上	20.0以上	30.0以上	7.5以上	-	10.0以上
	7d		22.5以上	32.5以上	40.0以上	15.0以上	7.5以上	20.0以上
	28d		42.5以上	47.5以上	50.0以上	32.5以上	22.5以上	40.0以上
	91d		-	-	-	-	42.5以上	-
水和熱 J/g	7d		-	-	-	290以下	250以下	-
	28d		-	-	-	340以下	290以下	-
化学成分 %	酸化マグネシウム		5.0以下					
	三酸化硫黄		3.5以下	3.5以下	4.5以下	3.0以下	3.5以下	3.0以下
	強熱減量		5.0以下	5.0以下	5.0以下	3.0以下	3.0以下	3.0以下
	全アルカリ		0.75以下(0.60以下:低アルカリ形の場合)					
	塩化物イオン		0.035以下	0.02以下	0.02以下	0.02以下	0.02以下	0.02以下
鉱物組成 %	C$_3$S		-	-	-	50以下	-	-
	C$_2$S		-	-	-	-	40以上	-
	C$_3$A		-	-	-	8以下	6以下	4以下

表2-2 各種セメントの化学成分分析例

セメントの種類		記号	化学成分(%)												
			ig.loss	insol.	SiO$_2$	Al$_2$O$_3$	Fe$_2$O$_3$	CaO	MgO	SO$_3$	Na$_2$O	K$_2$O	TiO$_2$	P$_2$O$_5$	MnO	Cl
ポルトランドセメント	普通	N	1.78	0.17	21.06	5.15	2.80	64.17	1.46	2.02	0.28	0.42	0.26	0.17	0.08	0.006
	早強	H	1.18	0.10	20.43	4.83	2.68	65.24	1.31	2.95	0.22	0.38	0.25	0.16	0.07	0.005
	中庸熱	M	0.37	0.13	22.97	3.87	4.07	64.10	1.33	2.03	0.23	1.41	0.17	0.06	0.02	0.002
	低熱	L	0.97	0.05	26.29	2.66	2.55	63.54	0.92	2.32	0.13	0.35	0.14	0.09	0.06	0.003
高炉セメント	B種	BB	1.51	0.21	25.29	8.46	1.92	55.81	3.02	2.04	0.25	0.39	0.43	0.12	0.17	0.005
フライアッシュセメント	B種	FB	1.91	13.37	18.76	4.48	2.56	55.28	0.82	1.84	0.11	0.30	0.23	0.12	0.05	0.003
エコセメント	普通	Eco	1.05	0.12	16.95	7.96	4.40	61.04	1.84	3.86	0.28	0.02	0.71	1.11	0.11	0.053

注) insol. とは不溶残分のことであり、希塩酸にて溶解しない物質の含有量を示している。

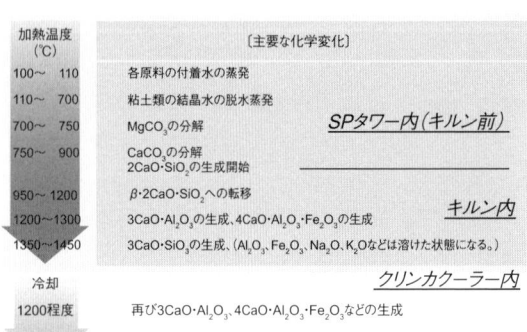

図2-3 セメント焼成過程での化学反応[1]

表2-3 セメント主要鉱物と各種特性との関係[1), 2)]を基に作成

	C$_3$S	C$_2$S	C$_3$A	C$_4$AF
短期強度発現	大	小	中~大	小
長期強度発現	中~大	大	小	小
水和熱	中~大	小	大~極大	小~中
化学抵抗性	中	大	小	中
乾燥収縮	中	小	大	小

ボーグ式の係数は、各鉱物と化学成分のモル質量比により導出されている。例えば C_4AF の係数 3.04 は、[C_4AF] / [Fe_2O_3] = 485.88/159.68 から導出されたものである。

化学分析値からセメントの鉱物組成を計算する手法はボーグ式をはじめとして様々な方法が提案されている。そのいずれの方法においても、クリンカまたはセメントの CaO 量や SiO_2 量などの分析値（mass％）からクリンカ鉱物量を算出するものである。そのため、以下の点には注意が必要となる。

① 化学分析値が同じであれば、鉱物組成の計算結果は必然的に同じになるが、実際のクリンカは、焼成温度、焼成雰囲気、冷却速度などの製造条件が異なるため、クリンカ鉱物は異なっている可能性が高い。

② ポルトランドセメントについては、JIS R 5210 において 5mass％ までの混合材の添加が認められているため、セメントの化学分析値にはクリンカ鉱物だけでなく、それらの混合材が含まれている。混合材を含めた分析値を計算に使用すると、クリンカ鉱物組成の実際の値と計算値は異なったものになる。

③ 混合セメントにおける化学分析結果は、クリンカ鉱物、石こう、混合材（高炉スラグ微粉末、フライアッシュなど）の合算した分析値となるため、クリンカ鉱物組成を求めることはできない。

さらに、ボーグ式の前提条件は次のとおりである。

① Fe_2O_3 は Al_2O_3、CaO と反応して C_4AF を生成。

② C_4AF を生成して残った Al_2O_3 は、CaO と反応して C_3A を生成。

③ セメントの場合は、SO_3 はすべて $CaSO_4$ として存在。

④ 上記反応で残った CaO は SiO_2 と反応し、C_3S と C_2S を生成。もし CaO が残存する場合にはフリーライムとなる。

このように、ボーグ式は主要成分の含有量から完全反応理論により導き出していることから、少量成分の固溶等による鉱物組成の変化を考慮しておらず、前述のように焼成条件の変化の差異は考慮されていない。そのため、現在のような産業廃棄物を用いた焼成では、条件が変化することもあり、適用は困難な場合が存在する。

そこで、最近では実際にクリンカを顕微鏡で観察したり、粉末X線回折装置（XRD）により測定した結果を用いた Rietveld 解析などから定量化していることが多い（詳細は column を参照）。これらの方法は、実際のクリンカやセメントを分析するため、焼成条件などを加味することができる。

（2） **セメントの物理的性質**

各種セメントの物理試験結果の一例を表 2-4 に示す。物理試験としては、下記に示す事項が必要となる。

- **密度**：コンクリートの配合計算を実施する際に重要な値。一般にシリカ分や鉄分が多くなるほど密度が大きく、混合セメントでは混合材の分量が多くなるにつれ密度が小さくなる。また風化が進行することで大気中の水分と結合するため密度は小さくなる。測定はルシャテリエフラスコを用いて行う。

- **粉末度**：比表面積ともいい、粉体の細かさ（粒径）を表す指標であり、セメント 1g 当りの全

表 2-4 各種セメントの物性試験値の例

セメントの種類		密度	粉末度		凝結		圧縮強さ(N/mm^2)					水和熱 (J/g)	
			比表面積	90μm残分	始発	終結							
		(g/cm^3)	(cm^2/g)	(%)	(h-m)	(h-m)	1日	3日	7日	28日	91日	7日	28日
ポルトランドセメント	普通	3.15	3,410	0.6	2-16	3-13	—	28.0	43.1	61.3	—	—	—
	早強	3.13	4,680	0.1	1-52	2-48	27.7	47.5	56.6	67.9	—	—	—
	中庸熱	3.22	3,220	0.5	3-02	4-07	—	21.6	30.3	56.8	—	267	332
	低熱	3.21	3,470	0.1	3-30	4-42	—	16.2	25.3	49.0	79.1	226	275
高炉セメント	B種	3.05	3,970	0.3	2-47	3-58	—	21.2	35.1	62.0	—	—	—
フライアッシュセメント	B種	2.95	3,500	0.4	3-01	4-16	—	26.1	39.3	60.6	—	—	—
エコセメント	普通	3.18	4,100	0.1	2-21	3-29	—	24.9	35.2	52.4	—	—	—

表面積を cm^2/g で表す。比表面積が大きいほど細かい粉体であることを示している。比表面積が大きいと強度の発現が早く、水和熱が大きくなり乾燥収縮量も大きくなる。測定は、ブレーン空気透過装置を用いて実施する。
・凝結：セメントは加水直後から水和反応が始まり、次第に硬化するが、凝結はその初期段階を表す指標である。作業を行う上で凝結速度を見極める必要があるため、始発と終結が定められている。セメントが風化していたり、不純物等が混入していたりする場合には異常凝結を起こす。また練混ぜ直後にこわばる現象を偽凝結という。試験は、標準軟度のセメントペーストを用いてビカー針装置で測定する。
・安定性：未反応の CaO（f-Cao：Free lime）や MgO が過剰に含まれていると、硬化過程で異常膨張等のおそれがあることから確認が必要となる。試験は、パット法とルシャテリエ法が存在しているが、日本国内におけるセメントで不合格になるものはほとんどない。
・強さ：セメントの結合材としての性能を知るために行うものであり、コンクリートの強度に大きく影響するために重要な指標である。試験は、セメントと標準砂を質量比で 1：3 とした水セメント比 50％のモルタルで行い、規格どおりに製造されたモルタルをセメント種類により定められた所定の材齢で曲げ試験ならびに圧縮試験を行う。なお、標準砂とは、使用砂の差異による影響を除き試験条件を一定にするためのものであり、天然けい砂を水洗乾燥して粒度を調整したもので、JIS R 5201-1997 附属書 2 の 5.1.3 に規定された砂である。
・水和熱：セメントの水和反応は発熱を伴う化学反応であり、この発熱を水和熱という。水和熱の大小はコンクリートの温度上昇量を左右し、マスコンクリートの場合、水和熱を抑制することが求められる。JIS R 5203（セメントの水和熱測定方法）の溶解熱法で求める。
・色：セメントの色は色差計で測定し、L, a, b で表す。L 値は明度を表しており、大きいほど明るく白っぽくなる。a 値と b 値は色度を表しており、a 値は大きいほど「緑」から「赤」方向へ、b 値は大きいほど「青」から「黄」の方向となる。セメント成分中の化学成分（特に Fe_2O_3 や MgO、MnO）に左右されるが、色と品質には本質的な関係はない。セメントが細かい（粉末度が大きい）ほど白くなる。

2.2.3 ポルトランドセメントの水和反応

セメント中の鉱物は水と反応して図 2-4 のように水和物を生成する。水和反応は、セメントの細かさ（粉末度）や水量の多少、温度などの影響を受けて複雑な反応過程を示し、いまだ解明されていない部分も多数存在する。水和の過程を概説すると次のようになる。

（1）各鉱物の水和反応

(a) C_3S と C_2S

水（H_2O）との反応により次の水和物を生成する。
・けい酸カルシウム水和物（C-S-H）
・水酸化カルシウム（CH）

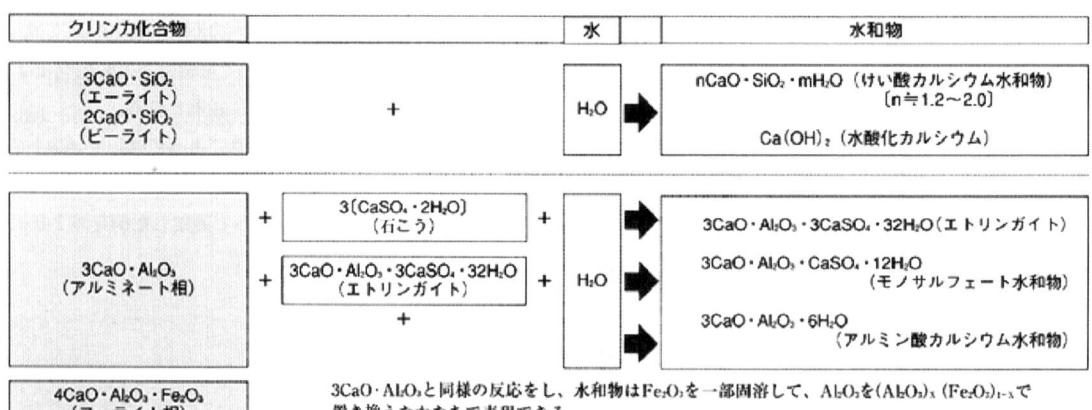

図 2-4 ポルトランドセメントの水和[1]

図2-5に水和過程を、図2-6にTaylorによるC_3Sの水和機構モデルを示す。C_3Sに水が接することでCa^{2+}やOH^-が溶出される。それらが周囲の水と反応することで、C_3S表層に低いCaO/SiO_2比（C/S比）のC-S-Hが生成され表面を覆うことにより一時的に水和を抑制する。その後、さらにCa^{2+}やOH^-が溶出することでC-S-H層は厚くなり水和が停滞するが、$Ca(OH)_2$が析出することで、C-S-H層が破壊され、C_3Sが反応を再開する。これが繰り返されることで、高いC/S比のC-S-Hが生成され、強度発現へと向かう。

(b) C_3A

石こうからのSO_4^{2-}の溶出と水の反応により次の水和物を生成する。
- エトリンガイト
- モノサルフェート

図2-7に水和過程を、図2-8にC_3Aの水和機構モデルを示す。C_3Aは接水と同時に石こう中のSO_4^{2-}を伴いながら、C_3A表面にエトリンガイトを生成し表面を覆う。表面が覆われると水和が抑制されるが、さらにエトリンガイトを生成し厚さが増加する。SO_4^{2-}の消費が完了すると、モノサルフェートの生成が行われる。

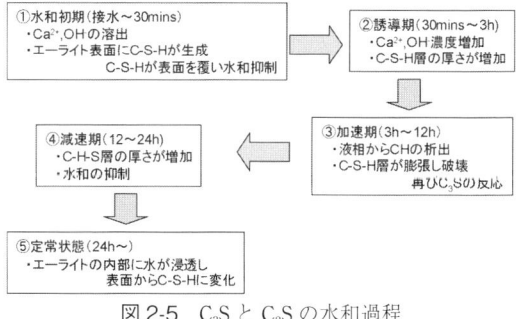

図2-5　C_3SとC_2Sの水和過程

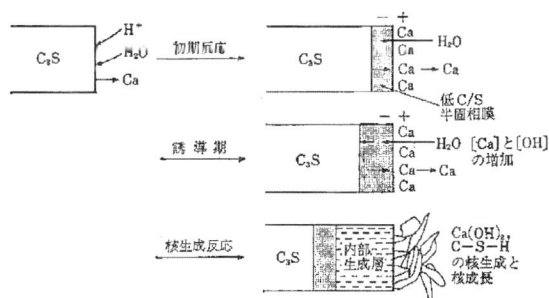

図2-6　TaylorによるC_3Sの水和機構モデル[3]

図2-7　C_3Aの水和過程

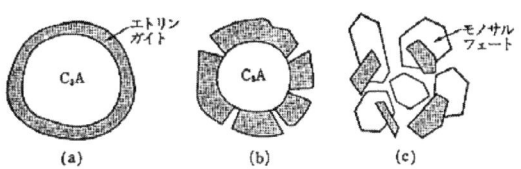

図2-8　TaylorによるC_3Aの水和機構モデル[3]

(c) C_4AF

水和反応や強さなどへの寄与はほとんどなく、他の3つの鉱物と比べると特徴がない。しかしながら、この鉱物が生成するように設計することで、焼成時のC_3S生成温度を下げることができ、製造時の経済性、省エネルギーに貢献している。

（2）水和速度と強度発現

図2-9に各鉱物の水和率の経時変化、図2-10に各鉱物の強度発現性を示す。ここで水和率の算出は、①セメントが完全水和した場合に結合する水量を水和率100％とした場合の結合水量の割合を表したもの、②鉱物の未反応分を各種分析機器（例えばXRD等）で定量化し元の鉱物量から差し引いた値を元の鉱物量で除して得られた値などを用いる。水と接して反応を開始するタイミングは、各鉱物で異なっており、C_3SならびにC_3Aの反応は著しく早い。しかし、C_3Sは強度発現に寄与する

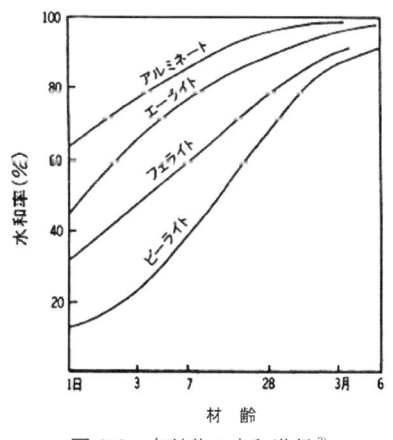

図2-9　各鉱物の水和進行[3]

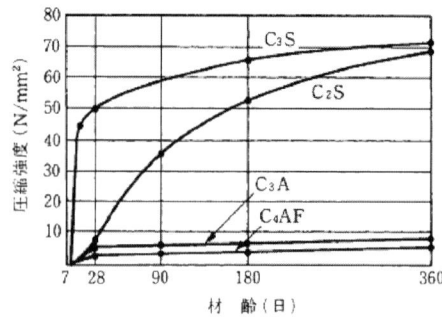

図2-10 セメント鉱物の水和による強度発現[3]

が、C_3A はごく初期では寄与するものの7日以降ではほとんど寄与しない。一方、C_2S の水和反応は他の鉱物の反応と比較して遅く、そのため強度発見も遅い。初期強度を求めたり、発熱を抑制したりなどの目的に応じた各種ポルトランドセメントは、このような異なった反応速度と強度発現性を持つ鉱物割合を調整して製造されている。

ポルトランドセメントの水和反応は発熱を伴うため、発熱速度によって反応速度を表すことができる。図2-11 は普通ポルトランドセメントの水和発熱を継続して測定し、発熱速度として示した結果である。セメントの水和反応は次の5段階に分けて考えられる。セメントと水が接した直後に短時間の急激な発熱があり（第1段階）、発熱速度の小さい期間がそれに続く（第2段階）。数時間後には反応が再び活発になり、発熱速度は急激に上昇してピークに達し（第3段階）、その後次第に低下し（第4段階）、ついにはわずかな発熱が継続するだけになる（第5段階）。

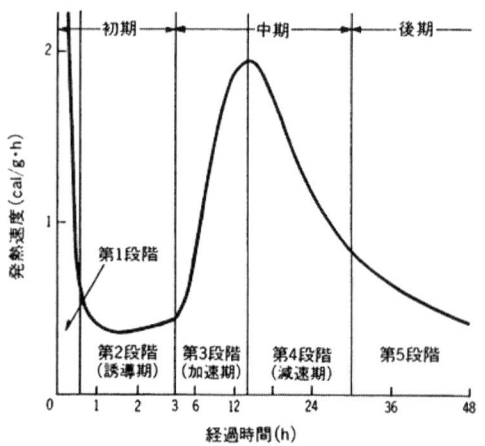

図2-11 普通ポルトランドセメントの水和発熱[1]

（3）水和反応に伴う空隙構造の形成

図2-12にセメント粒子を球形としたセメント硬化体の空隙モデルを示す。水和反応により水和前のセメント粒子の表面を境にして外部・内部に水和物が生成し、未水和セメントおよび空隙部分は水和の進行とともに減少する。図2-13はセメントの水和進行に伴うセメントペーストの組織の変化を示したものである。これより、セメントの水和率の増加に伴い、細孔径の大きな空隙は減少し、細孔径の小さな空隙が増大する。これはセメント水和物が大きな空隙を分断するためである。

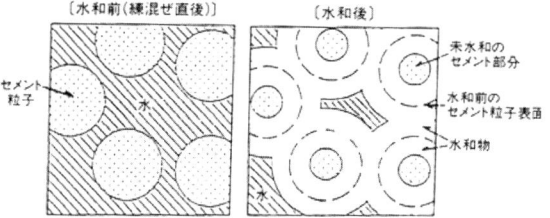

図2-12 セメント硬化体の細孔組織模式図[4]

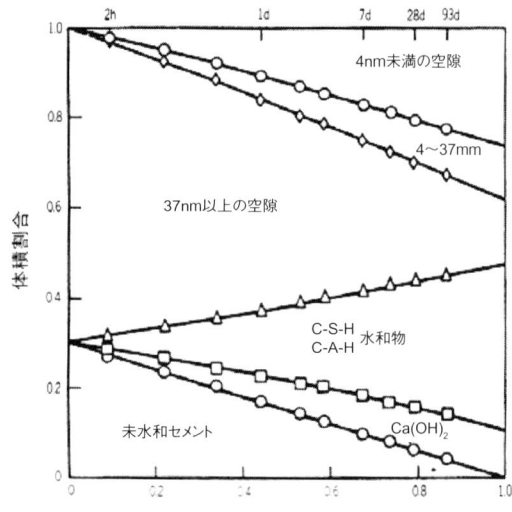

図2-13 セメントの水和進行によるセメントペーストの組織変化（$W/C = 0.71$）[4]

（4）水和反応に影響を与える要因

（a）水セメント比の影響

セメント硬化体の作製時に使用する水分量が異なると水和の進行も異なる。セメント粒子が完全に水和するために必要な化学量論的水量は理論結合水量と呼ばれ、一般にセメント質量の25%程度といわれている。しかし実際のセメント硬化体で考えると、水和生成物中のゲル内に取り込ま

れて水和に使用できないゲル水といわれる水分が15％程度存在する。そのため、セメント硬化体として完全に水和するための水セメント比は0.40程度と考えられている。

(b) 温度の影響

水和反応と温度の関係は非常にたくさんの研究成果が報告されており、一般的には水和反応速度は他の化学反応と同様、温度が高いほど速い。しかし、養生温度が高い場合、水和率は初期において増加するが、早期に水和反応が停止する傾向にあり、緻密な組織を形成することができない。高温養生された水和生成物は、常温養生した水和生成物と密度が異なるとの報告もある（図2-14、表2-5参照）。

表2-5 セメントペースト硬化体の密度と水和物の密度

養生温度 (℃)	水和率 (％)	硬化体の密度 (g/cm³) (測定値)	水和物の密度 (g/cm³) (計算値)
20	67.2	2.48	2.14
40	64.8	2.60	2.29
60	63.3	2.62	2.30
80	63.7	2.62	2.31

(c) 湿度の影響

水和反応過程で乾燥の影響を受けると図2-14に示すように水和反応は一時的に停止し、反応は継続しない。ここで結合水率とは水和反応により結合した水量を試料質量で除したものである。また、図2-15に示したように水和が一時的に停止していても、水分を再供給した場合には水和反応が再開し回復することも明らかとなっている。

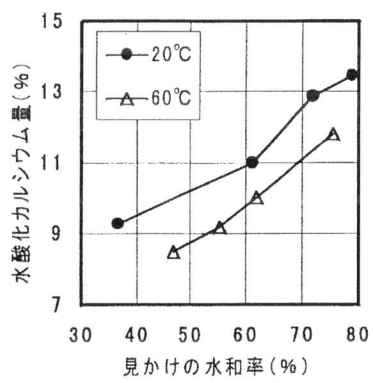

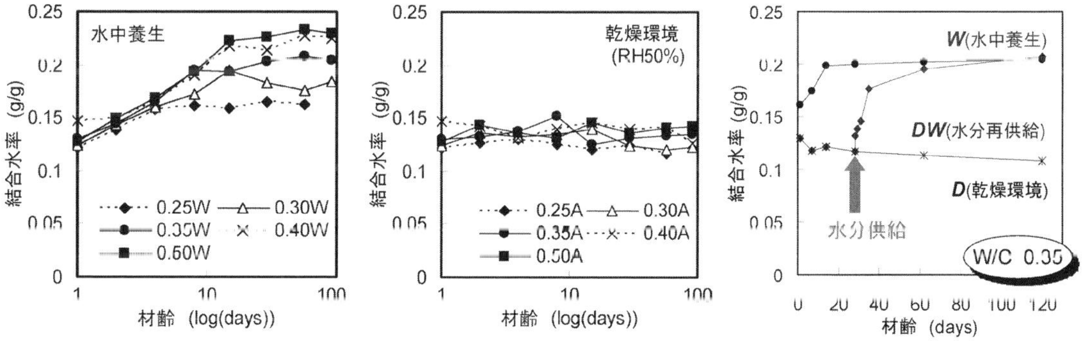

図2-14 20℃および60℃養生の水酸化カルシウム生成量と見掛けの水和率の関係[5]

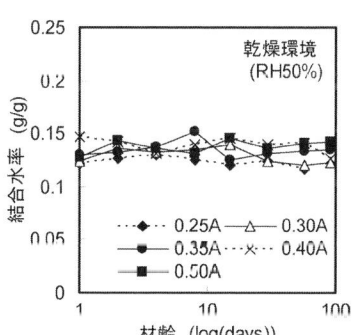
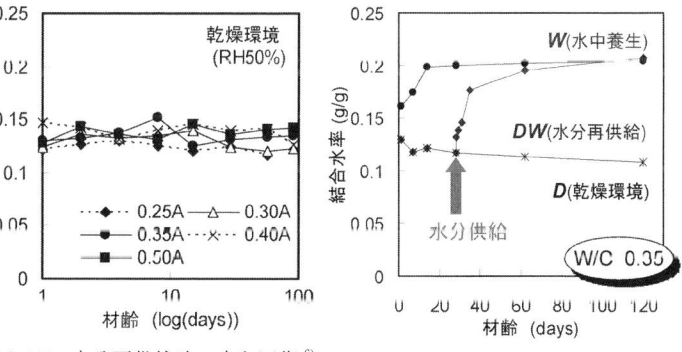

図2-15 水分再供給時の水和回復[6]

column

セメントの鉱物組成の分析、水和物の解析〔XRD-Rietveld〕

セメントの鉱物を定性・定量分析するために広く用いられている手法として粉末X線回折（XRD）がある。鉱物の定性分析の後に、定量する場合には、定量の対象となる結晶鉱物の含有率と回折線の回折強度（積分強度）が比例することを利用して含有量を求める手法であり、セメント分野においては内部標準法ならびにRietveld法が主に用いられる。

粉末X線回折装置は、X線を照射し鉱物特有の反射波を検出器で検出することで含有鉱物の特定ならびに含有率を求める装置である。写真-1のように卓上で高精度の測定が可能な機種も販売されており、今後も多用されると考えられる。測定結果は図-1のように回折角に応じた反射強度が検出され、鉱物固有の回折角から定性・定量可能になる。

内部標準法とは、試料に一定割合の既知物質（Al_2O_3やMgOが用いられることが多い）を添加して定量対象の鉱物の回折線と内部標準物質の回折線の積分強度比を求めて含有量を求めるものである。セメント鉱物の定量のほか、セメント鉱物の反応率、混和材の含有量と反応率、水和生成物、その他不明な鉱物の同定などが可能であるが、結晶鉱物を検出することから非結晶やガラス質は定量できないことに注意が必要である。

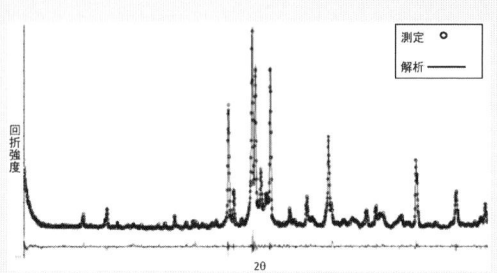

図-1 XRD測定結果例

一方、Rietveld法とは、鉱物の構造モデルを仮定して実際の回折パターン全体をできるだけ再現できるような可変パラメータを組み合わせ、非線形最小二乗法により鉱物の含有量を求める手法である。測定した回折プロファイルを各種市販のソフトウェア等でパターンフィッティングする。内部標準法のような定量分析は回折プロファイルの重なりのない単独ピークを用いる必要があるが、Rietveld法ではピークの重なりや選択配向があっても解析可能である。ただし、精度を高めるためには強度をできるだけ大きく得る必要があり、測定に時間を要したり、高速検出器等が必要となったりすることがある。

セメントの鉱物組成定量の例を表-1に示す（ここではBuruker社のTOPASを用いた結果を示す）。また、この方法を応用することで水和解析や混和材の定量・反応率なども導出可能であると考えられ、現在多くの研究者らが鋭意検討を加えている。

表-1 Rietveld定量結果

	鉱物混入量(%)			
	C_3S	C_2S	C_3A	C_4AF
Rietveld	59.66	21.85	9.79	8.7
ボーグ式	57	18	9	8

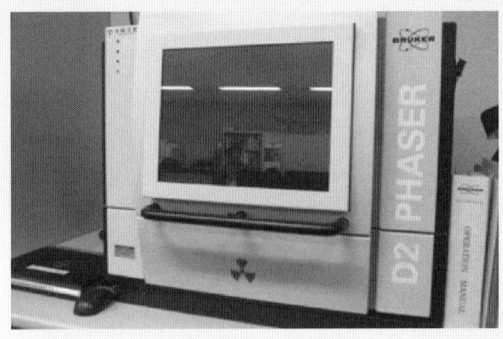

写真-1 XRD測定装置　［写真提供：芝浦工業大学］

水和物（特に CH、$CaCO_2$）の定量〔TG-DTA〕

熱重量分析（TG）は温度を変化させたとき、あるいは一定温度で保持したときの分解や酸化還元などの熱変化による試料の質量変化を連続的に測定するものであり、セメントコンクリートにおいては、加熱時の脱水や脱炭酸反応による質量変化から、試料中の水酸化カルシウム量や強熱減量、炭酸カルシウム量の測定に用いられる。

示差熱分析（DTA）は、試料と基準物質を同一の熱条件で加熱または冷却したときに、両者間に生じる温度差をとる手法である。基準物質が一定速度で昇温していくのに対し、試料において脱水などの反応が生じると温度上昇が大幅に遅れる等の温度差が大きくなることを利用して反応を特定するものである。

TG-DTAは上記を同時に測定する手法であり、広く利用されている。TGとDTAの組合せにより**写真-2**に示すような装置により質量変化や発熱・吸熱の原因を正確に判定することができる。

図-2は水和し炭酸化が進んだコンクリート（セメントペースト）を測定した結果である。この結果を用いることで、試料中に含まれる水酸化カルシウム量、炭酸カルシウム量、強熱減量を求めることができ、未水和の鉱物の含有や水和の進行、劣化の進行をとらえることが可能となる。

写真-2　TG-DTA装置［写真提供：芝浦工業大学］

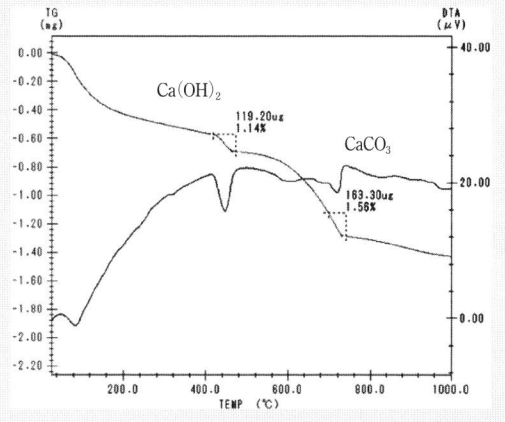

図-2　測定結果の例

セメント、粉体、水和物の観察〔SEM〕

電子走査顕微鏡（Scanning Electron Microscope）は、電子銃から電子線が照射され試料表面に当たった際に放出されるいくつかの電子を検出する装置である（**写真-3**）。試料のごく表面から発生する二次電子（Secondary Electron：SE）は、試料表面の形状を観察するのに使用される。また反射電子（Backscattered Electron：BSE）は二次電子よりも深い場所から発生する電子であり、検出器により組成像および凹凸像を得ることが可能である。また、電子のほかに特性X線が放出されることからエネルギー分散型X線検出器（EDX）を用いることで元素の定量分析が可能である。

SEMにより画像を入手できることから、SE画像では粉体の形状や大きさの観察、水和結晶物の観察が可能である（**写真-4**）。またBSE画像では未水和セメント粒子や空隙等を輝度により識別することで、水和度や空隙率を定量することができる。EDXでは多元素を同時に検出することができるため、組成を定量することができる。

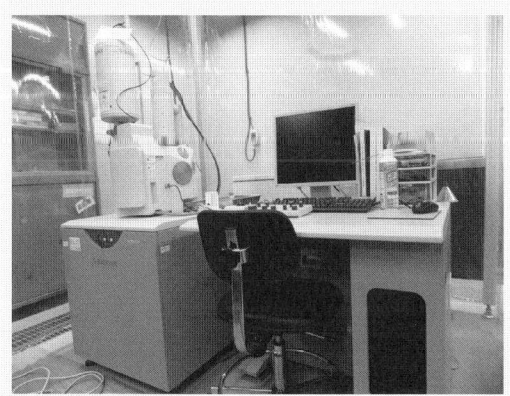

写真-3　機器の概要［写真提供：芝浦工業大学］

写真-4　水和物測定

2.3 セメントの種類と材料選定

コンクリートの製造においては、要求性能を満足するべく材料を選定する必要がある。セメントは、コンクリートに各種性能を付与するために、最も重要な役割を果たすと考えられる。そのため、コンクリートの要求性能に合わせたセメントの選定が必要であり、用途に合わないセメントを用いた場合には、要求性能を満足できないどころか性能が阻害されてしまう可能性がある。現在日本において販売されているJIS規格セメントを表2-6に示す。ポルトランドセメント6種類にそれぞれの低アルカリ型をあわせて12種類、混合セメント3種類にそれぞれA～C種までの3種類ずつで計9種類、さらにエコセメントとして2種類がJIS規格化されている。ポルトランドセメント群に低アルカリ型がラインナップされている理由は、後述するアルカリ骨材反応に対応してセメント由来のアルカリ量を抑制することが目的である。また、JIS R 5210「ポルトランドセメント」の規定では5%までの少量混合成分として高炉スラグ、シリカ質混合材、フライアッシュⅠ種またはⅡ種、炭酸カルシウムが許容されている。現在では、普通、早強、超早強のポルトランドセメントに加え、各種混合セメントにおいても、少量混合成分が認められている。最も多く用いられているのは炭酸カルシウムであり、セメントの水和反応の促進に寄与することが知られている。

その他には、白色ポルトランドセメントやアルミナセメント、低発熱セメントなどの様々な特殊セメントがJIS規格外として製品化されている

2.3.1 ポルトランドセメント〔JIS R 5210〕

各種ポルトランドセメントは図2-16に示すように、一般的に広く使用されている普通ポルトランドセメントと比較して、極初期材齢にて反応を促し初期強度を得るために調整された、早強ポルトランドセメント、超早強ポルトランドセメントなどが存在する。一方、水和熱による温度ひび割れを抑制するために調整された、中庸熱ポルトランドセメント、低熱ポルトランドセメントなどが存在する。さらに、硫酸塩への耐久性を向上させた耐硫酸塩ポルトランドセメントが存在する。

これらのセメントは、主要4鉱物の含有量が大きく異なる。図2-17は代表的なポルトランドセメントの主要鉱物の含有量を示したものである。早強や超早強のように初期に強度を求める場合には、C_3Sの含有量を増加しC_2Sを減少させる。一方、発熱抑制の中庸熱や低熱は、C_3Sを減少させC_2Sを増加させる。JISにおいて中庸熱ポルトランドセメントは水和熱が高くならないよう、$C_3S \leq 50\%$、$C_3A \leq 8\%$と規定されている。また低熱ポルトランドセメントでは水和熱抑制のため、C_2S量が中庸熱ポルトランドセメントより多

表2-6 JIS規格セメント

規格	名称	種類
JIS R 5210 -2009	ポルトランドセメント	普通
		早強
		超早強
		中庸熱
		低熱
		耐硫酸塩
JIS R 5211 -2009	高炉セメント	A種(高炉スラグの分量 5%を超え30%以下)
		B種(高炉スラグの分量30%を超え60%以下)
		C種(高炉スラグの分量60%を超え70%以下)
JIS R 5212 -2009	シリカセメント	A種(シリカ質混合材の分量 5%を超え10%以下)
		B種(シリカ質混合材の分量10%を超え20%以下)
		C種(シリカ質混合材の分量20%を超え30%以下)
JIS R 5213 -2009	フライアッシュセメント	A種(フライアッシュの分量 5%を超え10%以下)
		B種(フライアッシュの分量10%を超え20%以下)
		C種(フライアッシュの分量20%を超え30%以下)
JIS R 5214 -2009	エコセメント	普通エコセメント
		速硬エコセメント

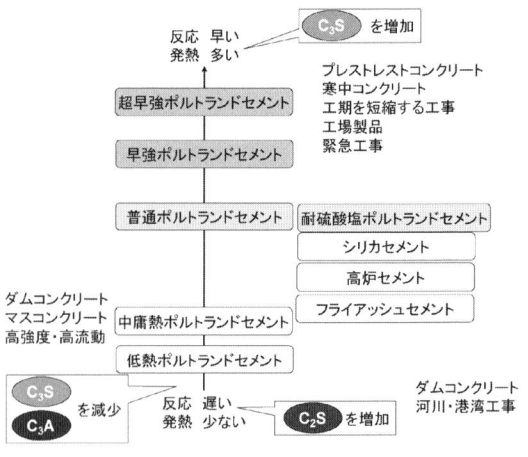

図2-16 各種ポルトランドセメントの用途

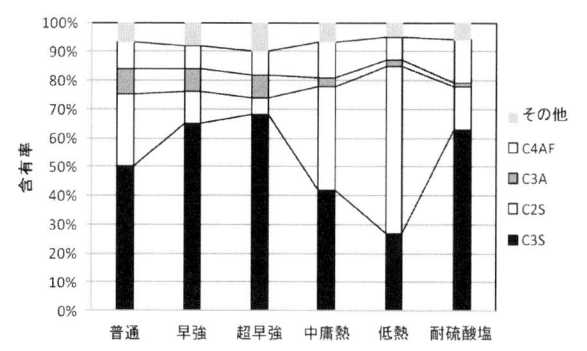

図 2-17 各種ポルトランドセメントの鉱物組成含有率

く、$C_2S \geqq 40\%$、$C_3A \leqq 6\%$と規定されている。耐硫酸塩ポルトランドセメントは、C_3Aが硫酸塩と水酸化カルシウムと反応してエトリンガイトを生じ体積膨張を起こすことを防ぐために、$C_3A \leqq 4\%$と規定されている。

各セメントの主な用途は次のとおりである。
- 普通ポルトランドセメント：工事用または製品用として最も多く使用されている。
- 早強ポルトランドセメント：普通ポルトランドセメントよりC_3Sの含有量を増加させ粉末度を大きくすることで、早期に高い強度（3日で普通ポルトランドセメントの7日強度に相当）が得られるため、プレストレストコンクリート、寒中コンクリート、工期短縮を要する工事、工場製品などに使用される。
- 超早強ポルトランドセメント：早強ポルトランドセメントよりさらにC_3Sを多く含有させ粉末度を大きくすることで、早期に高い強度（1日で早強ポルトランドセメントの3日強度相当）を発現する。鉄道の補修工事のような緊急工事等に使用される。
- 中庸熱ポルトランドセメント：水和熱を抑制するために、C_3SとC_3Aを減じC_2Sを増量したセメントで、ダムなどのマスコンクリートに適用される。初期強度は小さいが長期強度は大きくなる。
- 低熱ポルトランドセメント：水和熱を低減させるために、中庸熱ポルトランドセメントよりもC_2S含有量を多くしたセメントで、中庸熱ポルトランドセメントよりも水和熱を抑制でき、初期強度は低いが長期強度が期待できる。また高強度域における強度発現が良好であることから、低水粉体比での使用に適している。そのた

め、マスコンクリートに加え、高層ビル等の建築用高強度コンクリートや高流動コンクリートに使用される。
- 耐硫酸塩ポルトランドセメント：C_3Aの含有量を少なくして硫酸塩との反応性を小さくしたセメントであり、硫酸塩を含む土壌地帯の工事に適用され、中東地域での使用も多い。また炭鉱の跡地でも使用される。

2.3.2 混合セメント

混合セメントとは、ポルトランドセメントの一部を 2.2.4 で列挙した各種結合材で置換したセメントである。

(a) 高炉セメント〔JIS R 5211〕

高炉セメントは、ポルトランドセメントを高炉スラグ微粉末で置換したセメントである。日本では、表 2-6 に示したようにA〜C種まで置換率の異なる三種類が存在する。他の混合セメントと比較して置換率が大きく設定できることから、ポルトランドセメントの使用を少なくすることができる。前述したようにセメントの製造には大量の二酸化炭素発生を伴うことから、環境負荷低減が大きく期待できる。

高炉セメントのうち、現在日本国内で用いられているそのほとんどが高炉セメントB種である。高炉セメントの利用によるコンクリートの特徴として、長期強度増進や、アルカリ骨材反応抑制効果、化学的侵食に対する抵抗性の向上、塩害の主因である塩化物イオン侵入の遮蔽効果などが認められている。また発熱速度の抑制効果や水密性が高いといった特徴も有している。

さらに地盤改良等で利用する場合には、六価クロムの溶出が少ないといった特徴も有している。六価クロムは人体に被害を及ぼす物質として土中においては制限量が定められている。元来、普通ポルトランドセメントには微量ではあるが六価クロムが含有している。しかし、高炉セメント中の高炉スラグ微粉末は還元雰囲気で生成することからクロムが六価では存在しにくい性質をもつ。さらに、高炉スラグ微粉末の反応により生成する水和物へ六価クロムが吸着されることも知られており、地盤改良した土壌からの六価クロム溶出が少ないとされている。しかしながら、初期強度発現の遅延や中性化速度が若干大きいといったことも

あり、初期の養生を怠ると長期の性能を発揮できない可能性があり、使用にあたっては適切な配慮が必要となる。このような特徴を最大限に生かすため、ダムや河川、港湾工事や一般のコンクリート工事などに広く利用される。

　(b)　シリカセメント〔JIS R 5212〕

　シリカセメントは、ポルトランドセメントに天然質のシリカ質混合材を一定量置換したセメントであり、**表2-6**に示したようにA～C種の3種類が規定されている。超微粒子であることから、セメント粒子間に入り込むことで、緻密なコンクリートが得られ、さらにポゾラン反応により長期強度増進を望めることから、高強度コンクリートの実現のために利用されている。また高い水密性や耐久性を保有することが可能となる。

　(c)　フライアッシュセメント〔JIS R 5213〕

　ポルトランドセメントにフライアッシュを一定量置換したセメントをフライアッシュセメントという。シリカセメントと同様の置換率でA～C種が存在する。球形の形状により流動性向上や、ポゾラン反応による長期強度の増進、乾燥収縮の低減、アルカリ骨材反応の抑制などといった特徴を有している。一方で初期強度発現の遅れや中性化抵抗性が低くなる。現在は電力関係施設への適用が多く、ダムなどのマスコンクリートに適用されているが、副産物の利用や環境負荷低減ならびに技術的な効用を鑑み、今後さらなる拡大が期待されている。

2.3.3　エコセメント〔JIS R 5214〕

　ごみ焼却施設より発生し通常は埋立て処分されるごみ焼却灰や残渣、下水汚泥焼却灰などの廃棄物を、製品1tにつき乾燥ベースで500kg以上使用して製造されるセメントである。セメント製造の原料となる石灰石、粘土、けい石の代替として都市ごみ焼却灰を使用できるのは、セメント製造に必要な成分であるCaO、SiO_2、Al_2O_3がごみ焼却灰に含まれているためである。エコセメントには、普通エコセメントと速硬エコセメントの2種類が存在し、セメント中の塩化物イオン量により区分されている。速硬エコセメントの塩化物イオン量は、廃棄物由来の塩化物イオンを受け入れて1.5%まで許容しているため、鉄筋コンクリートに使用することはできない。エコセメントの用途としては、道路用製品やインターロッキングブロック、建築用外装材等のコンクリート製品が主流であり、一部レディーミクストコンクリートとしての実績もある。現在では、国内2工場（千葉県市原市、東京都多摩地区）で製造されている。

2.3.4　その他のセメント

　JISには規定されていないセメントは多様に存在し、必要に応じて用いられている。

・白色ポルトランドセメント：鉄分を少なくして白色にしている。顔料などで着色できることから、ブロック、塗装用、一般建築物などに用いられる。

・アルミナセメント：C_3Aを主成分としたセメントで非常に早強性を有しており、1日で普通ポルトランドセメントの28日に相当する強度発現が可能である。長期強度が不安定であるが、耐火性や化学抵抗性に優れている。緊急工事や耐火物としての利用が多い。

・超速硬セメント：C_3Sと$11CaO・7Al_2O_3・CaF_2$が主要鉱物となるように焼成したもので、2～3時間で圧縮強さが$10N/mm^2$に達する。アルミナセメントのような長期強度の低下は認められないため、床版や機械基礎の打替え、各種補修工事に使用される。

・コロイドセメント（グラウト用セメント）：微粉砕した高炉スラグ微粉末やシリカフュームを混合したものもある。岩盤やひび割れに注入して地盤崩壊や湧水を防止する目的で使用される。

・油井セメント：油井やガス井などの掘削時の高深度の高温・高圧環境の極めて過酷な条件で施工性と長期耐久性に優れたセメントであり、ポルトランドセメントの一種である。油井の掘削において鋼管パイプと坑壁との間に注入してパイプを固定するために用いられる。高温高圧下で注入でき、注入終了後は強度を発現して耐久性が高いことが要求される。

・低発熱セメント：大規模なマスコンクリート工事への適用のために、発熱量をより小さくする目的で、ポルトランドセメントに高炉スラグ微粉末やフライアッシュを混合した2成分系のセメントや、すべてを組み合わせた3成分系セメントなどが開発されている。

2.3.5 国際的なセメントの種類
（1）欧州

セメントの規格は各国で様々であるが、欧州ではヨーロッパ規準としてEN197-1：2000が制定されている。規格化されたセメントの一覧を表2-7に示す。規格化されているセメントは27種類存在するが、5種類のタイプ（CEM ⅠからⅤ）に分けられ、それぞれのタイプにおいて3つの強度クラス［Ordinary（32.5N/mm^2 クラス）、High（42.5N/mm^2 クラス）、Very High（52.5N/mm^2 クラス）］に分けられている。このような強度クラスによる分類により、ポゾラン物質や高炉スラグ微粉末等の混和材を混和することができることから、クリンカ製造量を減少させることによるセメントの製造時の環境負荷低減や環境保全に役立っている。また、32.5N/mm^2 クラスのセメントを利用した場合、同一強度のコンクリートを得るためには、その他のセメント（42.5、52.5）に比べてセメントの使用量が増加する。この場合、粉体が確保できることで、フレッシュコンクリートの流動性や耐久性が向上する。

表2-7 欧州におけるセメント種

EN197-1 タイプ	名称	含有率(%) クリンカ	その他原料	該当する日本の製品
CEM Ⅰ	ポルトランドセメント	95-100	0-5	ポルトランドセメント
CEM Ⅱ	ポルト混合セメント	65-94	6-35	混合セメント相当（ただし高炉セメント、シリカセメントはA種相当）、石灰石微粉末なども含む
CEM Ⅲ	高炉スラグセメント	5-64	35-95	高炉セメントB・C種、それ以上
CEM Ⅳ	ポゾランセメント	45-89	11-55	各種ポゾランを複合して使用可能
CEM Ⅴ	混合セメント	20-64	35-80	スラグ微粉末と石灰・良質フライアッシュのみ複合使用可能［日本では未規格］

（2）米国

アメリカにおいてはASTM（Americn Society for Testing and Materials）により規格化されており、ポルトランドセメントと混合セメントに大別される。米国は日本同様、ポルトランドセメントが基本であるが、硫酸塩土壌や気候を考慮した地域で様々な種類のセメントが利用されている。

2.4 骨材（細骨材・粗骨材）
2.4.1 骨材の役割と求められる性質
（1）骨材を大量に使用する意味

コンクリートにおいては、その体積の7割程度を骨材が占める。このことは、骨材がコンクリートの品質や価格に大きな影響を与えることを示している。コンクリートに骨材を大量に用いる主な理由として、次の3つが挙げられる。

① 発熱への影響：セメントは前述のように発熱を伴う水和反応で硬化するため、コンクリート自体が硬化とともに発熱することとなる。コンクリートの発熱量が大きくなりすぎると、外気に接する面と内部との温度差が大きくなることにより、温度ひび割れの危険性が高まる（3.7.2（3）参照）。一方、骨材は一般的には反応しないため、コンクリート中に骨材を入れることで、セメント量が減少し、結果としてコンクリート全体の発熱を抑制できる。

② 収縮への影響：セメントの水和反応に伴い、セメントペーストは体積が小さくなる自己収縮現象が生じる（3.7.2（1）参照）。またセメントペーストが硬化したのち、ペースト内部の水分が蒸発することで体積が小さくなる乾燥収縮現象も生じる（3.7.2（2）参照）。これらの体積変化（収縮）により発生する引張応力が、コンクリートの引張強度を上回ることでひび割れが発生する。そのため、セメントペースト量を抑えることができる骨材は一般的には収縮抑制となる。ただし、骨材の種類によっては骨材自身が収縮するものも知られており、その場合は収縮ひび割れの危険性が大きくなるので注意が必要である。

③ コストへの影響：セメントと比較して骨材の価格は安い（1/3～1/4程度）ため、コンクリートに占める割合が大きいほどコストを抑制することが可能である。

（2）フレッシュ時の役割

コンクリートは時間の経過とともに性質が変化していくが、それはセメントペーストの硬化によるものであり、その量が少ないほどコンクリートの品質は安定するといわれる。コンクリート中

の骨材量が変化すると、同様にセメントペースト量が変化するため、フレッシュコンクリートの流動性に影響を与える。

セメントペーストを少なくする骨材の特徴としては、次のようなことが考えられる。

① フレッシュコンクリートでは、骨材表面に付着したセメントペーストが潤滑剤となって骨材を輸送することで、コンクリートが流動する。そのため、同一体積の骨材では、表面積が小さいほどセメントペーストが少なくてすむ。表面積が最も小さい形は球であり、骨材は球状に近いほどコンクリートは流動しやすくなる。

② 骨材間の隙間が少ない（骨材がびっしりと詰まっている）とセメントペースト量を減ずることができる。図 2-18 に示すように同一の大きさの骨材では、骨材同士が当たってしまい、隙間がどうしてもできてしまう。一方、様々な大きさの骨材が存在すると隙間が少なくなる。

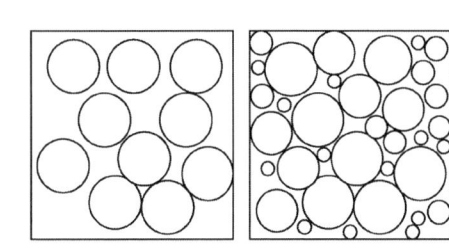

図 2-18 粒度分布の異なる骨材間の隙間のイメージ図

また、コンクリートのフレッシュ性状である流動性や材料分離抵抗性は、粗骨材の大きさや細・粗骨材の形状が大きく影響する。

流動性の低下原因としては、次のことが知られている。

① 骨材中に存在する空隙は吸水する。骨材の吸水率が大きいと練り混ぜ後のコンクリート中でセメントペーストの水分を骨材が吸水してしまい、コンクリートの流動性が低下する。

② 骨材に含まれる微粒分が多いと、細かい粒子の表面に付着する水が多くなるため、流動性が低下する。

（3）硬化時の役割

コンクリートに用いる骨材は、強度を確保するために、以下の性質が求められる。

① 堅硬・強固
② 物理・化学的に安定
③ 混合比（粒度分布）が適切
④ セメントペーストとの付着強度がある
⑤ 吸水率が小さい
⑥ 有害物質を含まない

このうち、有害物質とはセメントの水和反応を阻害するような有機不純物、硬化コンクリートの性質に悪影響を及ぼす異物、ならびに鉄筋の腐食の起因となりうる塩化物などが挙げられる。

2.4.2 骨材の種類
（1）粒径の区分け

コンクリート用骨材は細骨材（fine aggregate）と粗骨材（coarse aggregate）とに分類されている。細骨材と粗骨材の区分は、骨材寸法でなされており、直径5mmを境界としている。5mmふるいに留まるものを粗骨材、通過するものを細骨材と区分している。しかし実用上は、保管や管理などから細骨材は 10mm ふるいを全部通り 5mm ふるいを質量で 85％以上通過する骨材、粗骨材は 5mm ふるいに質量で 85％以上とどまる骨材として利用することもある。

（2）骨材種類の区分け

骨材には採取場所や製造方法により様々な種類が存在する。次にその種類を概説する。

・天然砂・天然砂利：自然作用により岩石からできた骨材であり、川、山、陸、海などから採取する。

・海砂：海から採取した砂であり、粒径がそろっており、貝殻や塩化物を含む。細かい貝殻であれば質量比で 30％以下ならば強度への影響は少ない。一方、塩化物の混入は鋼材の腐食を促進させるため、除去が必要となる。

・砕石・砕砂：天然の岩石を破砕機等で人工的に砕いて製造されたもの。砂利・砂と同様に扱えるが、粒度、粒形、微粒分などの混入によりコンクリートのワーカビリティーへの影響が大きい。

・軽量骨材：膨張頁岩などを原料として人工的に焼成・発泡させて製造する。骨材内部に空隙を有するために軽量であり、構造物の自重を低減するために用いられる。軽量骨材は表 2-8 に示すものがある。骨材自体の強度が他の骨材と比

較すると低く、また吸水率が大きいため、コンクリートとして使用する際には強度や凍結融解抵抗性に注意が必要となる。

表2-8 軽量骨材の種類

種類	説明
人工軽量骨材	膨張頁岩、膨張粘土、膨張スレート、フライアッシュを主原料としたもの
天然軽量骨材	火山礫およびその加工品
副産軽量骨材	膨張スラグなどの副産軽量骨材およびそれらの加工品

・**重量骨材**：褐鉄鉱、磁鉄鉱、重量石などの密度の大きい骨材であり、遮蔽用コンクリートなどに用いられる。

・**各種スラグ系骨材**：高炉スラグ骨材、フェロニッケルスラグ細骨材、銅スラグ細骨材、電気炉酸化スラグ骨材、溶融スラグ骨材などが存在する。

　高炉スラグ骨材は、銑鉄製造時の溶鉱炉で生成する溶融スラグを徐冷し粒度調整して製造する（JIS A 5011-1）。

　フェロニッケルスラグ細骨材は、炉でフェロニッケルと同時に生成する溶融スラグを徐冷または急冷して粒度調整したものであり、細骨材だけが規定されている（JIS A 5011-2）。

　銅スラグ骨材とは、炉で銅鉱石から銅を製錬採取する際に生じる溶融スラグを急冷して粒度調整したものであり、細骨材のみが規定されている（JIS A5011-3）。

　電気炉酸化スラグ骨材は、電気炉製鋼所から得られる副産物の酸化スラグを加工した骨材である（JIS A 5011-4）。

　溶融骨材スラグは廃棄物や下水汚泥の焼却灰等を高温で溶融し冷却して固化させたものである。砂利・砂と同様に使用できるものや、アルカリ骨材反応などに注意が必要なものなどが存在するため、使用に際しては注意が必要な場合がある。

・**再生骨材**：鉄筋コンクリート構造物などを解体したコンクリート塊を原料とする骨材である。再生骨材の品質は、骨材中に含まれるモルタルの量に応じてH, M, Lに区分され、表2-9のように規定されている。再生骨材Hはレディーミクストコンクリート工場で一般に使用できる骨材として品質が規格化されているが、再生骨材MとLは用途を定めたコンクリートとしての規定となっている。

表2-9 再生骨材の種類

種類	概要	JIS
再生細・粗骨材H	原コンクリートに対し、破砕等の高度な処理を行い、必要に応じて粒度調整した骨材	JIS A 5021
再生細・粗骨材M	原コンクリートに対し、破砕、磨砕等の処理を行い、必要に応じて粒度調整した骨材	JIS A 5022 付属書A規定
再生細・粗骨材L	原コンクリートに対し、破砕等の処理を行って製造した骨材	JIS A 5023 付属書1規定

2.4.3　細骨材と粗骨材
（1）細骨材

　国内では天然骨材として、川砂、海砂、山砂、陸砂が存在し、人工骨材として、砕砂、高炉スラグ細骨材、フェロニッケル細骨材、銅スラグ細骨材、人工軽量細骨材などが存在する。図2-19は1986年の細骨材の地域別使用比率を示したものである。1986年の統計では各地の特徴があり、河川や海砂など地域で入手可能なものを主として利用していたが、近年では骨材の入手が困難となりつつあり、砕砂を利用することが多くなってきている。

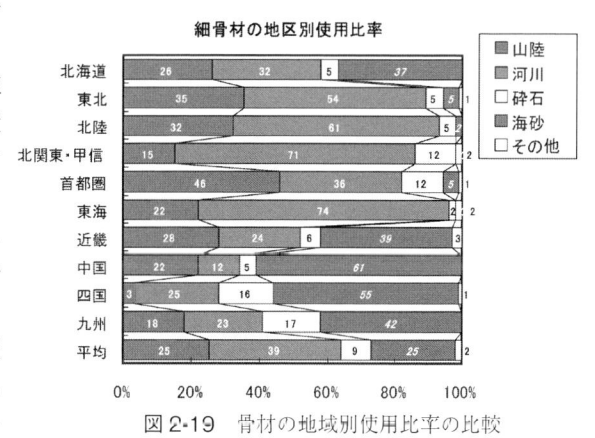

図2-19　骨材の地域別使用比率の比較

（2）粗骨材

　コンクリートにとって、耐久性や経済性を考慮すると、一般に最大寸法の大きい粗骨材を用いる方がよいが、構造物の部材の寸法や鉄筋のあき、かぶりなどコンクリートが鉄筋や型枠の間に容易に入り、密実に充填されるように粗骨材最大寸法が定められている。一般的なコンクリートでは20〜25mmの粗骨材最大寸法の骨材を用いることが多いが、大断面コンクリートでは40mmも

利用される。またダムコンクリートでは150mmといった最大寸法の粗骨材を用いることもある。

粗骨材は、天然骨材として川砂利、陸砂利があり、人工骨材として砕石、高炉スラグ粗骨材、人工軽量粗骨材、重量骨材などが存在する。図2-20は骨材の年代ごとの使用比率の推移を示したものであるが、天然骨材が減少し砕石の割合が大きくなっていることがわかる。このように骨材事情は年々変化している。

2.4.4 骨材の物理的性状
(1) 骨材の含水状態
骨材の含水状態の概念図を図2-21に示す。

骨材が内部まで乾燥している場合には、コンクリート中の水分が骨材に吸水されて流動性が低下する。一方、骨材に付着している水分を考慮せずにコンクリートを製造すると、コンクリート中の水量が増加することとなり、強度や耐久性に影響を与えることとなる。そのため、骨材の含水状態や骨材表面に付着している水分状態を表す表面水率や吸水率は非常に重要な項目となる。骨材の吸水率、含水率、有効吸水率ならびに表面水率は次式で計算される。

$$吸水率（\%） = \frac{吸水量}{絶乾状態の質量} \times 100$$

$$含水率（\%） = \frac{含水量}{絶乾状態の質量} \times 100$$

$$有効吸水率（\%） = \frac{有効吸水量}{絶乾状態の質量} \times 100$$

$$表面水率（\%） = \frac{表面水量}{表乾状態の質量} \times 100$$

$$= （含水率 - 吸水率） \times \frac{1}{1 + \frac{吸水率}{100}}$$

(2) 密度
骨材の絶乾密度や表乾密度は次式で計算される。

$$表乾密度（D_s） = \frac{表乾状態の質量}{表乾状態の容積}$$

$$絶乾密度（D_s） = \frac{絶乾状態の質量}{表乾状態の容積}$$

式中の容積は、細骨材の場合はフラスコを用いる方法（JIS A 1109）により、粗骨材の場合は大気中と静水中で測定した見掛けの質量差（JIS A 1110）で求める。算出方法に関しては、**付録のⅢ.骨材の物性試験**に詳細を記述している。

(3) 単位容積質量、実積率
単位容積質量は、JIS A 1104に定めるように、容器に満たした骨材の絶乾質量を、容器の単位容積当りに換算したもので kg/m³ で表す。実積率は、容器に満たした骨材の絶対容積のその容積に対する百分率（%）で、骨材の詰まり具合を表す指標である。骨材の粒度が適当ならば、最大寸法が大きいほど単位容積質量が大きく、密度が同じ

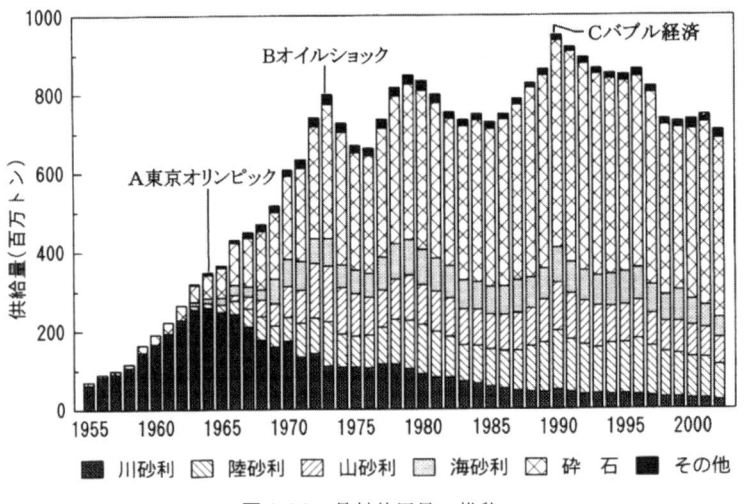

図 2-20 骨材使用量の推移

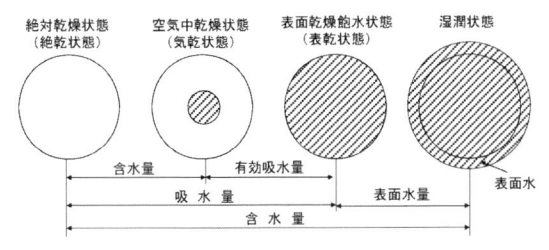

図 2-21 骨材の含水状態の概念図

であれば実積率も大きく粒形が良いといえる。試験は、骨材の最大寸法や種類により棒突き試験とジッギング試験がある。

粒径判定実積率の小さな骨材を用いることで、所要のスランプを得るための単位セメント量や単位水量が大きくなるため、好ましくない。

ここで、粒径判定実積率とは、特定の粒度の試料（砕石では 20～10mm を 24kg、10～5mm を 16kg、砕砂では 2.5～1.2mm のものを採り混合したもの）を用いて求めた実積率のことである。

（4）粒度と最大寸法

骨材は大小様々な粒が適度にあることが望ましい。そのため、ふるい分け試験により各ふるいを通過するもの、またはとどまるものの質量百分率により粒度を表す。図 2-22 および図 2-23 は標準粒度を表したものである。

細骨材の粒度はコンクリートの空気量、ブリーディング、ワーカビリティー、ポンパビリティー等に影響を及ぼす。大小粒が適当に混合している粒度の良い細骨材を用いることで、粒のそろった単粒に近い偏った粒度に比べて、骨材の間の空隙が少なくなるため、所要のワーカビリティーを得るための単位水量や単位セメント量を小さくできる。

粗骨材の粒度は、細骨材ほどワーカビリティーに影響を及ぼさないが、骨材間の空隙を少なくしてコンクリートの品質や経済性を確保するために適度な粒度が望まれる。

コンクリートに要求されるワーカビリティー、材料分離抵抗性、経済性などをすべて満たすような理想的な粒度の骨材を入手することは困難である。また、コンクリートの所要の性能を満足するように必要な粒度を厳格に考慮すると、入手困難となることもあるため、骨材の粒度には規定を設けておらず、図 2-22、図 2-23 および表 2-10 のように標準粒度の範囲を示すこととしている。

骨材の粒度を表す一つの指標として、次式により定められた粗粒率（F.M.）がある。粗粒率は、定められた一連の寸法のふるいを用いてふるい分け試験を行った結果から求めることができる。なお、粗粒率についても規定はないが、その適当な範囲の値は、細骨材の場合 2.3～3.1、粗骨材の最大寸法が 40mm の場合で 6～8 である。ただし、同じ粗粒率となる粒度は無数に存在するため、粗粒率は粒度そのものを定量化したものではない。一方で粗粒率はフレッシュコンクリートの性状をよく表現しており、粗粒率が大きく変動すると、コンクリートのスランプも変動する。

$$\text{粗粒率（F.M.）} = \frac{\begin{pmatrix}80, 40, 20, 10, 5, 2.5, 1.2\text{mm および}\\600, 300, 150\,\mu\text{m の各ふるいの}\\\text{とどまる試料の質量百分率の和}\end{pmatrix}}{100}$$

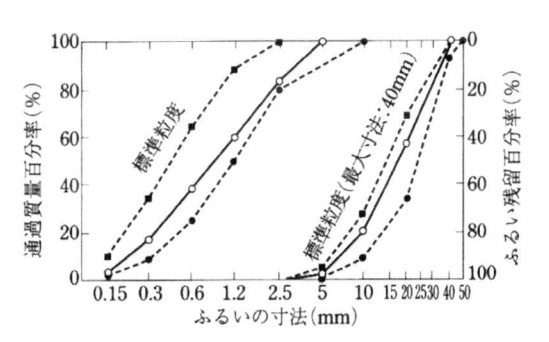

図 2-22 標準粒度（土木学会）とふるい分けの例（粗骨材最大寸法 40mm）

質量で少なくとも 90％が通るふるいのうち、最小寸法のふるいの呼び寸法で示される粗骨材の寸法を、粗骨材の最大寸法という。一般に、粗骨材の最大寸法が大きければ、所要のワーカビリティーを得るために必要な単位水量、単位セメント量を少なくすることができ、水和熱や乾燥収縮を低減することができる。しかし、最大寸法が大きすぎると、コンクリートが鉄筋間を通過できないなど施工時に支障をきたす可能性がある。そのため、コンクリートの配合設計においては、部材最小寸法および鉄筋の最小あき（図 2-24）等に応じて、粗骨材最大寸法の上限が規定されている。構造物の種類により標準的な最大寸法も示されている。

表 2-11 は骨材のふるい分け試験の結果と粗粒率を求めたものである。詳細については、**付録のⅢ．骨材の物性試験**のうち、[骨材のふるい分け試験][細骨材の表面水率試験]を参照のこと。

表 2-10　細骨材・粗骨材の粒度の標準

細骨材の粒度の標準

ふるいの呼び寸法(mm)	10	5	2.5	1.2	0.6	0.3	0.15
ふるいを通るものの質量分率(%)	100	90～100	80～100	50～90	25～65	10～35	2～10[1)

1) 砕砂あるいはスラグ細骨材を単独に用いる場合には質量分率(%)を2～15%にしてよい。混合使用する場合で、0.15mm通過分の大半が砕砂あるいはスラグ細骨材である場合には15%としてよい。
2) 連続した2つのふるいの間の量は45%を超えないのが望ましい。

粗骨材の粒度の標準

ふるいの呼び寸法(mm)		ふるいを通るものの質量分率(%)							
		50	40	30	25	20	15	10	5	2.5
粗骨材の最大寸法(mm)	40	100	95～100			35～70		10～30	0～5	
	25			100	95～100		30～70		0～10	0～5
	20				100	90～100		20～55	0～10	0～5
	10						100	90～100	0～40	0～10

*印のところは舗装コンクリートにも適用。

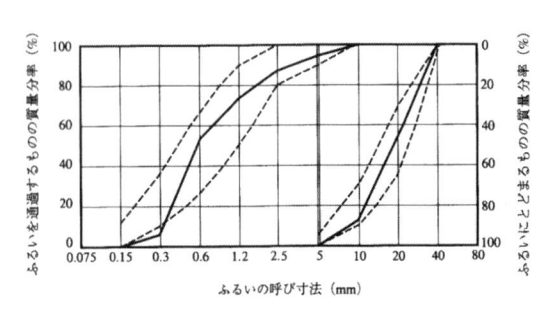

図 2-23　骨材の標準粒度（土木学会）とふるい分けの例（表 2-9 の例）

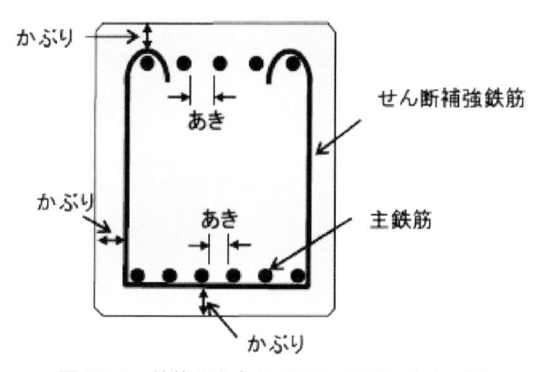

図 2-24　鉄筋のあきおよびかぶりのイメージ

表 2-11　骨材のふるい分け試験結果の一例

ふるいの呼び寸法(mm)	粗骨材				細骨材			
	連続する各ふるいにとどまるものの質量および質量百分率		各ふるいにとどまるものの質量および質量百分率		連続する各ふるいにとどまるものの質量および質量百分率		各ふるいにとどまるものの質量および質量百分率	
	(g)	(%)	(g)	(%)	(g)	(%)	(g)	(%)
50	0	0	0	0				
*40	270	2	270	2				
30	2,025	14	1,775	12				
25	4,480	30	2,455	16				
*20	6,750	45	2,270	15				
15	10,980	73	4,230	28				
*10	13,350	89	2,370	16	0.0	0	0.0	0
*5	15,000	100	1,650	11	25.0	5	25.0	5
*2.5		100		0	62.5	13	37.5	8
*1.2		100		0	130.0	26	67.5	14
*0.6		100		0	343.0	69	213.0	43
*0.3		100		0	461.5	92	118.5	24
*0.15		100		0	496.5	99	35.0	7
0.075		100		0	500.0	100	3.5	1
受皿					500.0	100	0.0	0
合計			15000	100			500.0	100
粗粒率	粗粒率(F.M.) = (2+45+89+100+100×5)/100 = 7.36				粗粒率(F.M.) = (5+13+26+69+92+99)/100 = 3.04			

*粗粒率は*印のところの%のみを加えて100で割って算出する。

（5）骨材の形状

骨材の形状は、所定のワーカビリティーのコンクリートを得るために必要な単位水量をできるだけ少なくできるものが望ましい。そのためには、実積率が大きい骨材が望ましく、実積率を向上させる形状としては球形や立方体に近いものほどよい。一方、好ましくない形状は扁平なものである。

良いコンクリートの製造には、骨材とセメントペーストが密着して一体化することが重要となる。そのためには、骨材強度がセメントペーストよりも大きいことに加え、セメントペーストと骨材の付着が良いことが必要である。この両者の付着は、化学反応に起因する付着と物理的付着がある。

化学反応に起因する付着は、石灰岩骨材などが考えられる。このような骨材を用いると、同一水セメント比のコンクリートで比較した場合、このような骨材を用いない場合に比べて圧縮強度が大きくなる傾向にある。ただし、アルカリ骨材反応によりひび割れが生じた場合には圧縮強度は低下する。

物理的付着には、骨材の形状および骨材表面の凹凸部にセメントペーストが付着することが考えられる。骨材表面が粗いほどセメントペーストとの付着強度が大きくなる傾向も示されている。しかし、これらの研究は少なく、未解明な点が多い。

（6）骨材の品質とその改善

骨材の品質のうち、石質にかかわるもの（密度、吸水率、強度、安定性、すりへり、アルカリシリカ反応性など）は改善できない。一方、改善できる品質としては、粘土塊量、洗い試験によって失われる量や、2.4.5 で記載する有機不純物、塩分などがある。骨材中の有害物質の濃度を低減させるためには、①水洗により除去する方法、②有害物質を含まない骨材と混合利用などがある。

2.4.5 骨材の化学的性状

（1）不純物・有害物・有害鉱物

骨材中に不純物がある量以上存在した場合、コンクリートに様々な障害を与える可能性がある。不純物は有機物や泥、貝殻、雲母などがある。これらは、①セメントの水和反応を阻害する、②単位水量・ワーカビリティー・ブリーディング量・凝結速度などの配合やフレッシュコンクリートの性状に影響を及ぼす、③耐久性・強度・耐摩耗性・耐火性などの硬化コンクリートの特性に悪影響を及ぼす、④鉄筋をさびさせる、などの作用を起こす可能性がある。

近年の骨材の多品種化により、骨材中の有害鉱物が**写真2-2**のようなコンクリートのポップアウトや、ひび割れ発生などの現象を引き起こした報告がされている。骨材の有害物質は骨材製造時に確認することが困難であるため、使用実績の少ない骨材を利用する場合には注意が必要である。

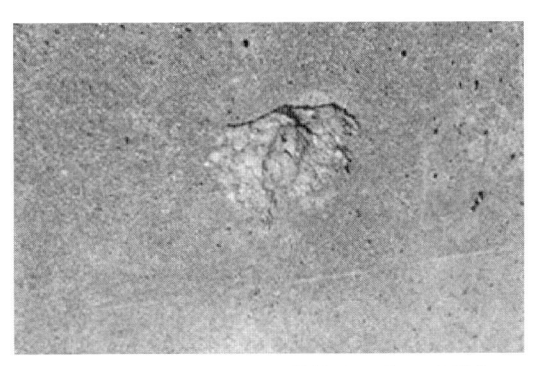

写真2-2　コンクリートの骨材ポップアウト現象

（2）アルカリ骨材反応性骨材

アルカリ骨材反応とは、コンクリート中の水酸化アルカリとアルカリ反応性骨材との化学反応により、コンクリートを異常に膨張させる現象をいう。アルカリ骨材反応は、コンクリート中の反応性鉱物の種類によって、アルカリシリカ反応（ASR）とアルカリ炭酸塩反応とに大別できるが、わが国ではアルカリシリカ反応しか確認されていない。そこで、ここではアルカリシリカ反応を対象とする。

アルカリシリカ反応の危険性のある反応性鉱物は、火山ガラス、クリストバライト、トリジマイト、オパール、微小石英などが挙げられる。これらの鉱物を含む骨材がある量以上コンクリート中に存在する場合、アルカリシリカ反応に注意が必要となる。骨材を使用する際には骨材の反応性試験により確認が必要となる。

［骨材の反応性試験方法］

アルカリシリカ反応は、使用する骨材に反応性鉱物を含む場合に起こる。そのため、使用する骨材の反応性を試験する必要がある。試験方法は、JIS A 1145［骨材のアルカリシリカ反応性試験方

法（化学法）］と、JIS A 1146［骨材のアルカリシリカ反応性試験方法（モルタルバー法）］に定められている。また、JIS A 1804［コンクリート生産工程管理用試験方法—骨材のアルカリシリカ反応性試験方法（迅速法）］や ASTM C 1260 にも定められている。いずれの試験においても、JIS A 5308 に定められたアルカリシリカ反応性の区分により、A：「無害」、またはB：「無害でない」と判定する。骨材の反応性試験だけでは、条件の相違などによりコンクリートに適用した場合に確実に有害であること（ASRが発生すること）は不明であることから、「無害でない」との表記がされる。

化学法は、図2-25に示すように溶解シリカ量（S_c）とアルカリ濃度減少量（R_c）を化学分析により求めて判定する試験である。アルカリに対する骨材の潜在的な反応性を化学的に試験するもので、粉砕した骨材を80℃のアルカリ溶液（NaOH 1mol/L）で24時間反応させ、その溶液のアルカリ濃度減少量R_cと溶解シリカ量S_cから判定する。判定は、$S_c > 10$mmol/L かつ $R_c < 700$mmol/L のとき、$R_c \leq S_c$ を「無害でない」とし、それ以外を「無害」とする。ただし$R_c \geq 700$mmol/L のときには実績がないために判定しない、としている。

モルタルバー法は、モルタルの長さ変化を測定することで骨材の潜在的な反応性を調べるものであり、細骨材または5mm以下に粉砕した試料を用いて、水セメント比50％、セメントのアルカリ量をNaOH添加により Na$_2$O 当量（Na$_2$O＋0.658K$_2$O）で1.2％になるように調整したモルタルを作製する。温度40±2℃、相対湿度95％

RH以上の条件下で6カ月保存した際の膨張量が0.1％未満を「無害」、0.1％以上を「無害でない」と判定する。なお、3カ月で0.05％以上である場合も「無害でない」と判定できる。

迅速法では、モルタルバー法と同様に準備した骨材を Na$_2$O 当量換算で2.5％のアルカリを調整し、水中養生24時間行った後と、高温高圧下で反応を促進させたものの一次共鳴振動数を測定する。一次共鳴振動数は試験体の固有振動数であり、試験体内にひび割れが発生した場合にはこの数値が減少することが知られている。そこで、ASRによるひび割れ発生を検出できる方法として用いられている。

ASTMの方法では、$W/C=47$％で80℃のNaOH 1mol/L 溶液に浸漬させ、浸漬期間14日での膨張量が0.1％未満なら無害、0.1〜0.2％は不明、0.2％以上ならば潜在的に有害と判断される。

以上のように、アルカリを内部または外部から供給することにより骨材の反応性を判定する手法が提案されているが、使用するコンクリートが曝される環境などによりASRが起こる場合と起こらない場合などが存在するため、判定は困難である。

また、図2-26に示すように反応性骨材の量が多いほど、ASRによる膨張が大きくなるわけではない。ASRによる膨張が最も大きくなるときの骨材量の割合をペシマム量と呼ぶ。そのため、2種類以上の骨材を混合して使用する場合には、反応性骨材量が少ないからASRの膨張が抑えられるわけではなく、それぞれの骨材のアルカリシリカ反応性を化学法等で判定し、1つでも「無害でない」との結果が得られた場合には、この混合した骨材は無害でない骨材として取り扱う。

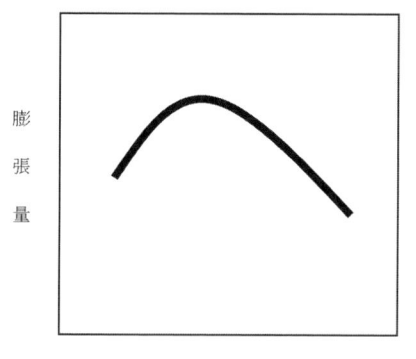

図2-25 化学法による判定図

図2-26 反応性骨材のペシマム量の概念図

[コンクリート・コンクリートコアによる試験]

　コンクリートで直接測定もしくは採取したコンクリートコアを用いた試験も提案されている。主な測定としては、JCI-DD2法のように温度40℃、湿度100％の条件にて養生し、13週間での膨張量を測定するものに加え、デンマーク法では温度50℃の飽和NaCl溶液中に浸漬し、3カ月の膨張量で判定したり、カナダ法のように温度80℃で1規定のNaOH溶液に浸漬して14日間の膨張量により判定したりするものが提案されている。いずれの試験においてもアルカリシリカ反応を促進させることで、コンクリート自体またはコアがもつ残存膨張量（今後どの程度膨張する可能性があるか）を測定するものである。これにより構造体よりも早期に膨張量を判定可能となり、今後の劣化予測や対策に有効である。しかし、外から加えているNaCl溶液やNaOH溶液といった外来アルカリがASRの反応にどの程度影響するのか、実構造物との相関を取ることは困難であり、今後も検証が必要である。

2.5　混和材料

　混和材料は、JISにおいて「セメント、水、骨材以外の材料でコンクリートなどに特別の性質を与えるために、打込みを行う前までに必要に応じて加える材料」と定義されている。混和材料はその使用量の多少により、混和材と混和剤に区別されている。比較的使用量が多く材料の容積をコンクリートの容積に加えるものを「混和材」、使用量が少なく材料の容積をコンクリートの容積に加えないものを「混和剤」と称している。混和材料を利用することで、次のような性質付与が期待される。

　①　コンクリートのワーカビリティーの改善
　②　セメントの反応性の調整
　③　硬化後の物理的性質の改善
　④　耐久性の改善

2.5.1　混和材

　混和材には次のようなものがある。
（1）フライアッシュ〔JIS A 6201〕
　フライアッシュは、2.2.1（3）で説明したように、石炭火力発電所などで微粉炭を燃焼したときに溶融した灰が、冷却されてガラス質状の球状になったものを電気集じん機で捕集した産業副産物の微粒子である。表2-12のようにフライアッシュの品質はJISにより4種類に分類されており、有効利用が期待されている。

表2-12　フライアッシュのJIS規格

		フライアッシュ I種	フライアッシュ II種	フライアッシュ III種	フライアッシュ IV種
二酸化けい素	％	45.0以上			
湿分	％	1.0以下			
強熱減量	％	3.0以下	5.0以下	8.0以下	5.0以下
密度	g/cm³	1.95以上			
粉末度 45μmふるい残分	％	10以下	40以下	40以下	70以下
比表面積	cm²/g	5,000以上	2,500以上	2,500以上	1,500以上
フロー値比	％	105以上	95以上	85以上	75以上
活性度指数 28日	％	90以上	80以上	80以上	60以上
活性度指数 91日	％	100以上	90以上	90以上	70以上

　フライアッシュの主な化学成分は、SiO_2が全体の50～60％を占めており、Al_2O_3（25％程度）とFe_2O_3や炭素が少量含まれている。2.2.1（3）で説明したように、フライアッシュはポゾラン反応を有する。

　フライアッシュを顕微鏡で観察すると写真2-3のように球状をしていることがわかる。このため、コンクリートに混和されると、フレッシュコンクリートにおいては、ボールベアリングのような作用が働きワーカビリティーが改善される。また、セメントと比較して反応がゆっくり進行するため、水和熱を低減できる。さらに十分な湿潤養生を施すことで、ポゾラン反応生成物がコンクリート中の空隙を充填し、長期間にわたって強度が増進し、水密性や耐久性が改善される。また、

写真2-3　フライアッシュ

水酸化カルシウムが消費されることによりアルカリが減少することからアルカリシリカ反応の抑制効果が認められている。しかしながら、湿潤養生が十分でない場合における初期強度の低下や、ポゾラン反応による水酸化カルシウムの消費によりpHが低下による中性化抵抗性が低下するなど使用には注意が必要である。使用にあたっては、セメントの代替として使用される場合（内割り）と、細骨材の代替として使用される場合（外割り）がある。内割りの場合には使用するセメントが減少することから、初期強度や中性化抵抗性については注意が必要となるが、外割りであれば、ポルトランドセメント量が確保されていることから大きな問題にならないケースもある。

（2）高炉スラグ微粉末〔JIS A 6206〕

高炉スラグ微粉末は、2.2.1（3）で説明したように、製鉄所における銑鉄用の高炉から排出された溶融状態の鉄から分離して浮いたスラグを急激に水冷して微粉化したものである。写真2-4は顕微鏡にて高炉スラグ微粉末を観察したものであるが、急冷することで結晶化せずガラス質で反応しやすい状況となる。高炉スラグ微粉末の品質はJISにおいて、粉末度（比表面積）の大きさにより3種類に分類されている（表2-13参照）。一般的には比表面積が4,000cm²/g程度の高炉スラグ微粉末4000が用いられているが、初期強度増進などを目的に比表面積の大きい（より細かい粒径）6000や8000が用いられることもある。

高炉スラグ微粉末は、鎖状結合となったSiO_2やAl_2O_3にCaOやMgOが固溶された状態である。高炉スラグ微粉末は、長期間水と接触すると鎖状結合が切断され、自然に硬化する性質を有しており、これを潜在水硬性という。この性質は周囲がアルカリ性（pH12以上）であると、その刺激により効果が著しく促進される。そのため、セメントと混合して利用すると、高炉スラグ微粉末の反応が促進される。その反応生成物は、カルシウムシリケート水和物（C-S-H系）やカルシウムアルミネート水和物（C-A-H系）であるといわれる。

高炉スラグ微粉末を用いることで、セメント使用量を減少させ、また反応速度を遅延させるため、水和による総発熱量を低下または水和発熱速度を低減することが可能となる。また、アルカリの供給源となるポルトランドセメントの使用量を低減できることから、アルカリシリカ反応の抑制などの効果が期待できる。

コンクリートに高炉スラグ微粉末を用いることで、セメントの反応やスラグの反応が調整され、C_3Sの反応促進やC_2Sの反応抑制ならびに高炉スラグ微粉末の潜在水硬性による反応が生じる。高炉スラグ微粉末の反応生成物であるC-S-Hは、空隙を充填してコンクリートが緻密化することが知られている。そのため、長期強度が増進したり、耐海水性や耐薬品性が向上する。コンクリートの緻密化に加え塩化物イオンの固定化などの作用から、コンクリート中への塩化物イオンの浸透性を抑制することも広く知られている。また、地盤改良材として利用した場合には、水和物への六価クロムの吸着特性により六価クロムの溶出抑制効果も認められている。しかし、フライアッシュと同様、十分な湿潤養生が施されない場合には、初期強度の低下や中性化に対する抵抗性が低くなることが知られているため、使用には注意が必要である。

表2-13 高炉スラグ微粉末のJIS規格

品質		高炉スラグ微粉末			
		3000	4000	6000	8000
密度	g/cm³	2.80以上			
比表面積	cm²/g	2,750以上 3,500未満	3,000以上 5,000未満	5,000以上 7,000未満	7,000以上 10,000未満
活性度指数 %	材齢7日	—	55以上	75以上	95以上
	材齢28日	60以上	75以上	95以上	105以上
	材齢91日	80以上	95以上	—	—
フロー値比	%	95以上	95以上	90以上	85以上
酸化マグネシム	%	10.0以下			
三酸化硫黄	%	4.0以下			
強熱減量	%	3.0以下			
塩化物イオン	%	0.02以下			

写真2-4 高炉スラグ微粉末

（3）シリカフューム〔JIS A 6207〕

シリカフュームは、フェロシリコンやその合金を製造する際に発生する廃ガスを集塵機で回収することで得られる副産物である（**表2-14**参照）。シリカフュームの主成分はSiO_2であり、そのうちの大部分が非晶質であり、完全な球形の超微粒子である。平均直径は$0.1\,\mu m$、比表面積は$200{,}000\,cm^2/g$程度であり、たばこの煙粒子より細かい粉体である。フライアッシュと同様にポゾラン反応を有する。

表2-14 シリカフュームのJIS規格

項目		品質規格
二酸化けい素	%	85以上
酸化マグネシウム	%	5.0以下
三酸化硫黄	%	3.0以下
遊離酸化カルシウム	%	1.0以下
遊離けい素	%	0.4以下
塩化物イオン	%	0.1以下
強熱減量	%	5.0以下
湿分	%	3.0以下
比表面積	m^2/g	15以上
活性度指数 %	材齢7日	95以上
	材齢28日	105以上

シリカフュームをコンクリートへ混和すると、フレッシュコンクリートではボールベアリング作用により高い流動性が得られ、さらにブリーディングや材料分離を抑制することができる。また、硬化後では高い強度、水密性、化学抵抗性の高いコンクリートを得ることができる。これはシリカフュームがセメント粒子の間に充填されるために得られる性能であり、マイクロフィラー効果と呼ばれている。

$100\,N/mm^2$を超える超高強度コンクリートを実現するためにはシリカフュームが必要不可欠であり、多くの建築現場等で利用されている。また水酸化カルシウムの消費によるアルカリ骨材反応に対する抵抗性も確認されている。一方で、低水セメント比で高強度化した場合には粉末度が大きいことから自己収縮が著しく大きくなることが知られており、使用にあたっては注意が必要である。

（4）膨張材〔JIS A 6202〕

膨張材は、コンクリートを膨張させることで収縮を抑制し、ひび割れ発生を低減させるために用いられる混和材である（**表2-15**参照）。そもそもコンクリートは乾燥すると収縮する性質があり、この収縮が拘束されることで引張応力が生じるが、この引張応力がコンクリートの引張強度を上回るとひび割れが発生する（3.7.2参照）。そこで、コンクリートを膨張させて収縮を抑制する目的で用いられる。

表2-15 膨張材のJIS規格

項目			規定値
化学成分	酸化マグネシウム	%	5.0以下
	強熱減量	%	3.0以下
物理的性質	比表面積	cm^2/g	2,000以下
	1.2mmふるい残分	%	0.5以下
	凝結	始発(min)	60以後
		終結(hr)	10以内
	膨張性(長さ変化)	7日	0.00030以上
		28日	−0.00020以上
	圧縮強さ N/mm^2	3日	6.9以上
		7日	14.7以上
		28日	29.4以上

膨張材は2種類存在しており、1つはカルシウムサルホアルミネートが水和反応によりエトリンガイトを生成させて膨張させるタイプである。エトリンガイト（$3CaO \cdot Al_2O_3 \cdot 3CaSO_4 \cdot 32H_2O$）は針状結晶であり、この結晶の成長や生成量によりコンクリートを膨張させるものである。もう1つは生石灰系であり、水酸化カルシウム（$Ca(OH)_2$）の結晶が生成するときの膨張によりコンクリートを膨張させるタイプである。いずれもひび割れを発生させたくない貯水槽・プールや道路床版や舗装などに用いられる。

コンクリートの膨張量に応じて、大きく2つの効果に分けることができる。少量の膨張量では収縮補償の効果が得られるが、さらに膨張量が大きくなると、コンクリート内部が膨張する量をコンクリート全体が抑制することで引張応力が発生することが期待できる。これをケミカルプレストレスといい、これが導入されると、構造的にも強度が増進する。しかし、膨張材の添加量によってはコンクリートが自由膨張を起こしてしまい、強度が大幅に低下したり、ひび割れが発生したりすることも考えられ、使用には注意が必要である。

（5）石灰石微粉末

石灰石微粉末は、石灰石を微粉砕化したものであり、その主成分は炭酸カルシウム（$CaCO_2$：カルサイト）である。化学的には非常に反応性が低く、粉体量の増大に伴う水和熱の抑制効果

が期待できる。また、コンクリートとして利用すると流動性の改善、材料分離抵抗性の向上、水和熱低減が可能である。近年、エーライトの反応を促進することが明らかになってきているが、石灰石微粉末自体はポゾラン反応や潜在水硬性などのように長期強度発現には寄与しないことが知られている。

以上の混和材を用いた場合に得られる特筆すべき効果・作用を表2-16に簡単にまとめる。

表2-16 混和材の特筆すべき効果・作用

ポゾラン反応	ガラス状のシリカ（SiO_2）やアルミナ（Al_2O_3）がセメントの水和によって生成される水酸化カルシウム（$Ca(OH)_2$）と徐々に反応する現象
潜在水硬性	スラグのSiO_2やAl_2O_3の鎖状結合がpH12以上で切断され、固溶されていたCaO、Al_2O_3、MgOなどが溶出し、カルシウムシリケート水和物（C-S-H）およびカルシウムアルミネート水和物（C-A-H）を生成する現象
ボールベアリング作用	球状の微粒子がフレッシュコンクリート内の構成材料（セメント、骨材など）間に存在することでボールベアリングのような効果を持ち、流動性を向上させる。
マイクロフィラー効果	細かいセメント粒子間に作用する充填効果。水和物の核として働くことにより、セメント硬化体組織の緻密化やコンクリート強度発現および流動性の向上に寄与する。

2.5.2 混和剤

混和剤の発展は、コンクリートの発展と言っても過言ではなく、この発展によって強度が高くなり耐久性も向上してきた。混和剤は少量で効果を発揮するものが多く、その多くが界面活性剤である。この界面活性剤の主な働きとして空気連行性、分散性および流化性などが挙げられる。

（1）AE剤

AE剤（Air Entraining Admixture）は、コンクリート中に微細な空気泡を均一に分散して連行する混和剤であり、コンクリートの施工性や耐凍害性の向上を目的に使用される。連行された空気泡はエントレインドエア（詳細は3.5を参照）といい、細かい球状であるため、ボールベアリング効果を発揮し流動性を向上させる。また、硬化したコンクリート中では、コンクリート中の水分が凍結する寸前にこの空気泡に取り込まれることで耐凍害性が向上する。

（2）減水剤／AE減水剤

減水剤とは、強い界面活性作用で生じる静電反発力により、セメント粒子を分散させる混和剤である。そのため、施工に必要な所定のスランプを得るための単位水量を低減することができる。

AE減水剤は、最も使用されている混和剤であり、AE剤と減水剤の両者の特性を持ち合わせた混和剤となる。

（3）高性能減水剤／高性能AE減水剤

高性能減水剤は、減水剤よりもさらに高い減水効果を付与した混和剤であり、水セメント比が低く粉体量が多い高強度や高流動コンクリートなどに用いられる。高性能AE減水剤は、この特性に加えAE剤の効果を付与したものである。

ナフタリン系やメラミン系などでは、静電反発作用によりセメント粒子を分散させ減水効果を得るものである。一方、ポリカルボン酸系では、高分子にグラフト鎖を配置することで立体障害反発力を用いてセメント粒子を分散させて減水効果を得る。

（4）その他

各種混和剤（例えば、促進剤と遅延剤、起泡剤・発泡剤、流動化剤と増粘剤、防錆剤、収縮低減剤等）が開発され実用化されている。

（5）要求性能を実現するための混和剤利用

前述したように、コンクリート用の混和剤は非常に多くの種類が存在し、コンクリートに特殊な性能を付与することができる。しかし、付与したい性能とは異なった材料を適用したり、使用量や使用時期を間違えたりすることで目的とする性能を発揮できず、むしろ悪影響を与えることも考えられる。そのため、使用には細心の注意を払い適切に用いることが必要となる。コンクリートに求める特徴に応じて使用する混和剤の一覧を表2-17に示す。

表2-17 混和剤の作用

混和剤	作用
AE剤	気泡作用 空気連行作用
減水剤 （高性能減水剤）	界面活性作用 粒子分散作用
促進剤	水和促進作用
遅延剤	凝結遅延作用
急結剤	急結作用
防水剤	透水抵抗作用 はっ水作用
防錆剤	不動態皮膜
増粘剤	分離低減作用

2.6 水

　一般的な水道水や河川水、湖沼水、地下水等は、コンクリートの練混ぜ水として利用できる。ただし、家庭排水や、海水の混和した河川水、特殊な成分が混入している地下水ではセメントの水和に影響を与える恐れがあることから注意が必要となる。コンクリートの練混ぜ水としての要件は、コンクリートや鋼材に影響を及ぼす有害物質が所定量以上含まれないことであり、特に下記のような性質に対して影響を及ぼさないものとされる。

　・コンクリートの凝結
　・硬化後のコンクリートの諸特性
　・混和材の性能
　・鉄筋の発錆

　JISにおけるレディーミクストコンクリートでは、上水道水以外の水の品質として**表2-18**のような規定が設けられている。

　一方、レディーミクストコンクリート工場の運搬車や、ミキサなどの洗い水は高いアルカリ性を示すことから排水には注意が必要となる。そのため、レディーミクスト工場や製品工場においては、これらを練混ぜ水として再利用する技術が用いられている。このような洗い水から骨材を除いたものを回収水といい、これらは大きく次の2つに大別される。

① セメントから溶出する水酸化カルシウム等を含むアルカリ性の高い上澄水
② スラッジ固形分を含むスラッジ水

　これらを用いた場合の性状としては、**表2-19**のような規定がJISで設けられている。ただし、スラッジ固形分率は3%を超えてはならないとの決まりがある。

2.7 補強材

2.7.1 鋼材

　コンクリートは、圧縮強度に比べて引張強度が極めて小さく、脆性破壊を示す。そのため、補強材を用いて引張縁を補強して脆性破壊を防止する必要がある。主なコンクリート補強用鋼材としては、鉄筋やPC鋼材、鉄骨等が用いられ、その他の補強用鋼材としては、溶接金網や鉄筋格子などが用いられる（**写真2-5**参照）。鋼材がコンクリートの補強材として適している理由としては、下記のようなことが挙げられる。

① 熱膨張係数がコンクリートとほぼ等しく、温度変化による内部応力の発生がない。
② コンクリートはアルカリ性であり、鋼材の周りに不動態皮膜を形成することから、鋼材の腐食を防止できる。
③ 鋼材は降伏後も破断に至るまで大きな変形能力を有するため、脆性的なコンクリートにじん性を与えることができる。
④ コンクリートと鉄筋の付着強度は比較的大きい。

　鋼材を徐々に引っ張ると**図2-27**のような応力-ひずみ曲線を示す。鉄筋では降伏点までは弾性域であるが、その後、塑性域となりひずみが大きくなる。最大荷重が引張強さとなり、その後、応力が減少して破断に至る。一方、PC鋼材は、塑性域がほとんどなく、急激に破断する。いずれの鋼材においても十分な引張強さと破断伸びを有していることが必要である。

　鉄筋の機械的性質を**表2-20**に、異形鉄筋の寸法、質量および節の許容限度を**表2-21**に示す。

　鉄筋は、JISにより引張試験における降伏点、引張強さ、伸びが定められている。また、異形鉄筋は呼び名に応じて、直径や節の条件が細かく定められている。

表2-18　練混ぜに用いる上水道水以外の水の品質（JIS A 5308）

項目	品質
懸濁物質の量	2g/L以下
溶解性蒸発残留物の量	1g/L以下
塩化物イオン（Cl^-）量	200ppm以下
セメント凝結時間の差	始発は30分以内、終結は60分以内
セメント圧縮強さの比	材齢7日および材齢28日で90%以上

表2-19　回収水の品質（JIS A 5308）

項目	品質
塩化物イオン（Cl^-）量	200ppm以下
セメント凝結時間の差	始発は30分以内、終結は60分以内
セメント圧縮強さの比	材齢7日および材齢28日で90%以上

FRP

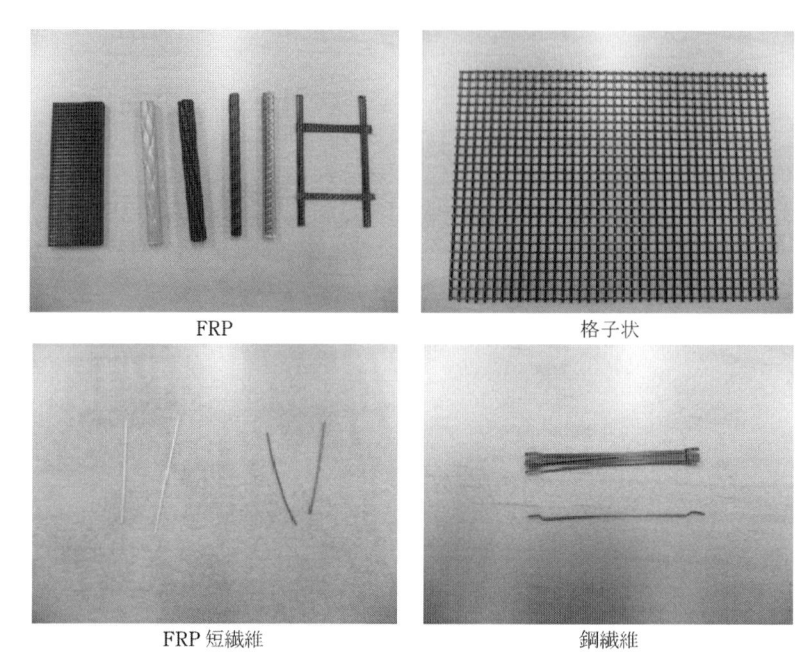

格子状

FRP 短繊維

鋼繊維

写真 2-5 様々な種類の補強材の例

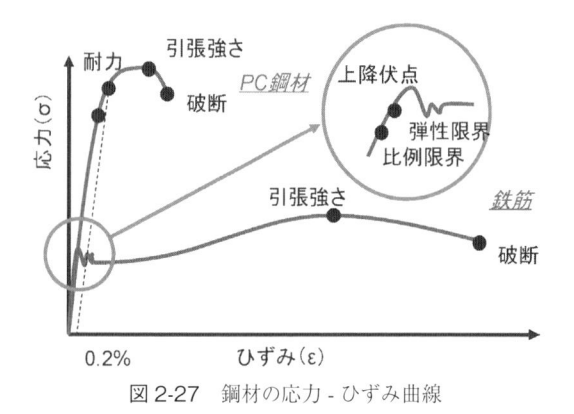

図 2-27 鋼材の応力-ひずみ曲線

表 2-20 鉄筋の機械的性質（JIS G 3112-2010）

種類の記号	降伏点または0.2% 耐力 (N/mm²)	引張強さ (N/mm²)	試験片	伸び(%)
SR235	235以上	308～520	2号	20以上
			14A号	22以上
SR295	295以上	440～600	2号	18以上
			14A号	19以上
SD295A	295以上	440～600	2号に準じるもの	16以上
			14A号に準じるもの	17以上
SD295B	295～390	440以上	2号に準じるもの	16以上
			14A号に準じるもの	17以上
SD345	345～440	490以上	2号に準じるもの	18以上
			14A号に準じるもの	19以上
SD390	390～510	560以上	2号に準じるもの	16以上
			14A号に準じるもの	17以上
SD490	490～625	620以上	2号に準じるもの	12以上
			14A号に準じるもの	13以上

2.7.2 エポキシ樹脂塗装鉄筋

エポキシ樹脂塗装鉄筋とは、JSCE-E103「エポキシ樹脂塗装鉄筋用棒鋼の品質規格」に適合する鉄筋に、JSCE-E112「エポキシ樹脂塗装鉄筋用ブラスト処理規格」に準拠したブラスト処理を施した後に予熱し、JSCE-E104「エポキシ樹脂塗装鉄筋等塗料の品質規格」に適合する粉体エポキシ樹脂を静電粉体塗装により製造するものである。

エポキシ樹脂塗装鉄筋は、JSCE-E102「エポキシ樹脂塗装鉄筋の品質規格」に適合したものでなければならない。品質規格には、塗装の外観、塗膜厚、ピンホール、耐衝撃性、曲げ加工性、コンクリートとの付着強度、耐食性、塗膜硬化性の各項目が規定されている。

エポキシ樹脂塗装鉄筋は、極めて高い防食性が期待されており、厳しい塩害環境下でもコンクリート構造物の耐久性を大きく向上させることが期待された材料である。そのため、構造物の断面が制約され通常の鉄筋を使用した場合に要求されるかぶりを十分に確保できない場合などに有効に活用できる。

コンクリートとの付着強度は無塗装鉄筋と比較すると若干小さいことが知られており、JSCE-E102では85％と規定されている。一方で、許容ひび割れ幅は無塗装鉄筋を用いた場合より

表 2-21 異形鉄筋の寸法、質量および節の許容限度（JIS G 3112-2010）

呼び名	公称直径 d (mm)	公称周長 l (cm)	公称断面積 S (cm^2)	単位質量 (kg/m)	節の平均間隔の最大値 (mm)	節の高さ 最小値 (mm)	節の高さ 最大値 (mm)	節の隙間の和の最大値 (mm)	節と軸線との角度
D4	4.23	1.3	0.141	0.110	3.0	0.2	0.4	3.3	45度以上
D5	5.29	1.7	0.220	0.173	3.7	0.2	0.4	4.3	
D6	6.35	2.0	0.317	0.249	4.4	0.3	0.6	5.0	
D8	7.94	2.5	0.495	0.389	5.6	0.3	0.6	6.3	
D10	9.53	3.0	0.713	0.560	6.7	0.4	0.8	7.5	
D13	12.7	4.0	1.267	0.995	8.9	0.5	1.0	10.0	
D16	15.9	5.0	1.986	1.56	11.1	0.7	1.4	12.5	
D19	19.1	6.0	2.865	2.25	13.4	1.0	2.0	15.0	
D22	22.2	7.0	3.871	3.04	15.5	1.1	2.2	17.5	
D25	25.4	8.0	5.067	3.98	17.8	1.3	2.6	20.0	
D29	28.6	9.0	6.424	5.04	20.0	1.4	2.8	22.5	
D32	31.8	10.0	7.942	6.23	22.3	1.6	3.2	25.0	
D35	34.9	11.0	9.566	7.51	24.4	1.7	3.4	27.5	
D38	38.1	12.0	11.40	8.95	26.7	1.9	3.8	30.0	
D41	41.3	13.0	13.40	10.5	28.9	2.1	4.2	32.5	
D51	50.8	16.0	20.27	15.9	35.6	2.5	5.0	40.0	

10%割増すことができる。

エポキシ樹脂塗装鉄筋を用いたコンクリート構造物の塩化物イオン浸透に伴う鋼材腐食に関する照査は、コンクリート中の塩化物イオンの拡散に加え、エポキシ樹脂塗膜内の拡散現象を第2項として設けて設計する。その手法等の詳細は、「土木学会 コンクリートライブラリー 122 エポキシ樹脂塗装鉄筋を用いる鉄筋コンクリートの設計施工指針［改定版］」を参照していただきたい。

エポキシ樹脂塗装鉄筋は、わが国においては1978年より開発が進められ、1981年に本格的な生産が開始されている。塩害対策が必要な構造物に数多く適用されている。ただし、材料単価は普通鉄筋よりも高価となるため、期待できる効果との検証が必要となる。

2.7.3 ステンレス鉄筋

ステンレス鉄筋は、ステンレス鋼から普通鉄筋と同様の形状を有するように熱間圧延によって製造されたものである。ステンレス鋼はクロムを質量比で10.5％以上含有している合金鋼で、鋼材表面に形成するクロムの薄い酸化皮膜（不動態皮膜）により優れた耐食性が期待できるものである。ステンレス鋼には次に示す3種類がJIS G 4322「鉄筋コンクリート用ステンレス異形棒鋼」として規定されている。それぞれの特徴は下記のとおりである。

・SUS304-SD：ステンレス鋼として最も広く使用されているベース鋼種のSUS304、あるいはこれに窒素を添加し強度を高めたSUS304N2から製造されるステンレス鉄筋

・SUS316-SD：モリブデンの含有によりSUS304よりさらに耐食性を向上させた鋼種のSUS316、あるいはこれに窒素を添加し強度を高めたSUS316Nから製造されるステンレス鉄筋

・SUS410-SD：合金量を抑えたクロム系鋼種のSUS410、あるいはさらに炭素含有量の少ないSUS410Lから製造されるステンレス鉄筋

ステンレス鉄筋は、普通鉄筋とほぼ同様な力学特性を有しているため、断面耐力等の安全性に関する指標、応力・ひび割れ・変位・変形・振幅等の使用性に関する指標は普通鉄筋を使用した部材や構造と同様の方法で算定してよいとされる。なお、ステンレス鉄筋は耐腐食性が普通鉄筋より高いが、その程度は前述したようにその種類によって異なるため、鋼材腐食に対する照査を行う必要がある。その手法等の詳細は、「土木学会 コンクリートライブラリー 130 ステンレス鉄筋を用いるコンクリート構造物の設計施工指針（案）」を参照していただきたい。

ステンレス鉄筋の腐食発生限界塩化物イオン量 C_{lim}（5.3.3（4）参照）の推奨値は、SUS304-SDで15kg/m^3、SUS316-SDで24kg/m^3、SUS410-SDで9kg/m^{3}とされており、普通鉄筋の1.2kg/m^{3}より大きく耐食性が優れる設定値となっている。一方で単価はそれぞれ普通鉄筋の7倍、10倍、4倍程度である。ただし、初期建設コストで比較すると1.5倍に満たない程度との試算もされてお

り、耐食性が重要視される長期耐久性を望む構造物への適用事例も国内外において徐々に増えてきている。

2.7.4 短繊維補強材

短繊維補強材とは、4～60mm程度の短い各種繊維をコンクリート中に均一に分散させて、ひび割れ抵抗性やじん性、引張強度、曲げ強度、せん断強度ならびに耐衝撃性を大幅に改善することを目的とした、短繊維補強コンクリート（7.2.1参照）に用いる材料である。

主として用いられる短繊維補強材は、鋼繊維が多いが、その他にガラス繊維、炭素繊維、アラミド繊維、ビニロン繊維、ポリプロピレン繊維などの有機繊維も使用されることがある。

鋼繊維を用いたコンクリートは、主としてNATM（New Austrian Tunneling Method）によるトンネルの二次覆工、コンクリート舗装、のり面の吹付けコンクリート、土間コンクリートなどへの利用が多い。これにより前述した強度特性の改善に加え、凍結融解抵抗性や鉄筋の防食効果なども認められている。しかし、コンクリート中で繊維同士が絡まってボール状になるファイバーボール現象を生じる場合もあるため、配合や製造、施工を十分に検討する必要がある。

一方、有機繊維はかぶりコンクリートの剥落防止や収縮ひび割れ低減などの効果を期待して利用されることがある。さらに、高強度コンクリートの火災時における爆裂防止用としてもこれらの繊維の適用が一般化している。

2.7.5 連続繊維補強材

炭素繊維やアラミド繊維などの連続繊維とエポキシ樹脂などの合成樹脂を組み合わせたものをFRP（Fiber Reinforced Plastics，Fiber Reinforced Polymer）と呼び、コンクリートの補強材として用いられることがある。棒状や格子状等に成型して鉄筋やPC鋼材の代替品として用いられるほか、シート状に加工して補修や補強材として用いられることもある。このFRPの特徴は、軽量であり高強度、低い弾性係数を持ち降伏域がなく、高い耐食性と非磁性であり、熱膨張係数が低く、耐火性が低いなどといったことが挙げられる。このため、コンクリート橋の桁や床版の緊張材や補強材およびステーケーブル、桟橋や岸壁などの海洋構造物の補強材、エントランスゲートや小梁の緊張材、カーテンウォールの補強材、地磁気観測所の基礎の補強材などに用いられている。一方、シート状連続繊維補強材は既存構造物の補修や補強に用いられており、コンクリート部材の表面にこのシートをエポキシ樹脂等の含浸接着樹脂を含浸させて接着する工法で、従来の鋼材やコンクリートを用いた工法よりも施工性の良さや軽量性において注目されている。

このように連続繊維補強材は、従来の鋼材に取って代わるものではなく、鋼材と共存しつつ鋼材の不得意な分野や鋼材よりも性能向上を望まれる分野に適用されている。

参考・引用文献

1) セメント協会：セメントの常識、セメント協会、2009年
2) マスコンクリートのひび割れ制御指針2008、日本コンクリート工学会、2008年
3) 荒井康夫：セメント材料化学（改訂2版）、大日本図書、1991年
4) セメント協会：わかりやすいセメント科学、セメント協会、1993年
5) 森本丈太郎 博士論文「高温養生されたポルトランドセメントの強度発現に関する研究」
6) 伊代田岳史 博士論文「若材齢時の乾燥がセメント硬化体の内部組織構造形成ならびに物理特性に与える影響」

第3章
コンクリートの性質

3.1 良いコンクリートの条件

良いコンクリートの条件は図 3-1 に示すとおり、下記の条件を満たすことである。
① 施工しやすいこと：フレッシュ時に作業しやすくかつ材料分離が生じていないこと
② 要求された特性を有すること：硬化後に設計で定められた強度や耐久性等の特性を有していること
③ 経済的であること

上記の条件を満たすために、作業に適するフレッシュ性状を有するようにコンクリートを配合設計することが必要であり、良いコンクリートの配合設計においては単位水量をできるだけ少なくすることなどが求められる。

3.2 コンクリートに要求される基本的品質

コンクリートに求められる基本的品質としては、均質性、作業性、強度、耐久性、水密性およびひび割れ抵抗性が挙げられる。

(1) 均質性

コンクリートは、使用材料の品質および製造のばらつきが少なく、品質が安定していることが必要である。ばらつきが大きくなると、所要の品質のコンクリートを安定して供給することが困難となり、施工時に不具合が生じやすくなるだけでなく、所要の強度を確保するために必要以上に高い強度のコンクリートを製造する必要が生じ不経済となる。また、耐久性やひび割れ抵抗性、美観等

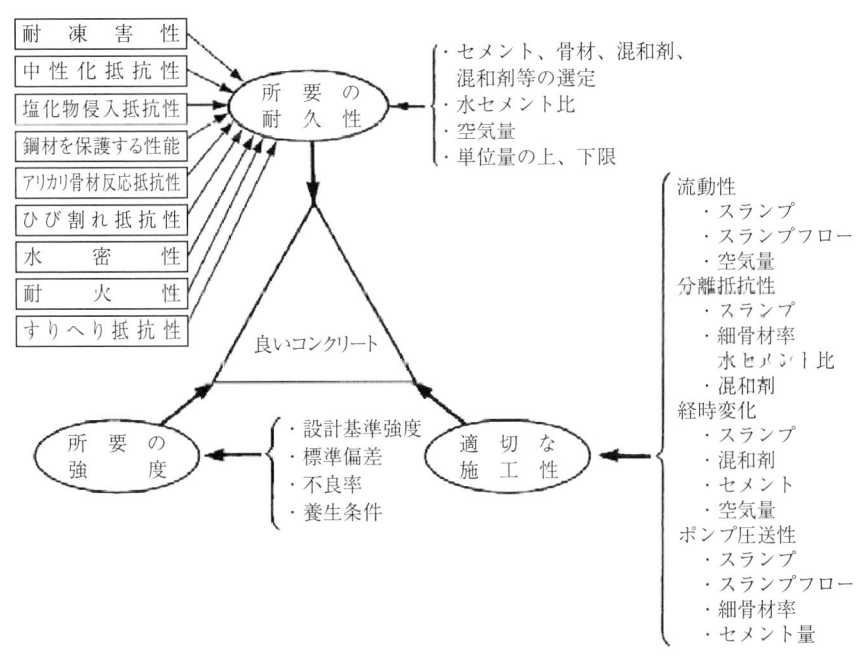

図 3-1 良いコンクリートを作るための基本[1]

を損なう場合も多い。そこで、材料の品質管理ならびにコンクリートの製造管理を十分に行い、変動が少なく安定した品質のコンクリートを常に供給できるように配慮することが重要となる。特に、骨材の表面に付着している微粒分量、骨材の表面水率、骨材の粒度等は変動しやすく、コンクリートの品質に影響を及ぼすため、これらの変動を最小限に抑えることが重要となる。

(2) 作業性

施工を適切かつ効率的に行い、欠陥の少ないコンクリート構造物を造るためには、使用するコンクリートにおいて、運搬、打込み、締固め、仕上げ等の作業に適する性質を有していなければならない。隅々までコンクリートが確実に充填できる充填性、現場内の運搬でポンプ圧送する場合のポンプ圧送性（ポンパビリティー）、適切な凝結特性を有していることが重要である。

(3) 強度

コンクリート構造物がその供用期間中に所要の安全性や使用性などを有するために、使用するコンクリートが設計基準強度を満足している必要がある。また、初期強度発現性は施工速度に影響するために重要な要因となる。

(4) 耐久性

コンクリート構造物は、その供用期間中、設計基準強度に加え、所要の耐久性を有している必要がある。耐久性の詳細は第5章で解説する。

(5) 水密性

水密性は、透水または透湿に対する抵抗性を表す品質であり、水密性が要求される構造物は、各種貯蔵施設、地下構造物、水利構造物、貯水槽、上下水道施設、トンネルなどが挙げられる。また、長期的にはコンクリートからのカルシウムの溶脱によって構造物の性能が低下することも考えられるため、水と接する構造物においては重要な性能である。

(6) ひび割れ抵抗性

コンクリート構造物における過大なひび割れの発生は、耐久性や水密性に悪影響を及ぼすのみならず、美観上も望ましくないため、ひび割れの発生しにくいコンクリートを用いることが重要である。

なお、コンクリート構造物の形式や部材の種類によっては、ここに示した以外の品質が要求される場合もある。

3.3　フレッシュコンクリート

フレッシュコンクリートとは、練混ぜ直後から、型枠内に打ち込まれて、凝結・硬化に至るまでの状態にあるコンクリートである。

フレッシュコンクリートに求められる性質は、運搬、打込み、締固め、および表面仕上げの各施工段階で作業が容易に行えることである。また、施工時およびその前後において、均質性が失われたり、品質が変化したりすることが少ないことが重要である。加えて、作業を終了するまでは、所要の軟らかさを保ち、その後は正常な速さで凝結・硬化に至ることも必要である。

所要のフレッシュ性状を得るためには、良質な材料を用いた上で、適切な配合を定めて計量を正確に行い、十分に練り混ぜることが必要となる。

3.3.1　フレッシュコンクリートを表す性質

フレッシュコンクリートの性質は、次に挙げる用語により整理されている。コンクリートの施工を適切に効率良く行い、欠陥の少ないコンクリート構造物を建設するためには、諸性質をバランス良く確保することが重要である。

(1) ワーカビリティー（**Workability**）

ワーカビリティーとは、コンクリートの変形および流動に対する抵抗性（コンシステンシー）と材料分離に対する抵抗性を合わせた、作業のしやすさを表すものであり、フレッシュコンクリートの性質のうち、最も包括的な性質である。

ワーカビリティーは、コンクリートの練混ぜから運搬、打込み、締固め、仕上げまでの一連の作業に関して、コンクリートの施工性を示すものであり、その判定は構造物の種類や施工箇所、施工方法により異なる。後述するワーカビリティー以外の性質は、コンクリート固有の性質である点が異なることに注意が必要である。例えば、同じコンシステンシーのコンクリートであっても、施工条件が異なれば、ワーカビリティーの評価は異なることになる。ワーカビリティーを測定したり定量的に表示したりすることは困難であり、「良い」「悪い」「作業に適する」などといった定性的また

は相対的な評価となる。
（2）コンシステンシー（Consistency）
コンシステンシーとは、主として単位水量の多少によって変化するフレッシュコンクリートの変形性または流動性に対する抵抗性であり、一般にスランプ試験により評価することができる。一般的にはコンシステンシーが大きい方が作業性は低下し、材料分離抵抗性が増加する。

（3）プラスティシティー（Plasticity）
プラスティシティーとは、コンクリートを型に容易に詰めることができ、型を取り去るとゆっくりと形を変えるが、崩れたり材料が分離したりしない性質を表している。フレッシュコンクリートの粘性に関係する用語で、セメントや混和材等の粉体、細骨材の微粒分などや、空気量により左右される。

（4）フィニッシャビリティー（Finishability）
コンクリート表面のコテ仕上げの容易さを表す用語であり、セメントペーストが少なすぎて骨材量が多くなると、平滑なコテ仕上げが困難となる場合がある。

（5）ポンパビリティー（Pumpability）
ポンパビリティーとは、ポンプ圧送性のことであり、コンクリートポンプによる運搬を行う場合、輸送管内で閉塞を起こすことなく、所定の圧送量をスムーズに行うことができる圧送のしやすさを表す性質のことである。

上記したいずれの用語も、定量的または物理的な数値を用いて表されるものは少ないが、構造物を建設する上では重要なフレッシュコンクリートの性質である。

3.3.2 フレッシュコンクリートの試験
フレッシュコンクリートの性質を数値で把握することは困難であるが、従来から用いられている試験方法に、スランプ試験と空気量試験がある（図3-2、図3-3参照）。

（1）スランプ試験
スランプ試験とは、スランプコーンにフレッシュコンクリートを詰め、コーンを垂直に引き上げた後、コンクリートの天端の下がった量を測定し、0.5cm単位に丸めて表記するものである。スランプ試験は、コンシステンシーを測定するもの

図3-2　スランプ試験の概要図

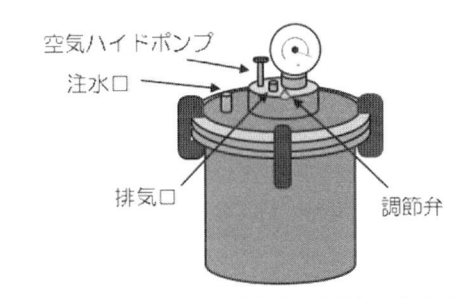

図3-3　空気量試験（空気室圧力法）の概念図

と位置づけられている。軟練りのコンクリートであれば大きく下がりスランプの値が大きくなるのに対し、硬練りのコンクリートではほとんど下がらずスランプの値は小さくなる。

コンクリートのスランプは、構造物の大きさや鉄筋量などに応じて設定し、設定したスランプの値に基づき配合設計や施工管理などを実施する。レディーミクストコンクリートの発注では、スランプの値がコンクリート種類の選定条件の一つとなる。

断面が薄く配管や配筋が過密になりやすい建築用コンクリートでは、15～18cmのものが多く用いられている。一方、断面が比較的大きい土木用コンクリートでは5～12cmのものが多く用いられる。阪神・淡路大震災以降、耐震設計基準が見直され、土木構造物においても従来より鉄筋量が多い設計となっている。そのため、スランプの値が小さすぎるとコンクリートが鉄筋間を通過できずに、充填不良となるケースがある。このような背景から、土木構造物の配合においては、スランプ12cm程度のコンクリートの使用が主流になりつつある。

また、充填性を高めた高流動コンクリートにおいては、スランプの値が測定できないため、そ

の広がりであるスランプフローを用いている。一方で、舗装用やダム用の転圧コンクリートでは、超硬練りのコンクリートを用いることがある。そのようなコンクリートでは、一般のスランプ試験では測定できないため、振動台式コンシステンシー試験装置を用いている。

（2）空気量試験

空気量の測定は、空気室圧力法で測定されることが多い。空気量は打込み時に巻き込まれる空隙（エントラップトエア）とAE剤により連行された空隙（エントレインドエア）が存在する（詳細は3.5を参照）。空気量が多すぎると強度が低下するなどの悪影響も存在するため、一般的には4～7％程度にコントロールすることが望ましい。

3.3.3 フレッシュコンクリートのモデル化

フレッシュコンクリートの流動性状は、レオロジーモデルを用いて説明されるのが一般的である。

（1）レオロジーモデル

レオロジーモデルには、図3-4に示す3つの基本要素が存在する。

(a) 弾性体（スプリング）は、金属材料等の固体の変形性状を示すものであり、応力とひずみが線形比例するものであり、材料定数は弾性係数 k のみである。

(b) 粘性体（ダッシュポット）は、一般的な液体の性質を示すものであり、応力はひずみ速度に比例する。材料定数はその比例定数である粘性係数 η のみである。

(c) 塑性体（スライダ）は、金属材料などの降伏条件を示すものであり、応力が降伏応力 σ_y に達するまでは変形せず、降伏後はどこまでも変形することを示している。

塑性を持つ材料の中でも土や砂のように粉粒体では、特に拘束力が働くと降伏応力が変化するという性質がある。これは変形抵抗力に粒子間の摩擦抵抗（内部摩擦）が大きく影響するためである。この性質をモデル化したのが、モール・クーロンの降伏条件であり、粘着力 c と内部摩擦角 $\tan\theta$ で表される。

$$\tau_y = c + s \tan\theta$$

ここで、τ_y：せん断の降伏応力、c：粘着力、s：鉛直応力、$\tan\theta$：内部摩擦角

固体から液体までの様々な物質が、弾性・粘性・塑性の性質を兼ね備えており、それぞれの性質を表すスプリング・ダッシュポット・スライダを組み合わせて力学的性質を表現できるといわれている。このようなモデルをレオロジーモデルと呼ぶ。

（2）ビンガムモデル

フレッシュコンクリートの流動性状のモデル化には、ビンガムモデルが最も一般的に用いられている。ビンガムモデルは基本的なレオロジーモデルの1つであり、図3-5のようにスライダとダッシュポットを並列につないだ粘塑性体である。このモデルは、粘塑性流動を対象としていることから、応力とひずみ速度はせん断応力 τ とせん断ひずみ速度の関係で示される。図のようなこの関係をレオロジー分野では、コンシステンシー曲線と称する。

ビンガムモデルの最大の特徴は、応力の大きさによって変形する領域としない領域が存在することであり、その境界応力を降伏値 τ_y と呼ぶ。この降伏値より小さい応力では変形速度が0、すなわち流動しないこととなる。また、降伏値を超えた応力が作用すると流動し続けることとなる。降伏値以上の領域では図の粘性体と同様に、応力の

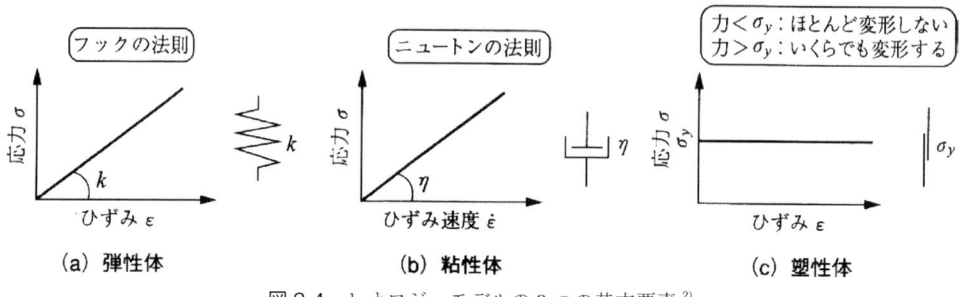

図3-4 レオロジーモデルの3つの基本要素[2]

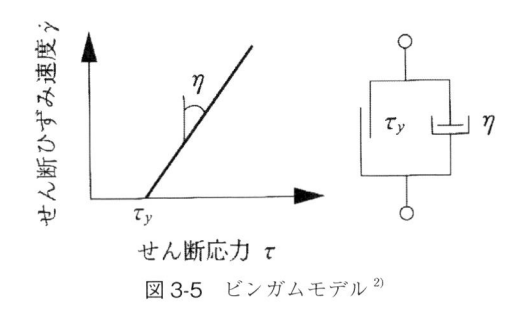

第3章 コンクリートの性質

図 3-5 ビンガムモデル[2]

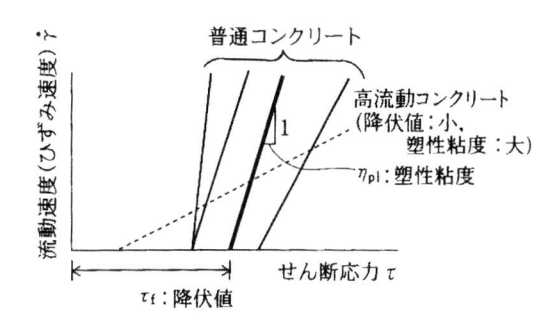

図 3-6 各種コンクリートの流動曲線[1]

増大に伴い変形速度が増加する挙動を示す。その比例定数を塑性粘度 η と呼ぶ。ビンガムモデルの構成則は次の式で表せる。

$$\tau = \tau_y + \eta \gamma$$

ここで、τ_y：降伏値、η：塑性粘度、τ：せん断応力、γ：せん断ひずみ速度

ビンガムモデルで表される性質は、液体中に固体粒子が高濃度で混入している場合に観察され、練り歯みがきやパテなどが代表的なものである。

（3）フレッシュコンクリートの流動性状の定量化

前述のように液体中に固体粒子が高濃度で混入していると考えると、フレッシュコンクリートはビンガムモデルで表現できる。しかし実際には、コンクリートのレオロジー特性は、モルタルと粗骨材の複合体の運動の結果であることから、ビンガムモデルで表現できるモルタルに粗骨材が混入された状態であるといえる。そのため、ビンガムモデルで表すことができる降伏値と塑性粘度よりも、コンクリートの降伏値および塑性粘度は見掛け上モルタルよりも大きくなるといえる。

このようにフレッシュコンクリートの流動性状の定量化は、降伏値 τ_y と塑性粘度 η の2つのパラメータにより試みられている。図 3-6 は各種コンクリートの流動曲線を示したものである。高流動コンクリート（流動性が高くかつ材料分離抵抗性が高いコンクリート：詳細は第7章にて解説）は普通コンクリートと比較して、降伏値が小さく、塑性粘度が大きい。このような場合、小さなせん断応力で動き始めることから流動性が高いといえ、また流動化したのちは大きなせん断応力が働かないとひずみ速度が増加しないことから材料分離が少ないといえる。このようにコンクリートをビンガムモデルでとらえることで、流動性状を定量的に評価することが可能となる。

3.3.4 良好なワーカビリティーの確保

コンクリート工事においては、良好なワーカビリティーを有するコンクリートを用いて施工することが基本となる。一般的なコンクリート工事の場合は、ワーカビリティーを充填性、ポンプ圧送性、凝結特性で評価することができる。

（1）充填性

充填性は、振動締固めを行った場合の流動性と材料分離抵抗性との相互作用により得られる性能であり、両者のバランスが重要である。つまり図 3-7 のように流動性と材料分離抵抗性の相互のバランスにより充填性の良否が定まるものである。流動性の指標としてはスランプを、材料分離抵抗性の指標としては単位セメント量あるいは単位粉体量を設定する。なお、単位粉体量とは、コンクリート単位容積中に含まれるセメント、高炉スラグ微粉末、フライアッシュ、石灰石微粉末等、反応の有無によらず粉体の総量を表している。単位粉体量のうち、反応性のある粉体量のみを示す単

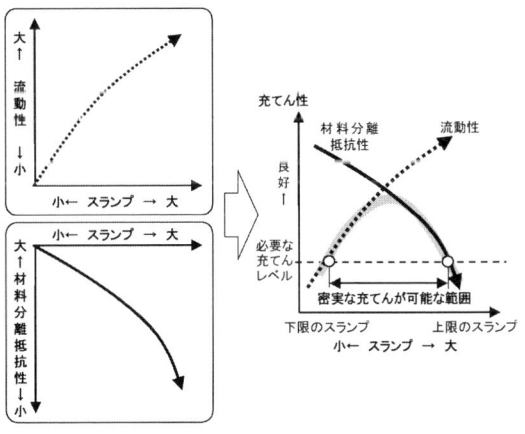

図 3-7 密実充填を達成するコンクリートのワーカビリティーの考え方[3]

位として、単位セメント量や単位結合材量があるが、これらは水和熱や強度、耐久性等と関係する指標となる。

充填性は、使用するセメントや粉体の種類、細・粗骨材の粒度や粒形、さらには混和剤の種類の違いなどによっても影響を受ける。充填性は、構造物の種類、部材の種類および大きさ、鋼材量や鋼材の最小あき等の配筋条件に加え、場内運搬や締固め方法などを考慮して適切に定める必要がある。

材料分離抵抗性は、一般に塑性粘度と降伏値等のレオロジー定数によって数値化できる性質であるが、実務面を考慮したコンクリート標準示方書では単位粉体量の大小を指標として考えることができるとしている。

(2) ポンプ圧送性

現場内でコンクリートを運搬する場合、コンクリートポンプによる圧送が行われることが多い。この際、管内で閉塞を起こすことなく計画された圧送条件で所定の圧送量を確保できることが必要であり、また、圧送前後でフレッシュコンクリートの品質が大きく変化しないことが望ましい。このような条件を満たすためには、コンクリートの品質を変更するだけでなく、コンクリートポンプの種類、輸送管の径、輸送距離などの施工条件の変更も検討し、総合的に適切な条件を決定する必要がある。ポンプ圧送においては、管内の閉塞を考慮する必要があり、そのためには圧送に伴うスランプ低下を適切に見込む必要がある。単位粉体量や細骨材率が小さすぎると管内閉塞が生じやすくなる一方で、単位粉体量が増加すると粘性が増加し圧送負荷が増大するため、適切なバランスが必要となる。良好なポンプ圧送性を確保するためのスランプと単位粉体量は、スランプ8～18cmの範囲で単位粉体量は少なくとも270～300kg/m³程度以上が目安となる。ただし、骨材の品質などによっては単位水量が増加することもあるため、適切な混和剤（減水剤、AE減水剤、高性能AE減水剤など）を用いて単位水量をできるだけ小さくする必要がある。

(3) 凝結特性

コンクリートの凝結特性は、コンクリートの締固め、打重ね、仕上げ等の作業に適している必要があり、許容打重ね時間間隔、仕上げ時期、型枠に作用する側圧等と関連する。さらに打込み時期や打込み温度等に応じては凝結時間が大きく変動するため、遅延剤や反応促進剤などの混和剤等により制御したり、凝結時間を考慮した施工計画や施工方法を適切に検討したりすることが必要である。凝結特性の把握は、JIS A 1147「コンクリートの凝結時間試験方法」により行われ、凝結の始発時間と終結時間で評価される。

3.3.5 材料分離現象

コンクリートは、セメント、水、細骨材、粗骨材、混和材料といった大きさや密度の異なる粒子の混合物であることから、フレッシュコンクリートの状態では、密度の大きいセメントや骨材は沈降し、密度の小さい水は浮上するという分離現象が起こる。粗骨材とモルタルが分離して構造物中で粗骨材が偏って存在してしまうことを材料分離と呼ぶ。また、密度の小さい水（セメントや細骨材等の微粒分を含んでいることが多い）が他の材料と分離してコンクリートの上面に向かって移動する材料分離の現象をブリーディングと呼ぶ。

材料分離は、モルタルの粘性が大きければ、粗骨材との付着が大きくなるため発生しにくい。一方、単位水量が多い場合には材料分離が生じやすくなる。そのため、細骨材量や粉体量を増加させることで材料分離を抑制することが可能である。また、施工方法によっても材料分離が助長される場合があり、型枠内へ打ち込む際に高いところから落下させたり、振動締固め時間が長すぎたりした場合には材料分離することがある。

ブリーディングは、コンクリートを打ち込んだ数時間程度で発生するものであり、水セメント比50%程度の一般的なコンクリートでは、必ず生じる現象である。このブリーディングは前述したように微粒分を含んで浮上するため、ブリーディング水中には、人体に被害を与えるおそれのある重金属類などが含まれていることがあるため注意が必要である。浮き出たブリーディング水が蒸発すると表層面に微粒分が層をなして残留するが、これは一般にレイタンスと呼ばれている。このレイタンス層に次のコンクリートを打ち継ぐ場合、処理をしないと微粒分を挟んでコンクリートを重ねることとなり、接着が悪くコンクリートの一体化が図れなくなる現象が生じる。これらを防ぐため

には、コンクリートを打ち継ぐ前にレイタンス層を金属ブラシや水圧等で除去する必要がある。

また、ブリーディングが収まるとコンクリート表層の水が蒸発し、コンクリートが沈下する。この際、鉄筋などが存在すると沈下ひび割れが発生するおそれがある（図3-8参照）。また、コンクリート中を上昇する水が鉄筋下面などに水隙を作ってしまい、鉄筋とコンクリートの付着を阻害するおそれがある。このような現象を防ぐためには、ブリーディングが収まった頃に振動機で再振動するなどの施工上の工夫を行うことが望ましい。

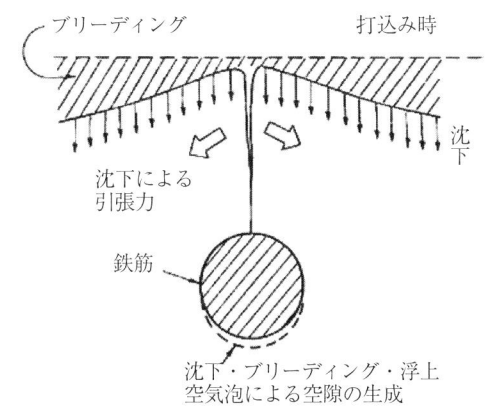

図3-8 沈下ひび割れの概念図[1]

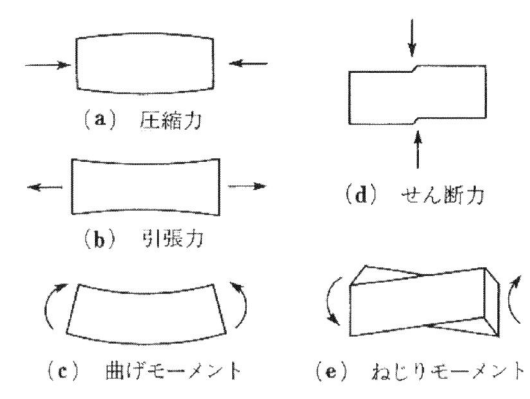

図3-9 各種の発生応力の概念図

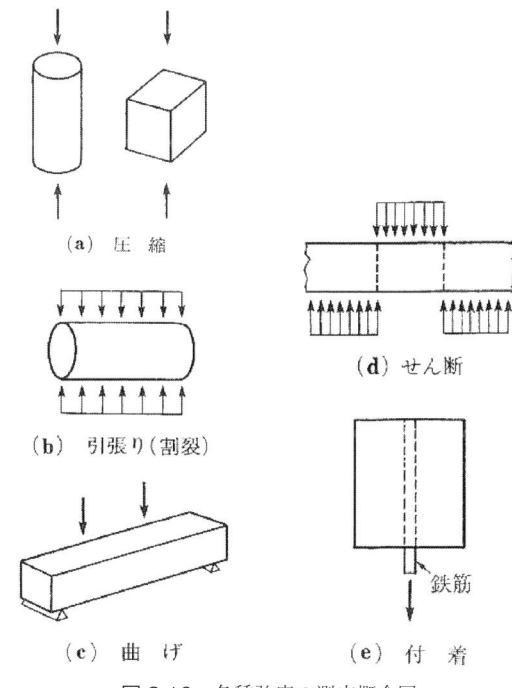

図3-10 各種強度の測定概念図

3.4 硬化したコンクリートの力学的特性

3.4.1 各種強度

硬化したコンクリートは、所定の強度を発揮していることが求められる。コンクリートは、セメントの水和反応により構成材料同士が接着されて硬化し、強度を発現する。ここで、強度とは、圧縮強度に加え、引張強度、曲げ強度、せん断強度、支圧強度ならびに鉄筋との付着強度や疲労強度など様々な強度が求められる（図3-9、図3-10参照）。

(1) 圧縮強度

圧縮強度とは、最大圧縮荷重を断面積で除して求められる。日本では一般的に$\phi 100 \times 200$mmの円柱供試体を用いることが多い。また、粗骨材最大寸法が40mmの場合には、$\phi 125 \times 250$mmあるいは$\phi 150 \times 250$mmの円柱供試体を用いる。

圧縮強度は次に示す理由から非常に重要である。

① 圧縮強度は他の強度と比べて著しく大きい。

② 鉄筋コンクリート部材の設計で利用される。

③ 他の強度や硬化コンクリートの特性をある程度予測可能である。

④ 他の強度と比較して試験方法が容易かつ精度が高い。

圧縮強度は次の式で求められる。

$$f_c' = P/A = 4P/\pi d^2$$

ここで、f_c'：圧縮強度（N/mm^2）
　　　　P：最大荷重（N）、d：直径（mm）

(2) 引張強度

コンクリートの引張強度は圧縮強度の1/10〜

1/13程度と小さいため、構造物の設計ではコンクリートの引張に対する抵抗性は無視され、圧縮力のみを分担するように考えられている。そのため、鉄筋コンクリートでは、引張縁側に鉄筋を配置して補強している。コンクリートに発生するひび割れは、最も小さな引張強度に対して、発生する引張応力が上回ることで生ずることが多いため、引張強度が重要となる。コンクリートの引張強度を直接測定するのは、まっすぐ引っ張ることが難しく、正確に測定するのは非常に困難である。そこで、図3-10に示すように割裂引張試験により算出することが多い。JIS A 1113「コンクリートの割裂引張強度試験」における強度は、次の式で求めることができる。

$$f_t = 2P/\pi dL$$

ここで、f_t：割裂引張強度（N/mm^2）
P：最大荷重（N）、d：直径（mm）
L：試験体長さ（mm）

（3）曲げ強度

コンクリートの曲げ強度は圧縮強度の1/5〜1/7程度であることから、無筋コンクリートを曲げ載荷すると、非常に簡単に破壊し2つに分割されてしまう。その対策として引張縁側に鉄筋を補強した鉄筋コンクリートは、曲げ載荷でひび割れは発生するものの、急激な破壊を防ぐことができる。実際の一般的な構造物における設計では、曲げ強度を用いることは少ない。しかし道路や空港の滑走路に使われるコンクリート舗装では、輪荷重により路盤に曲げ荷重が作用する状態となることから、曲げ強度を用いて設計する。

コンクリートの曲げ強度試験は、100 × 100 × 400mmの角柱供試体を用い、三等分点載荷にて行われる。ただし、粗骨材最大寸法が40mmの場合は1辺の長さを150mmとする。曲げ強度は次の式で求められる。

$$f_b = Pl/bd^2$$

ここで、f_b：曲げ強度（N/mm^2）
P：最大荷重（N）
l：支点間距離（mm）
b：試験体断面幅（mm）
d：試験体断面高さ（mm）
（l = 300mm、b = 100mm、d = 100mm）

（4）せん断強度

構造物には、せん断力がかかる部位が存在するため、せん断強度が要求されることがある。せん断強度は、断面に正反対の方向から平行な力を載荷することでせん断力を加えて、その作用面で起こるすべり破壊に抵抗する強度であり、圧縮強度の1/4〜1/6程度である。

（5）付着強度

鉄筋コンクリートは、鉄筋とコンクリートが一体で挙動することが前提条件となる。付着強度は、コンクリートの品質やかぶり等に影響されるとともに、異形鉄筋のように溝を作り、表面形状や設置面積を広くすることで向上することができる。

付着強度を測定する方法として、鉄筋の引抜き試験や押抜き試験、両引き試験などが提案されている。

（6）疲労強度

強度より小さい応力が繰返し作用することでコンクリートが破壊に至る現象を疲労破壊と呼ぶ。金属が疲労破壊することはよく知られているが、コンクリートにおいても疲労破壊の可能性があるため、繰返し荷重の作用を受ける橋梁などでは、設計上、疲労を考慮する必要がある。図3-11に示すように、繰返し応力の大きさ（上限応力あるいは応力振幅）と破壊までの繰返し回数（疲労寿命ともいう）との間には、おおむね線形関係が成立する。このような図を、S-N線図と呼ぶ。繰返し応力の大きさが小さくなると、無限に繰り返しても疲労破壊に至らない場合がある。このような繰返し応力の大きさを、疲労限度（あるいは疲労限）と呼ぶ。この疲労限は、確認されている材料と確認されていない材料が存在する。コンクリートでは繰返し回数が1,000万回の範囲内では、まだ疲労限度が確認されていない。このような場合には、ある繰返し回数に耐える応力を〇

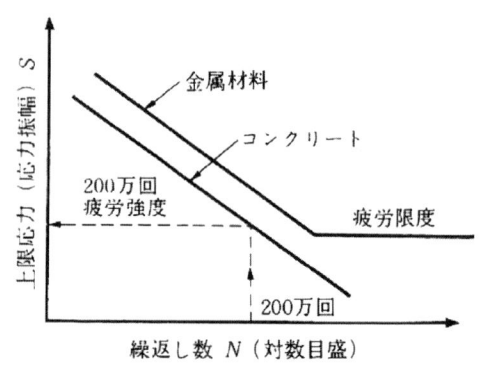

図3-11 S-N線図

○回疲労強度といい疲労限と考え設計に用いる。コンクリートにおける200万回疲労強度は静的強度の55〜65％程度といわれている。

3.4.2 変形特性
（1）静弾性係数（ヤング係数）

コンクリートの応力 - ひずみ曲線を図3-12に示す。図中において原点から最大応力の1/3程度まではほぼ直線となっており、弾性域と呼ぶ。この比例関係を示す区間での傾きを静弾性係数と呼び、鉄筋コンクリートの設計において重要な数値となる。それ以降は最大応力に向かって次第に上に凸な曲線となり、最大応力を超えると応力が減少し、ひずみが増加した上で破壊に至る。この範囲を塑性域と呼び、塑性域で生じた変形は元に戻らない。

また、鉄筋コンクリートの設計では、静弾性係数のみならず、破壊に至るまでの応力 - ひずみ曲線を表す必要があるため、土木学会コンクリート標準示方書では図3-13のようなモデルを用いている。また、コンクリートの圧縮強度と静弾性係数には一定の関係があることが知られている。強度と静弾性係数の関係を図3-14に示す。この関係より、圧縮強度から設計で用いる静弾性係数を設定できる。

図3-12 応力 - ひずみ曲線

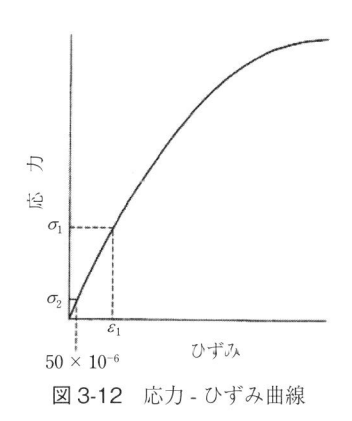

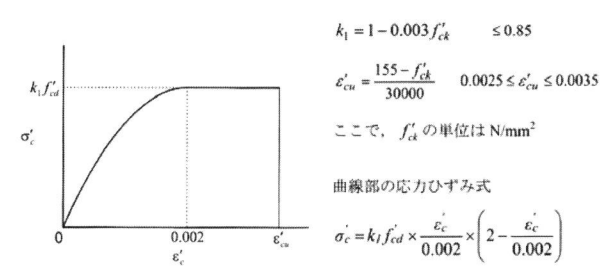

図3-13 応力 - ひずみ曲線モデル（土木学会示方書）

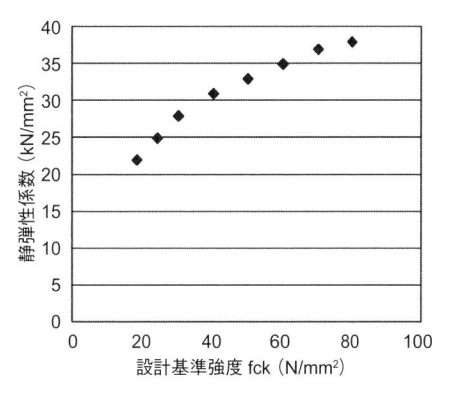

$k_1 = 1 - 0.003 f'_{ck} \leq 0.85$

$\varepsilon'_{cu} = \dfrac{155 - f'_{ck}}{30000}$ $0.0025 \leq \varepsilon'_{cu} \leq 0.0035$

ここで、f'_{ck}の単位は N/mm²

曲線部の応力ひずみ式

$\sigma'_c = k_1 f'_{cd} \times \dfrac{\varepsilon'_c}{0.002} \times \left(2 - \dfrac{\varepsilon'_c}{0.002}\right)$

図3-14 強度と静弾性係数の関係[4]

（2）クリープとリラクセーション

コンクリートに一定の応力が長時間作用した場合、時間の経過とともに変形が増大する現象が認められる。この現象をクリープと呼ぶ。クリープのメカニズムについては、現状はっきりとは理解されていないが、応力を受け続けることでコンクリート内部の水分状態が変化したり、局所において微細なひび割れが発生したりする等の物理的な現象が考えられる。クリープは、橋桁等で自重によるたわみが年々増大するなどといった現象からも説明ができる。クリープによるひずみが大きくなると、使用性に影響を与える可能性がある。

クリープひずみが大きくなる因子を以下に列挙する。

① 載荷期間中の大気湿度が低いほどクリープひずみは大きい。これはコンクリートが乾燥するとクリープが助長されることを意味している。
② 部材寸法が小さいほどコンクリートが乾燥しやすいために、クリープひずみが大きくなる。
③ セメントペースト量が多いほどクリープひずみは大きい。
④ 水セメント比が大きいほどクリープひずみは大きい。
⑤ 組織が密実でない骨材を用いたり、粒度が不適当で空隙が多いコンクリートほどクリープひずみが大きい
⑥ 載荷応力が大きいほどクリープひずみは大きい
⑦ 載荷時材齢が若いほどクリープひずみは

大きい

このようにクリープひずみは、乾燥条件下で組織が緻密でない条件で大きくなる。クリープひずみが極端に大きくなる例に、高い水セメント比のコンクリートが、硬化途上時に継続的な荷重を受けた場合がある。一方、ひずみを一定に保った場合に、時間の経過とともに応力が減少していく現象はリラクセーションと呼ばれている。

3.4.3　強度に影響を与える要因

コンクリートの破壊のプロセスとしては、まず、最も脆弱であると考えられる骨材とセメントペーストとの界面に亀裂が生じ、その亀裂がセメントペーストに伝搬することで、セメントペーストが破壊すると考えられる。さらに、ペーストの破壊が伝搬すると大きなひび割れとなり、表面に現れてそれらが連結することでコンクリートの破壊につながると考えられる。そのため、骨材界面、骨材同士を結合するセメントペーストの強度、骨材強度などが強度を決定づけるといえる。

一般的にコンクリートの強度に与える要因のうちのいくつかを列挙すると、①コンクリートの体積の7割を占める骨材強度、②セメントペースト強度を決定づける水セメント比、③骨材とセメントペーストの付着強度、④材齢や周囲環境、⑤試験方法などである。

（1）骨材強度の影響

コンクリートの体積の大半を占める骨材自体の強度は、コンクリートの強度に大きな影響を与える。骨材自体の強度は、岩石の種類によるほか、風化度、節理（規則性のある割れ目）、含水量などの影響によってかなり広い範囲にばらつく。一般的には、セメントペーストあるいはモルタルの強度より大きく、良質の天然骨材であれば、$100N/mm^2$ 以上の圧縮強度を有している。通常土木の建設に用いられるコンクリートの強度レベルであれば、骨材の強度はセメントペーストを上回ると考えられるが、セメントペーストの強度が高い高強度コンクリートや、骨材の種類によっては、骨材強度が下回る可能性も存在する。特に軽量骨材はモルタル強度よりも小さい場合がある。

骨材強度とモルタル強度の関係がコンクリートの強度に与える影響は、次のように整理されている。

・粗骨材強度＜モルタル強度：骨材強度の増加とともにコンクリート強度は増加する。
・粗骨材強度＞モルタル強度：骨材強度が増加してもコンクリート強度は増加せず、減少する。

これは、骨材強度が大きいほどモルタル部への応力集中が高まるためであると説明されている。そのため、高強度コンクリートを実現するために骨材強度を増加させることは、あまり効果が期待できず、一方で骨材強度が小さい人工軽量骨材コンクリートでは、モルタル強度を高めてもコンクリート強度は増加しないことがわかる。

（2）水セメント比の影響

コンクリートの強度は、骨材同士を結合しているセメントペーストの強度にも起因する。セメントペーストは、セメント（結合材）と水からなっているものであり、水セメント比（W/C）が小さいとセメントの濃いペーストが作られ結合力が大きくなり、強度が大きくなる。この関係は図 3-15 に示すように、水セメント比が小さくなると指数関数的に強度増進することが知られており、一般的に水セメント比の逆数を取ったセメント水比と強度の関係が直線関係であるといわれている。この関係をセメント水比説と呼んでおり、この関係を用いることで所定の強度を持つコンクリートを製造する際の計画を立てることができる。後述する配合設計には重要な性質となり、多くのレディーミクスト工場などで使用されている。セメント水比説は次のような式で与えられる。

$$f_c' = A(C/W) + B$$

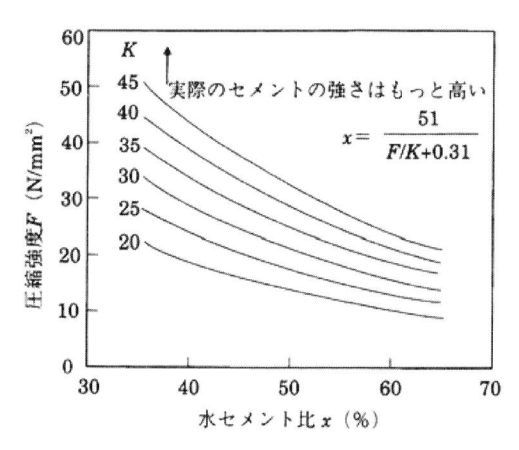

図 3-15　強度と W/C の関係[1]

（3）骨材との付着強度の影響

骨材とセメントペースト間の付着強度についての研究は多数存在し、骨材の種類、表面性状、含水状態などの各種要因の影響が調査されている。骨材とセメントペーストの間に反応性のない一般的な骨材では、付着強度はセメントペースト自身の強度よりかなり小さい。この領域は遷移帯と呼ばれ、ひび割れ等の発生の始発点となったり、物質移動の経路となったりする可能性もある。一方、石灰岩に代表されるような骨材とセメントペーストの間に反応性のある骨材の場合には、付着強度が増加する。

（4）材齢と周囲環境の影響

材齢の経過とともに第2章で示したとおり、水和反応は進行し空隙が緻密化するため、材齢が長くなれば強度も高くなる。水和反応が進行している期間中に乾燥によって水がなくなれば水和反応が停止するため、強度発現も停滞する。また、2.1.3で説明したように、高温ほど水和反応の速度が増大するため、これに伴い強度発現も大きくなる。しかし、温度が高すぎる場合には、長期材齢において標準養生を行ったものと比較して圧縮強度が低くなることも知られており、注意が必要である。さらに、フレッシュコンクリート時の温度が氷点下となりコンクリート中の水分が凍結する場合には、初期凍害を起こし、強度発現に著しい影響を及ぼす。初期凍害が確認された場合には、その後水分供給や凍害が起こらないように温度管理しても強度が発現しないことも知られており、注意が必要となる。このように、コンクリートの強度には、コンクリートの製造時ならびに型枠に打ち込んでからの養生時の、温度と湿度が非常に重要であることがわかる。

（5）試験方法の影響

試験時にコンクリート中の水分状態が異なれば、得られる強度も異なることが知られており、空隙が水分で満たされている場合よりも乾燥している方が強度は高くなる。また、載荷速度が早すぎる場合にも強度が高くなる。それ以外にも、試験体の形や大きさ（特に直径と高さの比等）によっても強度が異なるため、試験においては同等の試験条件を確保することが必要となる。

3.5 コンクリート中の空隙

コンクリートはセメントペーストと骨材の複合材料であり、その性質はセメントペーストの微細構造と、骨材とセメントペーストの界面の微細構造（写真3-1参照）の両者に支配される。

セメントの水和反応によって水和物が生成されるが、もともと水であった空間のすべてを水和生成物で埋めることができないため、空隙が生じる。また、水和生成物内にも空隙が存在する。さらに、フレッシュ性状や耐久性改善のためにAE剤によって連行された空気も存在する。コンクリート中の空隙は表3-1ならびに図3-16に示すように、練混ぜ時に混入した空気泡と水が占めていた部分が空隙となる部分に分けられる。

エントラップトエアとは、コンクリート製造時に巻き込まれる空隙であり、比較的大きく直径が1mm以上である。この気泡は骨材の間に存在し、その形状はゆがんだ楕円形等様々であり、コンクリートの品質改善には寄与しない。通常のコンクリートであれば、2%程度存在し、気泡の量が増加すると強度低下などにつながる。

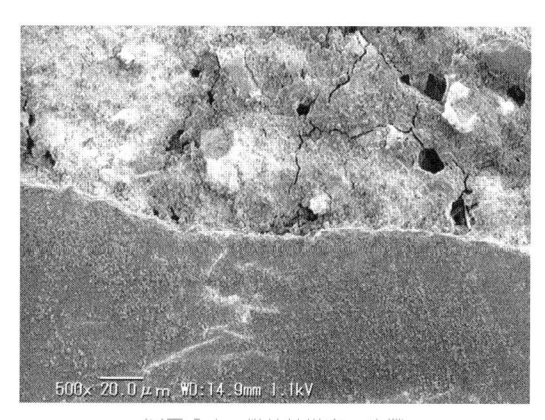

写真3-1　粗骨材界面の空隙

表3-1　コンクリート中の空隙の分類

大分類	小分類（英語名）	粒径（ピーク値）	形状（存在位置）
練混ぜ時に混入した空気による気泡	エントラップトエア (entrapped air)	1mm以上 (2mm)	ゆがんだ楕円形 (骨材間に存在)
	エントレインドエア (entrained air)	10～100μm (200μm)	球状 (セメントペースト中に存在)
水が占めていた部分 (自由水空間)の空隙	毛細管空隙 (capillary pore)	3nm～30μm (20～200nm)	長短軸比の大きい間隙・亀裂状 (セメントペースト中やセメントペーストと骨材間などに存在)
	ゲル空隙 (gel pore)	1～3nm (2nm)	（ゲル間に存在）
	層間空隙 (intracrystalite pore)	1.2nm以下	（ゲル内に存在）

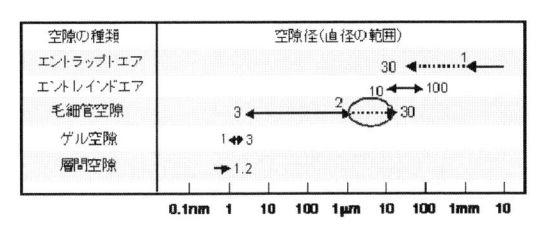

空隙の種類	空隙径（直径の範囲）
エントラップエア	30 ← 1
エントレインドエア	10 ↔ 100
毛細管空隙	3 ← 2 ↔ 30
ゲル空隙	1 ↔ 3
層間空隙	→ 1.2

0.1nm　1　10　100　1μm　10　100　1mm　10

図 3-16　コンクリートの透水係数の変化

エントレインドエアとは、AE 剤や AE 減水剤などを用いて、均質に分布させた球状の微小な独立気泡であり、25〜250 μm 程度の気泡である。セメントペースト中に存在する意図的に連行させた気泡であり、フレッシュコンクリートにおいては、ボールベアリング効果を有することから、ワーカビリティーを改善させる。硬化コンクリートでは、耐凍害性を向上させる空隙となる。通常のコンクリートの場合、エントラップトエアと合わせて 4〜7% 程度が望まれる。

セメントの水和反応や水分逸散に伴って生じた空隙のうち、最も大きな空隙が毛細管空隙（capillary pore）である。直径が 3nm〜20 μm 程度で形状は不均一なものが多い。セメントペースト中と骨材界面に存在することが多く、強度に代表される様々な物理特性に影響を与えるとされる。また、空隙同士が連結しているため、物質の通り道となり得ることから、耐久性に影響を与える炭酸ガスや塩化物イオンなどが浸透する経路となる。また、鉄筋の腐食に影響を与える水分や酸素等の移動経路となり得る。耐久性を向上させるためには、この空隙の量と大きさならびに連結性が重要になると考えられる。

水和生成物のゲル中に存在する空隙には、ゲル空隙と層間空隙とがあり、それぞれ直径は 1〜3nm、1.2nm 以下と非常に小さい。これらの空隙も毛細管空隙と連結し物質の移動経路となり得る場合もあるが、空隙径が著しく小さいため、耐久性に及ぼす影響については、いまだ明らかとされていない。

硬化コンクリートの空隙は、空隙を水で置換して飽水時と絶乾時の質量差からコンクリート中の全空隙量を求めることができる。ただし、この方法により計測できる空隙径には限界がある。また、ASTM C 457 に定められているリニアトラバース法においても空隙量を求めることができる。さらに、顕微鏡等で直接観察するポイントカウント法や面積法などの手法も提案されており、実用化に至っている。これらの手法は二次元的な情報であることから連結性を考慮することは困難であったり、観察している場所の影響を大きく受けたりと測定には熟練の技術を要する。一方、毛細管空隙を直接計測する手法として水銀圧入法が利用されることが多い。接触角が大きく密度が安定している水銀を用いて、徐々に圧力を増加させることで空隙内に水銀を圧入させていく手法であり、圧力に応じた空隙径が算出できることから、それぞれの直径に応じた空隙量を算出することが可能である（column 参照）。

空隙分布と強度や耐久性の関係は、一般的に図 3-17 および図 3-18 のように表される。図 3-17（左）はモルタルおよびコンクリートの硬化体中の空隙量と圧縮強度との関係を示している。また材齢の経過による関係も示している。材齢が経過することで空隙量が減少し、強度発現している。また、一般的に硬化体中の毛細管空隙量が増大することで、圧縮強度が小さくなる傾向はどの硬化体においても認められる。また、50nm 以上の毛細管空隙量を硬化体中のセメントペースト単位体積当りに換算し骨材を除いたものを図 3-17（右）に示す。ここで、セメントペースト単位体積当りの換算とは、骨材量の異なるモルタルとコンクリートにおいて、骨材を除外した硬化体中の空隙量として算出したものである。この図より、圧縮強度と高い相関性が認められる。図 3-18 は、同様に 50nm 以上の毛細管空隙量と Na イオンの拡散係数との関係を示している。高い相関性は認められるが、水セメント比やセメント種類によるばらつきは大きい。以上より、空隙と強度や耐久性とは密接に関係しているものの、その影響は配合や養生材齢などに大きく左右されることから、今後も検討が必要である。

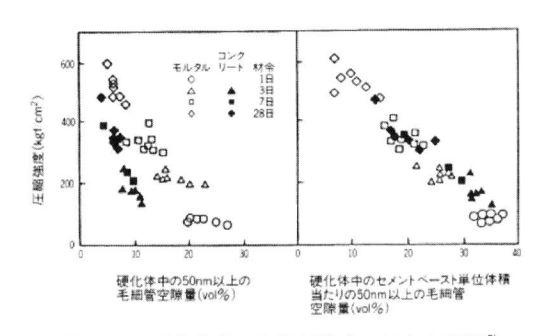

図 3-17　硬化体中の空隙が強度に与える影響[5]

また、**写真3-2**は骨材とセメントペーストの境界を撮映したものである。このように骨材とセメントペーストの界面は、ブリーディング水による骨材下面に形成される領域などが存在し、物質の移動経路となりうる可能性がある。

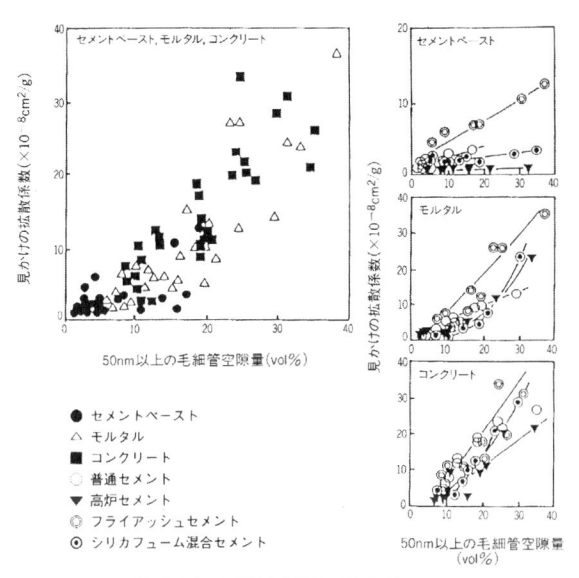

図3-18 空隙と強度・耐久性

写真3-2 骨材とセメントペーストの界面

---

column

硬化体中の空隙分布の測定〔水銀圧入法〕

硬化体の物理的性質は、その空隙構造に依存することが多く、空隙構造を的確に把握することはコンクリートの物性や耐久性を評価するうえで非常に重要となる。空隙を測定する手法は各種存在するが、その1つに水銀圧入式ポロシメーター（Mercury Intrusion Porosimetry：MIP）があり、幅広く用いられている。水銀は表面張力が大きく、大気圧下では試料の微細な空隙中には水銀は入らないが、圧力を作用させることで圧力に応じてより小さな空隙中に水銀を圧入することができる。そこで、その圧力と注入された水銀量を測定することで細孔径分布を求めることができる。細孔を円筒とみなした場合、圧力と細孔径には一定の関係がある。MIPの全システムを**写真-1**に示す。

得られた結果は**図-1**のように算出され、それぞれの細孔直径に応じて圧入された量から分布を得ることができ、また積分することで総細孔量を得ることができる。試験には、空隙中の水分を逸散させるために真空脱気時の試料調整が必要であり、試料調整方法によっては測定時間や測定精度にばらつきが生じる。またコンクリート等の骨材を含む場合には、サンプル間で骨材の混入の有無によるばらつきが生じる。さらに、インクボトル効果により、正確な細孔径分布を測定することは困難であり、現在様々な検討が行われている。

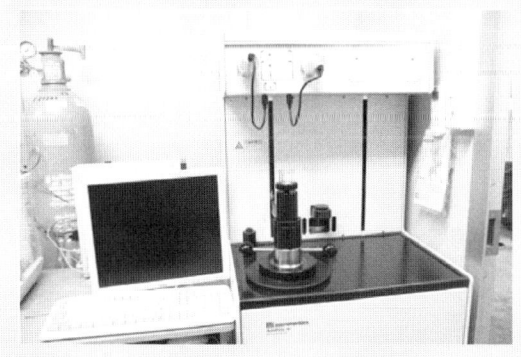

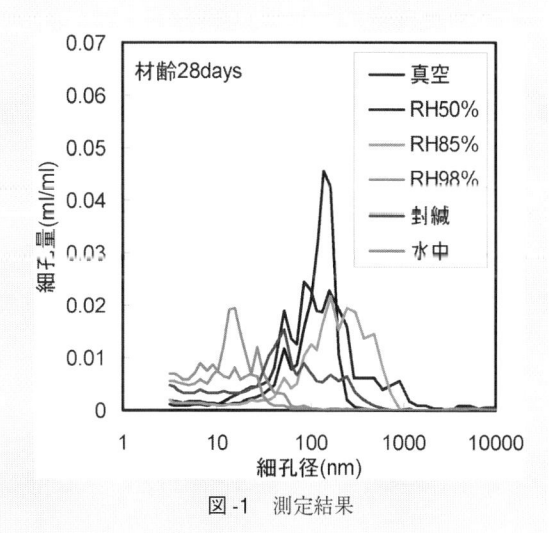

写真-1 水銀圧入式ポロシメーターの全システム
［写真提供：東京理科大学］

図-1 測定結果

3.6 コンクリートの水密性

コンクリートは、透水により構造物の機能が損なわれないように、所定の水密性を有している必要がある。水密性は、コンクリートそのものの水密性と構造物または部材としての水密性があり、前者はコンクリートの透水係数、後者は透水量によって評価されている。

透水係数は、基本的にコンクリートの密実性に依存し、透水係数が小さい水密性の高いコンクリートは耐久性を確保するうえで望ましい。透水係数は、微細な空隙を有するセメント硬化体自体の緻密さや、空隙の連結性に代表される空隙構造、および骨材周辺に形成される比較的粗な組織である遷移帯の性質などに支配される。セメント硬化体自体の空隙構造は、水セメント比や結合材の種類に依存し、遷移帯は水セメント比やブリーディング等の材料分離の程度や骨材量により異なるとされる。コンクリートの透水係数は、図3-19に示したように、水セメント比の増加とともに指数関数的に増加することが示されている。所要の透水係数を確保するためには、ワーカビリティーを確保できる範囲内で、水セメント比および単位水量を低減させることが有効である。一般的なコンクリートに求められる水密性を確保するためには、水セメント（結合材）比を55％以下とすればよい。

一方で、コンクリートの透水係数を小さくしても、ひび割れや継目等の不連続面の存在により、コンクリート構造物の水密性を確保できない可能性がある。ひび割れや鉛直打継目箇所の透水量は、健全なコンクリート部分と比べて大

A1. セメントの異常凍結
短く、不規則なひびわれが比較的早期に発生する。

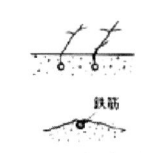

A8. コンクリートの沈下・フリージング
上端鉄筋上部に発生するもので、コンクリート打設後1〜2時間で鉄筋に沿って発生する。

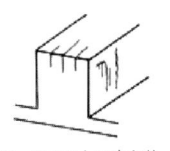

A2. セメントの水和熱
大きな断面（一辺が80cm以上）の地中ばり、厚い地下壁などに発生しやすい。

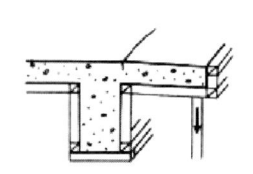

B16. 支保工の沈下

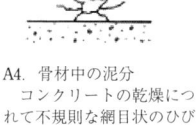

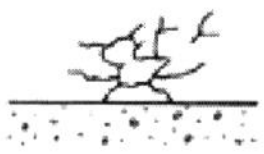

A4. 骨材中の泥分
コンクリートの乾燥につれて不規則な網目状のひびわれが発生する。

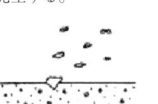

A5. 風化岩や低品質な骨材
ポップアウト状に発生する。

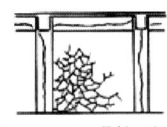

A6. アルカリ骨材反応
柱・はりなどでは軸方向鉄筋の位置にあまり関係なく、その材軸方向にほぼ平行に現われる。また、壁・擁壁などでは方向性のないマップ状に現われる。

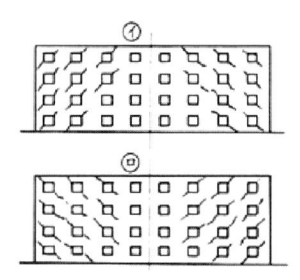

C1. 環境温度・湿度の変化
㋑ 屋上部が高温あるいは高湿になり膨張した場合、八の字形にひびわれが生ずる。
㋺ 屋上部が低温あるいは乾燥状態になり、収縮した場合、逆八の字形となる。

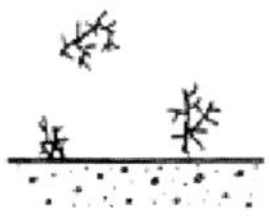

B1. 混和材の不均一な分散
膨張性のものと収縮性のものとがあり、部分的に発生する。

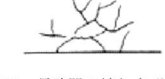

B2. 長時間の練りまぜ
運搬時間が長すぎた時などに発生するひびわれで、全面網目状となる。

B5. 急速な打込み
コンクリートの沈降により発生する。

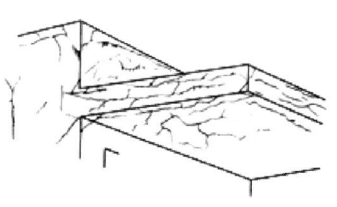

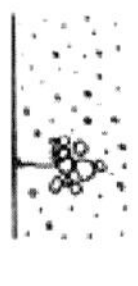

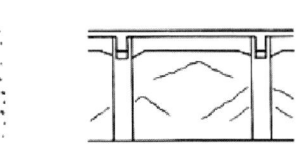

B6. 不十分な締固め

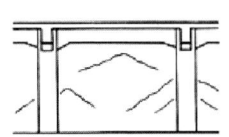

B10. 不適当な打継ぎ処理
コールドジョイントとなる。

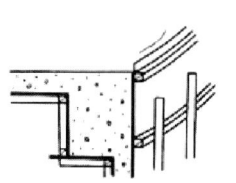

B13. 型わくのはらみ

C3. 凍結融解の繰返し
隅角部や水平ジョイント部の斜めひびわれや長方向のひびわれ、スケーリングなどが特徴である。

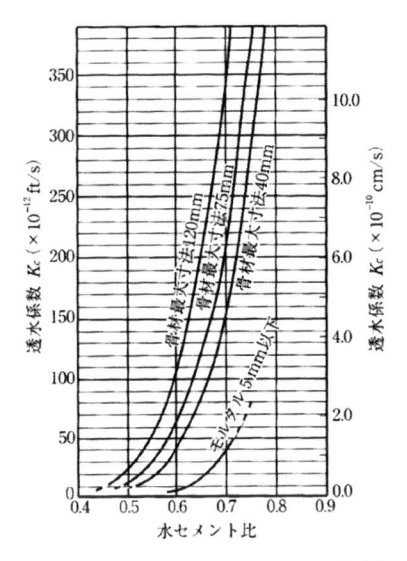

図 3-19 水セメント比とコンクリートの水密性との関係

きいため、適切なひび割れ制御や施工も重要である。

3.7 コンクリートのひび割れ

3.7.1 ひび割れ発生の各種原因

コンクリートは引張強度が小さいことから、引張応力がその時点での引張強度を上回ることで、ひび割れが発生することがある。コンクリート部材には、施工段階から供用期間中において、様々な理由により引張応力が発生する。

日本コンクリート工学会では、ひび割れに対する指針を作成しており、図 3-20 にひび割れの発生原因について整理されたものを示す。ひび割れの発生原因として、材料、施工、使用・環境条件、構造・外力のそれぞれに起因するものの4つ

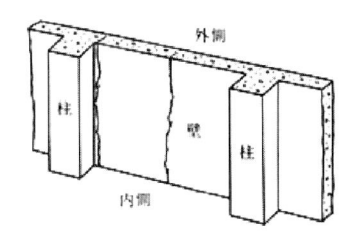

C2. 部材両面の温度・湿度の差
外側が高温または高湿、内側が低温または乾燥の場合、ひびわれは拘束部材間のほぼ中央、または拘束部材隣接部付近の低湿または乾燥側に発生する。
初期の段階では、ひびわれは貫通していないが、繰返し作用により時間がたつと貫通することがある。

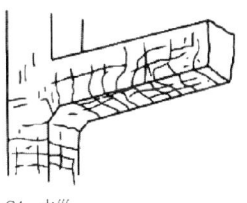

C4. 火災
C5. 表面加熱
急激な温度上昇と乾燥とにより網目上の微細なひびわれとともには、り、柱にほぼ等間隔の太目のひびわれが発生する。また、部分的に爆裂して剥落することがある。

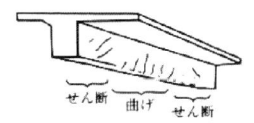

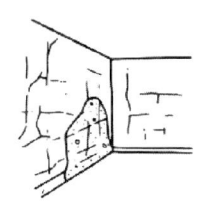

C6. 酸・塩類の化学作用
コンクリート表面が侵され、多くは鉄筋位置にひびわれが生じ、一部コンクリート表面が剥落することもある。露出した鉄筋のさびかたははげしい。

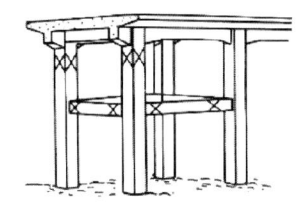

C7. 中性化による内部鉄筋の錆
C8. 侵入塩化物による内部鉄筋の錆
ひびわれは、鉄筋に沿って発生する。ひびわれ部分からはさびが流出し、コンクリート表面を汚すことが多い。
鉄筋の腐食が著しい時にはコンクリートの剥落もある。

D1. ～ D4. 荷重
通常曲げモーメントを受ける部材には微細なひびわれ（幅0.1～0.2mm）は発生するが、0.2mmを超える幅のひびわれ、あるいはせん断力によるひびわれ発生は異常であり、詳細な検討が必要である。

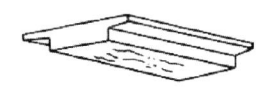

D5. 断面・鉄筋量不足
配力鉄筋量不足により、図に示すようなひびわれが発生することもある。
断面、鉄筋量不足によるひびわれはD2およびD4と同様であり、設計図書等から荷重によるものか、断面・鉄筋量不足によるものかを検討する必要がある。

D3.D4. 荷重
図のようなひびわれは、地震時水平力による代表的なものである。

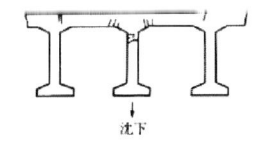

D6. 構造物の不同沈下
ラーメン等の不静定構造物では、支点の不同沈下によって、図のようなひびわれが発生することもある。

図 3-20 ひび割れのパターン[6]

に大きく分けられる。ひび割れの発生は、発生時期や発生メカニズムが多岐にわたり、原因を一つに絞ることは非常に困難であるため、原因のいくつかを対象として総合的に考える必要がある。材料に起因するひび割れはA、施工はB、使用・環境条件はC、構造・外力はDで示している。

まず、材料や配合によるひび割れとして、セメントの水和に起因するひび割れ、収縮に伴うひび割れが挙げられる。このような体積変化に関しては 3.7.2 にて解説する。次に施工に起因するひび割れとしては、沈下ひび割れ（図 3-8）やプラスティック収縮ひび割れがある。沈下ひび割れの抑制にはブリーディングを制御する必要があるため、単位水量を少なくすることが有効となる。また、施工上の配慮として、適切な時期にタンピングや再振動を施すことで抑制効果がある。プラスティック収縮ひび割れは、コンクリート表面が打込み後に急激に乾燥することが原因であるため、乾燥を防止する必要がある。ブリーディング水の上昇速度に比べて表面からの水分逸散量が大きい場合に生じるおそれがあるため、ブリーディングが少ないコンクリートを用いる場合には水分逸散を抑制する必要がある。この種のひび割れは原因がそれだけであれば、その後進展せず、構造上の問題となることはない。しかし、後に発生する乾燥収縮や温度変化によるひび割れのきっかけとなりやすく、また構造物の耐久性に悪影響を及ぼす可能性もある。

一方、硬化後のひび割れの原因は非常に多い。硬化コンクリートのひび割れ発生に直接的に影響を及ぼす力学的要因としては、①伸び能力が小さい（約 $1～2×10^{-4}$）、②引張強度が小さい、③体積変化（乾燥収縮、温度収縮など）が大きいことが挙げられる。

3.7.2 体積変化に起因するひび割れ

体積変化を起こす原因となる現象は次の3つが挙げられる。

（1）自己収縮（Autogenous shrinkage）

自己収縮とは、セメントの水和反応により凝結始発以降に生じる体積変化を表しており、物質の侵入や逸散、温度変化、外力や外部拘束に起因する体積の変化は含まれない。凝結が終結し硬化体としての形が形成されると、セメントが水和反応を継続するために周囲の水分を吸水することでメニスカスが生じ収縮すると考えられている。一般的にはセメントを含めた反応性の結合材の混入量が多くなると、反応に必要とする水分が多くなるため、その吸水により発生する応力が大きくなる。このことから、自己収縮を考慮すべきコンクリートは、単位セメント量が多いまたは水結合材比が低い配合のコンクリート（例えば、高流動・高強度コンクリートやマスコンクリートなど）といえる。水結合材比が小さいほど自己収縮量は大きくなり、ひび割れの原因となりうる。コンクリートの自己収縮に及ぼす配合要因は、結合材料、水結合材比、混和材の種類とその置換率、および混和剤の種類と添加率が重要となる。

自己収縮量は、$W/C=55\%$ 程度の一般的なコンクリートでは $50～100×10^{-6}$ 程度であるが、建築等で用いられる $150N/mm^2$ を超えるような $W/C=15\%$ 程度の超高強度コンクリートでは、$500×10^{-6}$ を超えることも報告されている。土木構造物においては、混和材（高炉スラグ微粉末など）を用いたマスコンクリートを取り扱う場合などに、考慮が必要となる。

（2）乾燥収縮（Drying shrinkage）

モルタルやコンクリート中には無数の空隙が存在し、連結している。この空隙にコンクリートの外部から水分が浸透することでコンクリートが膨潤し、その水分が乾燥することで収縮する挙動が起こる。諸説はあるが、コンクリート中の水分がコンクリートの外に逸散することでメニスカスが生じ、負の応力が発生するために全体として収縮することとなり、この現象を乾燥収縮という。乾燥収縮に影響を及ぼす因子は、単位結合材量、単位水量、骨材、部材寸法がある。乾燥収縮は単位結合材量および単位水量が多いほど大きくなる傾向が著しく、特に単位水量の影響が大きい。図 3-21 に示すように、骨材の弾性係数が大きく硬質の場合には小さくなり、部材寸法が大きいほど小さい。また結合材の種類などによっても異なることが確認されている。乾燥収縮は、時間の経過とともに大きくなるものの、長期的には収束することが知られている。一般的な $W/C=55\%$ 程度のコンクリートの乾燥収縮量は $600～800×10^{-6}$ 程度であるが、前述した要因により前後し、大きい場合には $1,200～1,500×10^{-6}$ に達することもあ

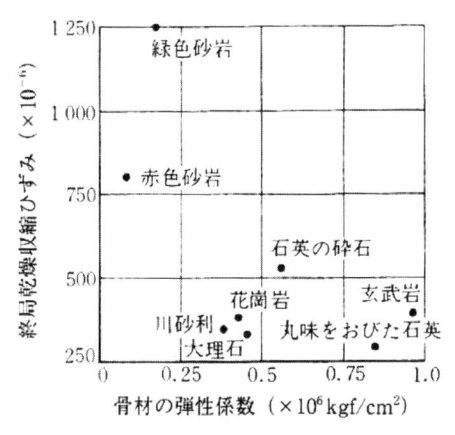

図 3-21　骨材種類と終局乾燥収縮[1]

る。特に骨材自体が乾燥収縮した場合には、著しく大きくなり、無数のひび割れが発生した事例も存在する。

（3）温度変化による体積変化

マスコンクリートにおいては、その部材の大きさやコンクリートの種類、打込み時期などにより大きく異なるが、水和熱により中心温度が大きく上昇する。コンクリートの部材厚が小さければ、比較的短時間でコンクリート内部の熱は放熱され周囲温度と同程度まで低下するが、部材厚が大きくなると放熱する速度が遅くなり高い温度が保持される。

コンクリートの熱膨張係数は、常温の範囲において$7\sim13\times10^{-6}$/℃程度であり、水セメント比や材齢による影響は大きくないといわれる。温度変化に伴い、コンクリートが膨張・収縮することにより体積が変化する。

温度ひび割れの発生は、図3-22の2つのケースが考えられる。内部拘束とは、一般にコンクリート内部は断熱状態となるため、セメントの水和熱による温度上昇が大きい。一方でコンクリート表面は外気温との温度差平衡を保つため、セメントの水和熱が放熱され温度上昇は小さい。このようにコンクリートの内部と表層では温度差が生じ、体積変化が異なる。この内部と表面の温度差により、内部には圧縮力が、表層には引張力が発生し、ひび割れ発生の原因となる。ひび割れの特徴としては、材齢初期に表面ひび割れが発生する。このことから長期的なコンクリートを考慮すると大きな損傷にはつながりにくい。ひび割れは表層付近にとどまるため、部材断面の温度が均一化するにつれて表面のひび割れは閉じる傾向を示す。一方、外部拘束は、コンクリートが放熱時に熱膨張係数に伴い収縮変形する。コンクリートの自由収縮を地盤や既設コンクリートなどにより外部から拘束を受けることで収縮することができずに生じるひずみの差が引張応力となり、ひび割れが発生する。このひび割れは打設から数週間後に発生し、貫通ひび割れとなるおそれがあり、長期的なコンクリートにおいてひび割れ幅が大きい場合には注意が必要である。

これらのひび割れの原因はセメントの水和熱が大きいことによる。図3-23は断熱温度上昇試験の結果を示している。セメント量が多いまたはW/Cが小さいコンクリートであれば、水和熱は大

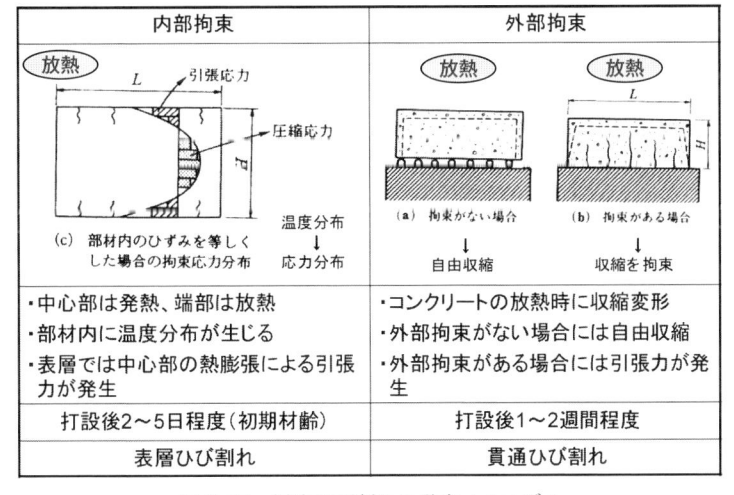

内部拘束	外部拘束	
(c) 部材内のひずみを等しくした場合の拘束応力分布　温度分布→応力分布	(a) 拘束がない場合 ↓ 自由収縮	(b) 拘束がある場合 ↓ 収縮を拘束
・中心部は発熱、端部は放熱 ・部材内に温度分布が生じる ・表層では中心部の熱膨張による引張力が発生	・コンクリートの放熱時に収縮変形 ・外部拘束がない場合には自由収縮 ・外部拘束がある場合には引張力が発生	
打設後2〜5日程度（初期材齢）	打設後1〜2週間程度	
表層ひび割れ	貫通ひび割れ	

図 3-22　温度ひび割れの発生メカニズム

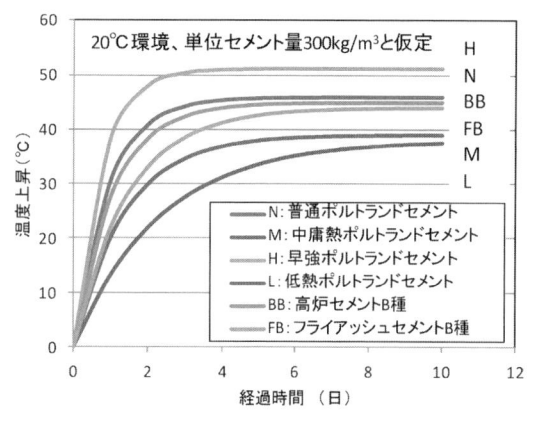

図3-23 各セメントの断熱温度上昇試験結果の例

きくなり温度上昇量も増大する。使用材料としては、セメントの種類や混和材の混入率が大きく影響する。硬化の早い早強ポルトランドセメントなどは温度上昇量が大きいが、中庸熱や低熱ポルトランドセメントは発熱が抑制される。また混和材である高炉スラグ微粉末を混入したコンクリートでは、高炉スラグ微粉末の有する温度依存性と反応活性により、断熱温度上昇における最大発熱量は大きくなる懸念があるものの、発熱速度は抑制されることも知られている。ここで、高炉スラグ微粉末は、セメントに比べて温度に対して敏感であることから、高温時には反応が活性化することが知られている。また、コンクリートの熱膨張係数に及ぼす骨材岩質の影響は大きく、石英質の岩、砂岩、花崗岩、玄武岩、石灰岩の順に小さくなる。これらのひび割れを抑制するためには、セメント量の減少や、発熱抑制型のセメントを利用するなどといった材料面での対応と、分割打設やパイプクーリングなどといった施工による対策が考えられる。詳細は第4章で述べる。

3.7.3 ひび割れの取扱い
(1) 初期ひび割れに対する照査

コンクリート標準示方書[設計編]においては、初期のひび割れが構造物の所要の性能に影響しないことを確認しなければならないとされている。対象とするひび割れは、セメントの水和に起因するひび割れと収縮に伴うひび割れである。

セメントの水和に起因するひび割れの照査では、ひび割れが発生しないこと、あるいはひび割れ幅が許容値以下であることを確認する必要がある。ひび割れの照査には、温度解析によって算定される初期状態からの温度変化と、自己収縮によるコンクリートの体積変化を求め、これらを取り入れた応力解析により算定されたコンクリートの応力に基づいて実施する。ひび割れ発生の有無は、コンクリートの引張強度（特性値）と引張応力（算定値）の比をひび割れ指数とし、ひび割れ発生確率の限界値により照査する（下式参照）。

$$I_{cr}(t) \geq \gamma_{cr}$$

ここで、$I_{cr}(t)$：ひび割れ指数

$I_{cr}(t) = f_{tk}(t)/\sigma_t(t)$

$f_{tk}(t)$：材齢 t 日におけるコンクリート引張強度

$\sigma_t(t)$：材齢 t 日におけるコンクリート最大主引張応力度

γ_{cr}：ひび割れ発生確率に関わる安全係数（一般に 1.0～1.8 とし、表3-2を参照）

表3-2 一般的な配筋の構造物における標準的なひび割れ発生確率と安全係数の参考値

	ひび割れ発生確率	安全係数 γ_{cr}
ひび割れを防止したい場合	5%	1.75以上
ひび割れの発生をできるだけ制限したい場合	25%	1.45以上
ひび割れの発生を許容するが、ひび割れ幅が過大とならないように制限したい場合	85%	1.0以上

図3-24 に、安全係数とひび割れ発生確率曲線を示す。構造物の重要度、機能を勘案して必要な安全係数を選定し、温度ひび割れに対する検討を行う。一般的な配筋の構造物における標準的な安全係数は次のとおりである。

・ひび割れを防止したい場合：1.75 以上

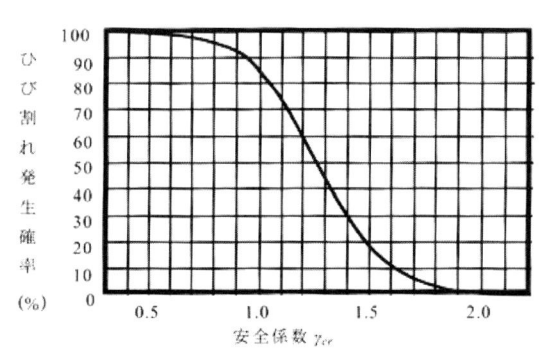

図3-24 安全係数とひび割れ発生確率 [3]

・ひび割れの発生をできるだけ制限したい場合：1.45以上
・ひび割れの発生を許容するが、ひび割れ幅が過大とならないように制限したい場合：1.0以上

（2）許容ひび割れ幅

　鉄筋コンクリートの許容ひび割れ幅は、主として鉄筋腐食を防ぐ観点から定められており、かぶりと環境条件から定められる。鋼材の腐食に対する許容ひび割れ幅は、土木学会コンクリート標準示方書では、かぶりの0.0035～0.005倍としている。水密性に対する許容ひび割れ幅は0.1～0.2mmとしている。ひび割れの発生した箇所では、ひび割れが鉄筋に到達している場合、鉄筋腐食の原因物質である酸素や水が供給されることで腐食が促進される。一般的に腐食領域はひび割れ幅が大きくなるほど大きく、かぶりが小さいほど大きくなると考えられる。一方、ひび割れが鉄筋まで到達していない場合には、ひび割れから炭酸ガスや塩化物イオンは浸透するものの、ひび割れが鉄筋に到達している時よりは腐食開始時期が遅くなるため、かぶりが大きい方がひび割れの影響が小さくなる可能性がある。

　水密性を有する構造物では、ひび割れからの漏水を制御することが必要である。理論上の透水量はひび割れ幅の3乗に比例して増加する性質を示すが、微細なひび割れでは石灰等の析出によりひび割れの閉塞などの現象も影響するため、水密性から許容ひび割れ幅を決定することは困難である。また、近年の研究によりコンクリート中の未水和セメントの再水和や自己治癒コンクリートなどの開発によりひび割れを水和物等で閉塞させることも知られており、関心が高まっている。

参考・引用文献
1) 日本コンクリート工学会：コンクリート技術の要点11、2011年
2) 谷川恭雄監修：フレッシュコンクリートの流動特性とその予測、セメントジャーナル社、2004年
3) 土木学会：2007年制定 コンクリート標準示方書（施工編）、2007年
4) 土木学会：2007年制定 コンクリート標準示方書（設計編）、2007年
5) セメント協会：わかりやすいセメント科学、セメント協会、1993年
6) 日本コンクリート工学会：コンクリートのひび割れ調査、補修・補強指針、2009年

第4章
鉄筋コンクリート構造物の施工

4.1 施工計画書の作成

鉄筋コンクリート工事の一連の流れは、図4-1に示したとおりである。工事受注者は施工に先立ち、発注者との契約条件、設計図面および仕様書などで定めている条件を満足する構造物を完成させるための施工計画書を作成する必要がある。

国土交通省土木工事共通仕様書には「受注者（請負者）は、工事着手前に工事目的物を完成するための必要な手順や工法等についての施工計画書を監督職員に提出しなければならない」と規定されており、その承諾を得た後でなければ工事に着手してはならない。監督職員とは、構造物が設計図書どおりに施工されているかどうかを発注者の代理人として監督する者であり、発注者の職員あるいは発注者から委託された者である。請負者が提出した施工計画書、品質管理や品質検査の報告書などの審査や構造物の品質確認、出来形確認などの業務を行う。同共通仕様書においては、施工計画書に図4-2のような内容について記載しなければならないとある。地方公共事業あるいは民間土木工事事業においても、ほぼ同様な施工計画書の作成と提出が義務づけられている。

施工計画書の作成および施工に際しては、構造物の発注機関である国交省、県および市町村の土

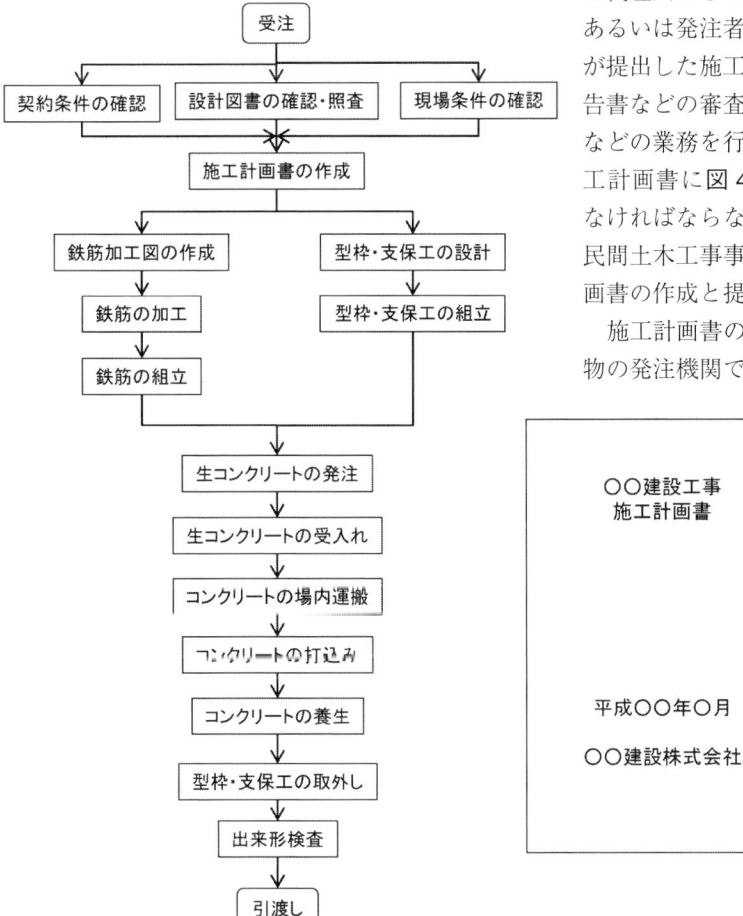

図4-1 鉄筋コンクリート構造物の施工の流れ

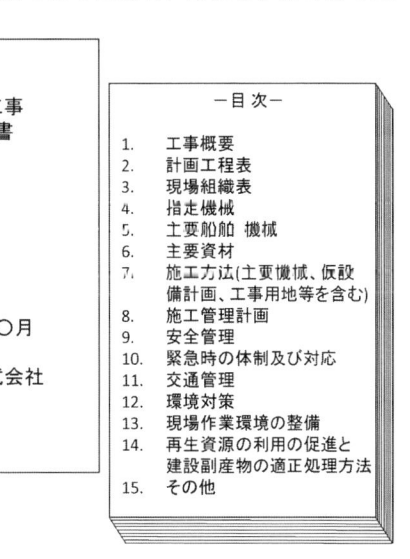

図4-2 施工計画書の目次例（国土交通省土木工事共通仕様書）

木工事共通仕様書と土木工事管理基準はもちろんのこと、その上位的な基準である土木学会コンクリート標準示方書を遵守する必要がある。

なお、施工計画書作成に先立って、設計図書の照査、すなわち、構造物の設計の内容に間違いがないか、現場条件に合致しているかどうかなどを確認することは、請負者の義務となっている。照査の結果、設計方法に間違いがあったり、設計図が異なっていたり、あるいは不明な事項があった場合には、監督職員に確認をしなければならない。

鉄筋コンクリート構造物の工事は、工場生産の製造業とは異なり、受注生産、単品生産、即地性などといった特徴がある。また、一度、コンクリートを打ち込んでしまうと、品質が悪かったからといって、簡単に取り壊して再度施工することは大変難しい。そのためにも施工計画は、現地の状況、施工条件、構造物の条件など、様々な状況を十分考慮し、目的の構造物を完成させるための必要な手順、工法および施工中の管理方法などを段階ごとに示し、品質、工程、安全および環境などについて体系的に網羅されていなければならない。

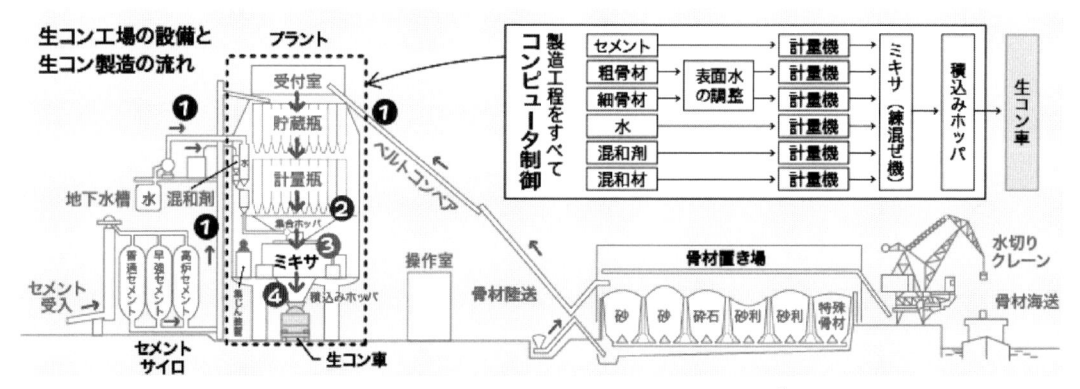

4.2 レディーミクストコンクリート

4.2.1 コンクリートの製造

コンクリートを製造する場所で分類すると、図4-3に示すように、工場で製造されるレディーミクストコンクリート（Ready Mixed Concrete）と、建設現場で製造される現場練りコンクリートに大別される。

一般の工事で使われているのはレディーミクストコンクリートであり、トラックアジテータによって現場まで運ばれる。一方、現場練りコンクリートは、ごく少量か逆に非常に大量のコンクリートを現場で製造するものである。小規模な工事あるいは補修工事でごく少量のコンクリートを必要とする場合には、小型のミキサや移動式のミキサでコンクリートを製造する。大量のコンクリートを必要とするコンクリートダムのような場合には、建設現場内に製造設備（バッチャープラントと称される）を設置して製造する。また、大量のコンクリートが必要な海洋工事では、製造設備を船に搭載したコンクリートプラント船によりコンクリートを製造する。

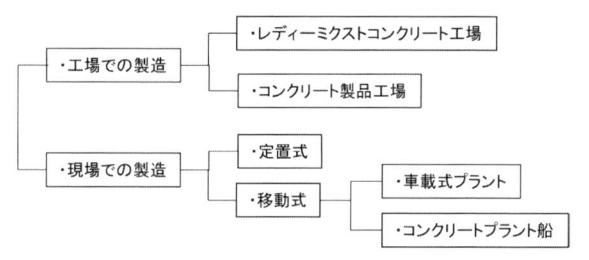

図4-3　コンクリートの製造場所による分類

レディーミクストコンクリートは、「整備されたコンクリート製造設備をもつ工場から、荷卸し地点における品質を指定して購入することができるフレッシュコンクリート」と、JIS A 0203「コンクリート用語」にて定義されている。通称、「生コンクリート」あるいは「生コン」と呼ばれている。レディーミクストコンクリートの製造設備の例は、図4-4、写真4-1に示すとおりであり、

図4-4　レディーミクストコンクリートの製造設備の例[1]

第4章 鉄筋コンクリート構造物の施工

写真 4-1 レディーミクストコンクリート工場の外観[2]

セメント、水、細骨材、粗骨材および混和剤などの材料を貯蔵・計量し、それらを練り混ぜるミキサから構成されている。

ミキサの種類には、**写真 4-2** に示すような傾胴型ミキサ、パン型強制式ミキサ、水平二軸型強制式ミキサなどがある。最近では、製造効率の良い水平二軸型強制練りミキサが主流となっており、公称容量は、$0.5 \sim 3 m^3$ が一般的である。

一般の建設工事では、レディーミクストコンクリートを用いて施工を行うのがほとんどである。そのため、この章では、レディーミクストコンクリートを使用して施工することを前提として記述する。

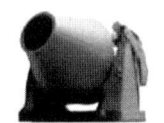

傾胴型重力式ミキサ　パン型強制練りミキサ　水平二軸型強制練りミキサ

写真 4-2 コンクリートミキサの種類[3]

4.2.2 レディーミクストコンクリート工場の選定

レディーミクストコンクリートを用いる場合は、原則として JIS A 5308「レディーミクストコンクリート」に適合した JIS 表示許可工場を選定して納入することが望ましい。その場合でも、コンクリートの練混ぜ開始から、荷卸しまでの時間が 1.5 時間以内のできるだけ近い工場であること、出荷能力が 1 日の打込み量に対して十分余裕があること、品質管理の状態が良好であることなどを確認して選定する必要がある。

品質の安定したコンクリートを製造するためには、コンクリートに関する知識と経験を有する技術者の常駐が必要である。したがって、公益社団法人日本コンクリート工学会が認定するコンクリート主任技士またはコンクリート技士の資格を有する技術者、あるいは、これらと同等以上の知識と経験を有する技術者が常駐していることを確認する必要がある。

また、全国生コンクリート工業組合連合会は、産・学・官の第三者による全国統一品質管理監査制度を実施している。この制度は、中立性・公平性および透明性を高めた基準に基づき品質監査を実施しているため、信頼性に優れたコンクリートの供給に寄与している。この監査に合格した工場には、適マークの使用が承認されるので、このような工場から選定するのがよい。

4.2.3 レディーミクストコンクリートの発注
(1) 設計基準強度をもとにしたレディーミクストコンクリートの発注

レディーミクストコンクリートの種類は、**表 4-1** に示すとおりであり、普通コンクリート、軽量コンクリート、舗装コンクリートおよび高強度コンクリートに区分され、粗骨材の最大寸法と、荷卸し地点でのスランプまたはスランプフローおよび呼び強度を組み合わせたものである。表中の ○印の組合せ以外のものについては、購入者（工

表 4-1 レディーミクストコンクリートの種類（JIS A 5308）

コンクリートの種類	粗骨材の最大寸法 (mm)	スランプまたはスランプフロー* (cm)	呼び強度													
			18	21	24	27	30	33	36	40	42	45	50	55	60	曲げ4.5
普通	20,25	8,10,12,1518	○	○	○	○	○	○	○	○	-	-	-	-	-	-
		21	-	○	○	○	○	○	○	○	-	-	-	-	-	-
	40	5,8,10,12,15	○	○	○	○	○	○	-	-	-	-	-	-	-	-
軽量	15	8,10,12,1518,21	○	○	○	○	○	○	-	-	-	-	-	-	-	-
舗装	20,25,40	2.5,6.5	-	-	-	-	-	-	-	-	-	-	-	-	-	○
高強度	20,25	10,15,18	-	-	-	-	-	-	-	-	-	○	○	-	-	-
		50,60	-	-	-	-	-	-	-	-	-	-	○	○	○	-

* 荷卸し地点での値であり、50cm 及び 60cm がスランプフローの値である。

事の施工者）と生産者（レディーミクストコンクリート工場）が協議して選定、指定することができる。

呼び強度とは、レディーミクストコンクリートの強度区分を示すものである。その強度値は、材齢28日または指定の材齢まで、20±2℃の水中養生を行った供試体の強度のことである。コンクリート構造物の設計基準強度は、設計上考慮している最低限の強度であり、これを上回る強度を保証できるコンクリートを使用しなければならない。よって、通常の土木工事では、設計基準強度の値と同じ呼び強度のコンクリートを指定すればよい。

レディーミクストコンクリートの呼び方は、下記に示すように、コンクリートの種類による記号、呼び強度、スランプまたはスランプフロー、粗骨材の最大寸法およびセメントの種類による記号の順に表示される。

表示例：　普通　24　12　20　N
ここに、普通：コンクリートの種類による記号
　　　　　　　（普通、軽量、舗装、高強度）
　　　　24：呼び強度
　　　　12：スランプまたはスランプフロー
　　　　20：粗骨材の最大寸法
　　　　N：セメントの種類による記号
　　　　　　 N：普通ポルトランドセメント
　　　　　　 H：早強ポルトランドセメント
　　　　　　 BB：高炉セメントB種

（2）水セメント比をもとにしたレディーミクストコンクリートの発注

一般のコンクリート構造物では、耐久性、水密性、化学作用に対する抵抗性などを確保するため、水セメント比の上限が規定される場合が多い。その場合には、設計基準強度も含めたそれら要求性能を満足するよう、最小の水セメント比としなければならない。例えば、**第3章**の3.6で述べたように、水密性が要求される構造物では、水セメント比55％以下としなければならず、また、中性化に伴う鋼材腐食を防止するために必要な水セメント比は**第5章**で詳述する方法によって設定し、すべての要求性能を満たす最小の水セメント比としなければならない。国土交通省土木工事共通仕様書では、構造物の耐久性を向上させるため、一般の環境条件の構造物に使用するコンクリートの水セメント比を、鉄筋コンクリートについては55％以下、無筋コンクリートについては60％以下と規定している。

以上のように、構造物における設計基準強度が21N/mm^{2}で、水セメント比の上限が55％と規定されている場合、呼び強度21のコンクリートを指定すると、強度の要求性能は満足するが水セメント比が満足しない場合が生じる。そのような場合には、レディーミクストコンクリート工場から提示される配合計画書の水セメント比を確認し、水セメント比の上限55％を満足するよう、1ランクあるいは2ランク上の呼び強度24あるいは27のレディーミクストコンクリートを指定する必要がある。

JIS認証品以外のレディーミクストコンクリートを発注する場合には、所要の品質のコンクリートが得られるよう、生産者と協議しなければならない。

（3）コンクリートの試し練り

JISマーク表示されていないレディーミクストコンクリートを用いる場合には、レディーミクストコンクリート工場で試し練りを行って、コンクリートの品質を確認してから施工を行わなければならない。例えば、**表4-1**に示したようなJIS表示されたレディーミクストコンクリート以外の配合を生産者と協議して指定した場合には、事前に試し練りを行って所要の品質が得られることを確かめる必要がある。コンクリートポンプで長距離圧送する配合に修正した場合などは、ポンパビリティーの確認を含め、より慎重な試し練りを計画する必要がある。一般の試し練りで確認する試験項目としては、以下の項目が挙げられる。

① スランプ
② 空気量
③ コンクリート温度
④ コンクリート性状の観察（ワーカビリティー、プラスティシティーなど）
⑤ 塩化物イオン含有量
⑥ スランプ、空気量の経時変化
⑦ 強度

試し練りによって使用する配合が決まった後は、レディーミクストコンクリート工場より提出された配合計画書や材料の試験成績書などを確認して、工事に用いる配合を決定する。配合計画書は、**図4-5**に示すようなものであり、呼び強度が設計基準強度を満足しているか、水セメント比の上限あるい

レディーミクストコンクリート配合計画書　No.

殿　　平成　年　月　日

製造会社・工場名

配合計画者名

工事名称	
所在地	
納入予定時期	
本配合の適用期間	
コンクリートの打込み箇所	

配合の設計条件

呼び方	コンクリートの種類による記号	呼び強度	スランプ又はスランプフロー cm	粗骨材の最大寸法 mm	セメントの種類による記号

指定事項				
指定事項	セメントの種類	呼び方欄に記載	空気量	%
	骨材の種類	使用材料欄に記載	軽量コンクリートの単位容積質量	kg/m³
	粗骨材の最大寸法	呼び方欄に記載	コンクリートの温度	最高最低　℃
	アルカリシリカ反応抑制対策の方法		水セメント比の目標値の上限	%
	骨材のアルカリシリカ反応性による区分	使用材料欄に記載	単位水量の目標値の上限	kg/m³
	水の区分	使用材料欄に記載	単位セメント量の目標値の下限又は目標値の上限	kg/m³
	混和材料の種類及び使用量	使用材料及び配合表欄に記載	流動化後のスランプ増大量	cm
	塩化物含有量	kg/m³ 以下		
	呼び強度を保証する材齢	日		

使用材料

セメント	生産者名			密度 g/cm³		Na_2O_{eq} %	
混和材	製品名		種類	密度 g/cm³		Na_2O_{eq} %	

骨材	No.	種類	産地又は品名	アルカリシリカ反応性による区分　区分	アルカリシリカ反応性による区分　試験方法	粒の大きさの範囲	粗粒率又は実積率	密度 g/cm³　絶乾	密度 g/cm³　表乾	微粒分量の範囲 %
細骨材	①									
	②									
	③									
粗骨材	①									
	②									
	③									

混和剤①	製品名		種類		Na_2O_{eq} %	
混和剤②						
細骨材の塩化物量	%	水の区分		目標スラッジ固形分率	%	

配合表　kg/m³

セメント	混和材	水	細骨材①	細骨材②	細骨材③	粗骨材①	粗骨材②	粗骨材③	混和剤①	混和剤②

水セメント比	%	水結合材比	%	細骨材率	%
備考					

図4-5　レディーミクストコンクリート配合計画書の例

は単位水量の上限を満足しているかどうかなどについて慎重に確認することが大切である。

4.2.4　コンクリートの品質管理[4),5)]

レディーミクストコンクリート工場で製造されるコンクリートの品質が安定しているかどうかを確認するには、品質管理の状態を把握することが重要である。工場全体のおおまかな管理状態の判断指標としては変動係数が、品質規格値を満足するかどうかあるいは規格値に対する余裕度を判断するのにはヒストグラムが、時系列的な品質の変動状況を判断するには管理図が用いられている。

（1）変動係数

コンクリート強度についてのN個のデータx_i（$i=1, 2, 3, \cdots N$）があるときの、平均値mと標準偏差σは、次のように計算される。

$$m=\frac{1}{N}\sum_{i=1}^{N}x_i=\frac{x_1+x_2+x_3+\cdots\cdots\cdots+x_N}{N}$$

$$\sigma=\sqrt{\frac{1}{N}\sum_{i=1}^{N}(m-x_i)^2}$$

$$=\sqrt{\frac{(m-x_1)^2+(m-x_2)^2+\cdots\cdots+(m-x_N)^2}{N}}$$

標準偏差は、データx_iの変動の程度を表す値であり、一般に次に示すような正規分布曲線で近似できる。

$$P(x)=\frac{1}{\sigma\sqrt{2\pi}}e^{-1/2\{(x-m)/\sigma\}^2}$$

正規分布曲線は、図4-6に示すように左右対称の釣鐘状の形となる。このように、度数分布

が平均 m、標準偏差 σ の正規分布となるとき、$N(m, \sigma^2)$ と記す。図中において、σ の正規分布曲線に関して次のような幾何学的特徴がある。

① $(m-\sigma)$ と $(m+\sigma)$ の間は全体の 68.3%
② $(m-2\sigma)$ と $(m+2\sigma)$ の間は全体の 95.4%
③ $(m-3\sigma)$ と $(m+3\sigma)$ の間は全体の 99.7%

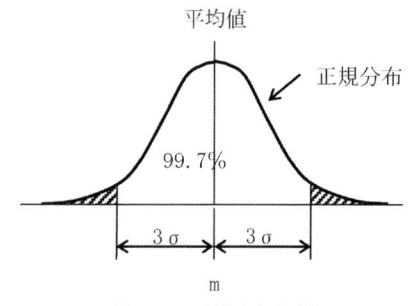

図 4-6 正規分布曲線

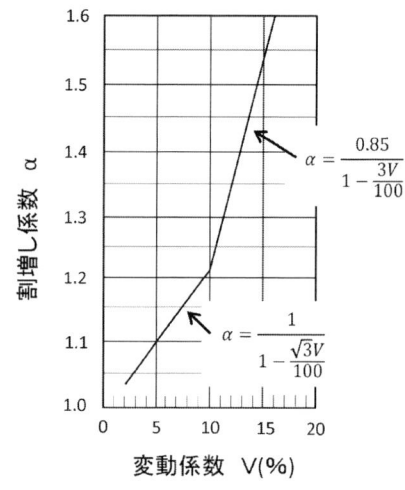

図 4-7 変動係数と割増し係数（JIS A 5308）

上記の平均値 m や標準偏差 σ は、対象とする集団全体の値、すなわち母集団の場合の値である。データが十分に大きいと判断される場合にはそのまま適用できる。サンプル n 個を抽出してデータとした場合には、測定値 x_i から母集団の平均値や標準偏差を推定することになる。その場合の平均値 $\bar{x}$ と標準偏差 $\bar{\sigma}$ は次のように求められる。

$$\bar{x} = \frac{1}{n}\sum_{i=1}^{n} x_i = \frac{x_1 + x_2 + x_3 + \cdots\cdots + x_n}{n}$$

$$\bar{\sigma} = \sqrt{\frac{1}{n-1}\sum_{i=1}^{n}(\bar{x}-x_i)^2}$$

$$= \sqrt{\frac{(\bar{x}-x_1)^2 + (\bar{x}-x_2)^2 + \cdots\cdots + (\bar{x}-x_n)^2}{n-1}}$$

また、変動係数 V は次式で計算される。

$$V = \frac{\bar{\sigma}}{\bar{x}} \times 100 \, (\%)$$

変動係数が小さい工場ほど、管理状態が良好であることを示しており、一般のレディーミクストコンクリート工場における変動係数は、概ね5～10%の範囲とされている。この変動係数の大きさに応じて割増し係数 α を定め、設計基準強度にこれを乗ずることでコンクリートの配合強度を定めることとしている。

図4-7に、JIS A 5308における変動係数と割増し係数の関係を示す。レディーミクストコンクリートでは、強度試験を3本1組の供試体で行い、その平均を1回の試験結果としている。そして、次の2つの条件を満たすことが規定されている。

① 1回の試験結果は、購入者が指定した呼び強度の強度値の85%以上でなければならない
② 3回の試験結果の平均値は、購入者が指定した呼び強度の強度値以上でなければならない

この2つの条件を満たす変動係数と割増し係数の関係を示したのが図4-7である。

(2) ヒストグラム

ヒストグラムは、図4-8に示すように、横軸に品質特性値の範囲をいくつかの区間に分け、縦軸にそれぞれの区間に入るデータの数を度数としてプロットした柱状のものである。品質管理においては、品質の基準となる目標値、規格値を記入

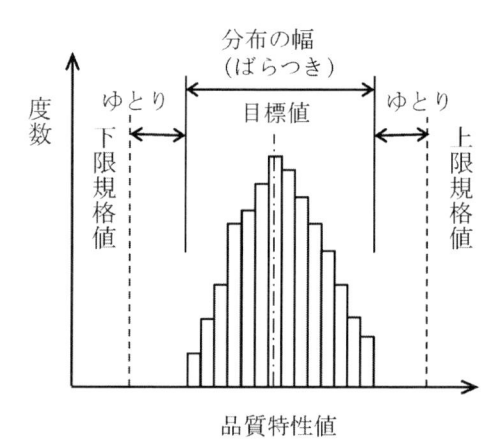

図 4-8 ヒストグラム

することで、工程の状態を把握することができる。図4-8に示した例のように、規格値に対してゆとりをもって正規分布しているのが理想である。それに対して、図4-9のように、規格値を満足していない、分布の幅が極端に狭い、分布が左右どちらかに偏っている、飛び離れたデータがある、分布の山が2つ以上あるなどから、工程の異常を把握することができる。

(3) 管理図（シューハート管理図）

品質の時系列的な変動状況を判断する方法としてJIS Z 9021「シューハート管理図」が一般に使用されている。これは、品質特性値の時間的な変化を加味してデータをプロットすることで、工程が安定しているか否かを判定するために用いられている。

管理図には様々な種類のものがある。コンクリートの管理で用いられている代表的なものは、次のような管理図である。

① $\bar{X}\text{-}R$ 管理図：$\bar{X}\text{-}R$ 管理図は、合理的な群分け（ロット分け）ができる場合に用いられ、群内の平均 $\bar{X}$ と群内のばらつき R（最大値と最小値の差）にて管理する方法である。

② $X\text{-}R_s$ 管理図：$X\text{-}R_s$ 管理図は、合理的な群分け（ロット分け）ができない場合、測定値 X と、次の測定値との移動範囲（測定値の差の絶対値）R_s にて管理する方法である。

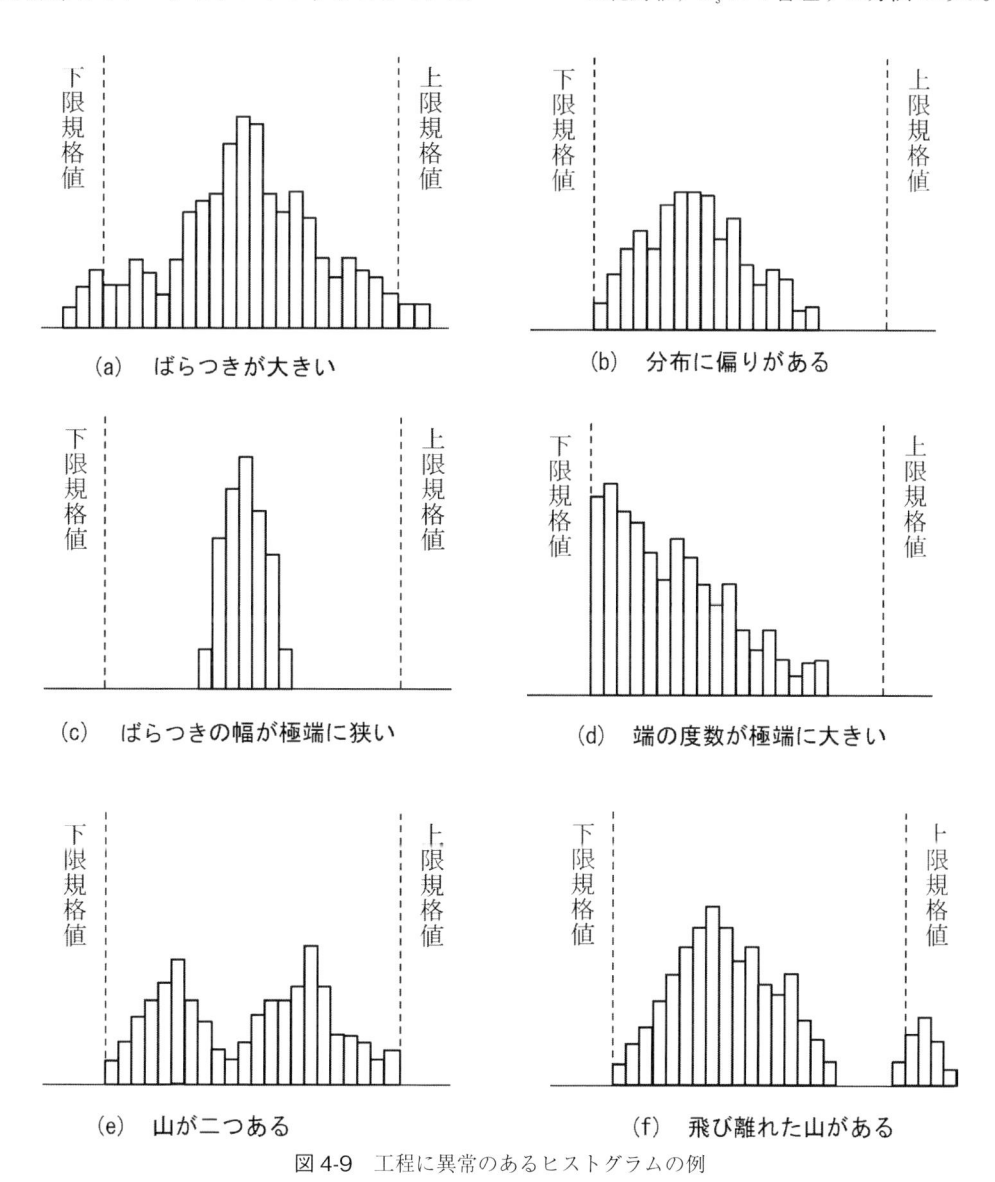

(a) ばらつきが大きい

(b) 分布に偏りがある

(c) ばらつきの幅が極端に狭い

(d) 端の度数が極端に大きい

(e) 山が二つある

(f) 飛び離れた山がある

図4-9 工程に異常のあるヒストグラムの例

③ $X\text{-}R_s\text{-}R_m$ 管理図：$X\text{-}R_s\text{-}R_m$ 管理図は、$X\text{-}R_s$ 管理図と同様、合理的な群分け（ロット分け）ができない場合、測定値 X と、測定誤差（例：3本の供試体における最大値と最小値の差）R_m と、3本の供試体で試験した値を平均した測定値と、次の測定値との移動範囲（測定値の差の絶対値）R_s にて管理する方法である。

(a) $X\text{-}R_s$ 管理図

レディーミクストコンクリート工場における強度の管理には、$X\text{-}R_s$ 管理図を用いる場合が多い。その場合、工程管理の特性値としては、強度値を用いる方法と、強度比を用いる方法とがある。強度値による方法では、呼び強度の配合ごとに管理を行う必要があること、1日で多種の配合のコンクリートを製造する場合には連続性がなくなってしまうこと、季節による強度変化が生じる場合もあることなど、ロット管理に合理性を欠くという問題点がある。

強度比による管理の方法は、強度比として、次の2種類の表し方がある。

・強度比＝実測強度／配合強度
・強度比＝実測強度／呼び強度

この方法による管理は、呼び強度ごとの管理の煩雑さの解消と連続性の確保という利点がある。理論的には、全部の呼び強度を1つのロットとして管理することができるが、呼び強度ごとに変動係数が若干異なるので、呼び強度18～45を3グループ程度に分けたロットとして管理する方法が実用的であるとされている。

強度値による $X\text{-}R_s$ 管理図の作成手順は以下のとおりである。

① 管理限界線を決定するための予備データ20～30個を用意する。通常、コンクリートの圧縮強度試験の場合には、1回の試験を3本の供試体によって行い、その平均を特性値とする。

② 平均値 $\overline{X}$ を計算する

$$\overline{X} = \frac{x_1 + x_2 + \cdots\cdots x_n}{n}$$

ここに、$x_1, x_2, \cdots\cdots x_n$：第1番目から第 n 番目の強度値
n：強度値の個数

③ 互いに相隣り合う2つの強度値の差 R_s を計算する。

$R_s = |$ 第 i 番目の強度値 $-$ 第 $(i+1)$ 番目の強度値 $|$

④ 強度値の管理線として中心線 $\overline{X}$、上方管理限界線（UCL）、下方管理限界線（LCL）の計算を行う。中心線は、上記 $\overline{X}$ を用いる。

上方管理限界線 $\text{UCL} = \overline{X} + E_2 \cdot \overline{R}_s$
下方管理限界線 $\text{LCL} = \overline{X} - E_2 \cdot \overline{R}_s$
ここに、$E_2 = 2.66$（$n = 2$）

$$\overline{R}_s = \frac{R_{s1} + R_{s2} + \cdots\cdots + R_{s(n-1)}}{n-1}$$

⑤ 強度値の差 R_s の管理限界線を計算する。
中心線は、上記 $\overline{R}_s$ を用いる。
上方管理限界線 $\text{UCL} = D_4 \cdot \overline{R}_s$
ここに、$D_4 = 3.27$（$n = 2$）

⑥ 上記した強度値と強度値の差の管理限界線は、3σ 管理であり、E_2 と D_4 は表4-2に示す品質管理係数であり、範囲 R_s から、標準偏差 σ を推定する係数である。工程異常をより早く察知する手段として、2σ 管理を併用する場合がある。その場合には、$E_2 = 1.77$ とした管理限界線を 3σ 管理限界線の内側に引いて、それを警戒限界とすることで異常を早く検知できる。

表 4-2　品質管理係数

n	A_2	D_3	D_4	E_2
2	1.88	考えない	3.27	2.66
3	1.02	考えない	2.57	1.77
4	0.73	考えない	2.28	1.46
5	0.58	考えない	2.12	1.29
6	0.48	考えない	2.00	1.18
7	0.42	0.08	1.92	1.11
8	0.37	0.14	1.86	1.05
9	0.34	0.18	1.82	1.01

⑦ プロットされたデータが管理状態を示す場合には、今までに得られたデータを用いて管理限界線を求めて次の群の管理を行う。管理状態を示さない場合、その原因が特定できなかったり、原因がわかってもそれに対する処置ができないときは、そのデータを含めて管理限界の計算を行う。原因に対する処置がとれるときは、そのデータを除いて管理限界の計算を行う。

⑧ 工程が安定している状態は、データが管理限界線の中に入っていること、データの並びに癖や偏りがないことなどを満たしている

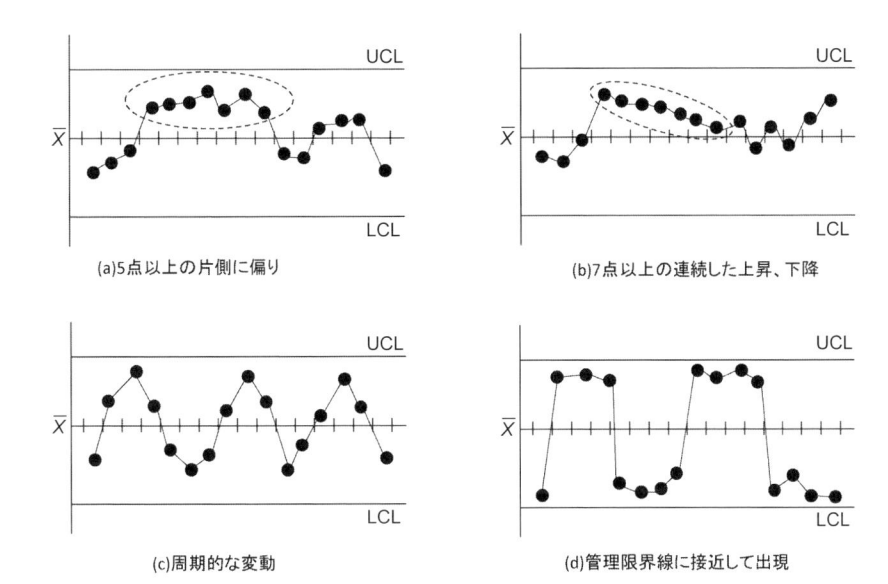

図 4-10 工程に異常のある管理図の例

(a) 5点以上の片側に偏り
(b) 7点以上の連続した上昇、下降
(c) 周期的な変動
(d) 管理限界線に接近して出現

ことである。工程が安定していない状態、すなわちデータの並びに癖や偏りがある状態とは、図 4-10 に示すような例であり、データが管理限界内に入っていても、5点以上中心線の片側に連続して出現したり、7点以上連続して上昇または下降したり、周期的な変動を示したり、あるいは、管理限界線に接近して出現するような場合などであり、このようなときは原因の追究とその処置を行わなければならない。

(b) 強度値による X-R_s 管理図の計算例

① 予備データ

管理のための予備データは、表 4-3 のとおり $n=20$ とし、1回3本の供試体による試験値の平均を強度値とする。

② X 管理図の中心線 $\overline{X}$

$$\overline{X} = \frac{x_2 + x_2 + \cdots\cdots + x_n}{n} = 25.09$$

③ R_s 管理図の中心線 $\overline{R_s}$

$$\overline{R_s} = \frac{R_{s2} + R_{s2} + \cdots\cdots + R_{s(n-2)}}{n-1} = 1.81$$

④ 上方管理限界線（UCL）、下方管理限界線（LCL）の計算

中心線は、上記 $\overline{X}$ を用いる。

上方管理限界線

$$\text{UCL} = \overline{X} + E_2 \cdot \overline{R_s}$$
$$= 25.09 + 2.66 \times 1.81 = 29.91$$

下方管理限界線

$$\text{LCL} = \overline{X} - E_2 \cdot \overline{R_s}$$
$$= 25.09 - 2.66 \times 1.81 = 20.27$$

ここに、$E_2 = 2.66$ $(n=2)$

⑤ 強度値の差 R_s の管理限界線

中心線は、上記 $\overline{R_s}$ を用いる。

上方管理限界線

$$\text{UCL} = D_4 \cdot \overline{R_s} = 3.27 \times 1.81 = 5.93$$

ここに、$D_4 = 3.27$ $(n=2)$

表 4-3 コンクリートの圧縮強度試験データの例

No.	供試体3本の試験値			強度値 X	差 R_s
	X_1	X_2	X_3		
1	24.0	22.3	23.0	23.10	−
2	23.5	24.3	25.6	24.47	1.4
3	26.3	27.5	27.0	26.93	2.5
4	24.3	22.9	25.1	24.10	2.8
5	26.8	27.1	24.6	26.17	2.1
6	28.0	26.0	27.2	27.07	0.9
7	27.5	25.8	28.0	27.10	0.0
8	22.5	25.4	23.5	23.80	3.3
9	24.8	25.8	26.9	25.83	2.0
10	25.5	28.2	27.3	27.00	1.2
11	24.5	26.0	25.3	25.27	1.7
12	24.0	27.3	26.9	26.07	0.8
13	22.2	21.9	25.8	23.30	2.8
14	23.9	24.8	26.5	25.07	1.8
15	22.5	21.6	25.1	23.07	2.0
16	26.3	25.6	24.9	25.60	2.5
17	25.3	25.1	22.0	24.13	1.5
18	27.0	25.0	26.8	26.27	2.1
19	21.8	24.6	24.2	23.53	2.7
20	23.0	26.0	22.6	23.87	0.3
平均				25.09	1.81

⑥ 管理図の作成

上記より、強度値による $X\text{-}R_s$ 管理図を作成すると図 4-11 のようになる。

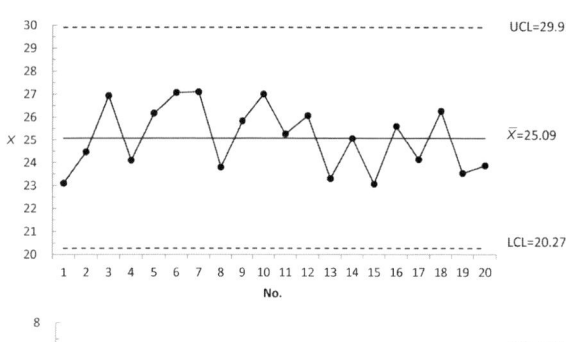

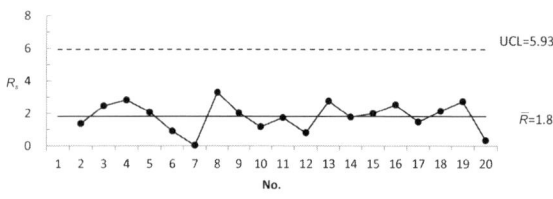

図 4-11　$X\text{-}R_s$ 管理図の例

$$\overline{X} = \frac{\sum_{i=1}^{n} X_i}{n}$$

$$\overline{R_s} = \frac{\sum_{i=1}^{n} R_{si}}{n-1}$$

$E_2 = 2.66\ (n=2)$
R_s の上方管理限界（UCL）＝ $D_4 \cdot \overline{R_s}$
　　R_s：連続する 2 回の試験値の差
$D_4 = 3.27\ (n=2)$
R_m の上方管理限界（UCL）＝ $D_4 \cdot \overline{R_m}$
　　R_m：1 回の試験（3 本）のばらつき

$$\overline{R_m} = \frac{\sum_{i=1}^{n} R_{mi}}{n}$$

$D_4 = 2.57\ (n=3)$

(c) $X\text{-}R_s\text{-}R_m$ 管理図

同一バッチ内から 3 本の供試体を採取して強度試験を行い、バッチ単位で管理を行う場合には、3 本の供試体の平均値を測定値 X、3 本の供試体の最大値と最小値の差を試験誤差 R_m、バッチ間の絶対差を移動範囲 R_s としてプロットする。

管理限界線は、データの蓄積とともに引き直すことになる。予備データとしては 20〜30 個用意する。現場練りコンクリートでは、大きな予備データが採取できない場合がある。そのような場合には、$n=5\text{-}3\text{-}5\text{-}7\text{-}10\text{-}10\text{-}10$ 方式により管理するのがよい。これは、最初の 5 つのデータから管理限界線を求め、工程に異常がなければ次の 3 つのデータの管理限界線に利用し、そして、その 3 つのデータを含めた累計 8 つのデータから次の 5 つの管理限界線を求め、この手順で管理限界線を引き直す方式である。管理限界線は、以下の方法によって求める。

X の上方管理限界（UCL）＝ $\overline{X} + E_2 \cdot \overline{R_s}$
X の下方管理限界（LCL）＝ $\overline{X} - E_2 \cdot \overline{R_s}$
　　X：1 回の強度試験値（3 本の供試体の平均）

4.3　コンクリートの受入れ検査

（1）運搬時間の限度

レディーミクストコンクリートは、工場からトラックアジテータによって現場まで運搬して荷卸しされ、さらに荷卸し地点から打込み地点まで場内運搬される。フレッシュコンクリートは、練上りからの時間の経過に伴って、スランプや空気量が減少するのが一般的である。そのため、練上り後のできるだけ短い時間内で打ち込むのがよい。JIS A 5308（レディーミクストコンクリート）では練混ぜから荷卸しまでの時間を、コンクリート標準示方書では練混ぜから打込み終了までの時間を表 4-4 のように規定している。

表 4-4　コンクリート運搬時間の限度

区分	JIS A 5308	コンクリート標準示方書	
	練混ぜから荷卸しまで	練混ぜから打込み終了まで	
限度	1.5 時間[(1)]	外気温が 25℃を超えるとき	1.5 時間
		外気温が 25℃以下のとき	2.0 時間

注：(1) ダンプトラックで運搬する場合は 60 分以内としている

（2）品質検査

レディーミクストコンクリートの品質の責任範囲は、荷卸しまでが生産者であり、それ以降は購入者となる。そのため、工事現場まで運搬されたコンクリートの受入れ検査は、荷卸し地点にお

いて購入者が自ら実施するのが原則である。
　レディーミクストコンクリートの品質に関する規定は以下のとおりである。
　(a)　強度
　コンクリートの強度は、JIS A 1106「コンクリートの曲げ強度試験方法」、JIS A 1108「コンクリートの圧縮強度試験方法」および JIS A 1132「コンクリートの強度試験用供試体」によって強度試験を行った場合、次の条件を満足しなければならない。

① 1回の試験結果は呼び強度の値の85％以上でなければならない。1回の試験結果とは、採取した試料から作製した3本の供試体の平均値のことである。
② 3回の試験結果の平均値は呼び強度の値以上でなければならない

　(b)　スランプまたはスランプフロー
　荷卸し地点でのスランプまたはスランプフローの許容差は、**表 4-5** および **表 4-6** に示すとおりでなければならない。試験は、JIS A 1101「コンクリートのスランプ試験方法」によるものとする。

表 4-5　荷卸し地点でのスランプの許容差

スランプ(cm)	スランプの許容差(cm)
2.5	±1
2.5および6.5	±1.5
8以上18以下	±2.5
21	±1.5*

＊呼び強度27以上で高性能AE減水剤を用いる場合は、±2cmとする。

表 4-6　荷卸し地点でのスランプフローの許容差

スランプフロー (cm)	スランプフローの許容差(cm)
50	±7.5
60	±10

　(c)　空気量
　荷卸し地点での空気量の許容差は、**表 4-7** に示すとおりとしなければならない。空気量試験は、JIS A 1128「フレッシュコンクリートの空気

表 4-7　荷卸し地点での空気量およびその許容差

コンクリートの種類	空気量(%)	空気量の許容差(%)
普通コンクリート	4.5	±1.5
軽量コンクリート	5.0	
舗装コンクリート	4.5	
高強度コンクリート	4.5	

量の圧力による試験方法（空気室圧力方法）」によって行われる。

　(d)　塩化物含有量
　コンクリート中にある一定量以上の塩化物イオンが存在すると、埋め込まれている鋼材の不動態皮膜が破壊され腐食が生ずる。そのため、JIS A 5308 および示方書では、荷卸し地点における塩化物イオン (Cl^-) 量は、$0.30kg/m^3$ 以下でなければならないと規定している。ただし、購入者の承認を受けた場合には、$0.60kg/m^3$ 以下とすることができる。
　JIS A 5308「レディーミクストコンクリート」では、コンクリートの塩化物含有量を、JIS A 1144「フレッシュコンクリート中の水の塩化物イオン濃度試験方法」によることを基本としている。しかしながら、この試験方法は、精密機器を使用して試験室内で行うことを前提としているので、コンクリートの荷卸し地点または工場出荷時での適用は困難である。そのため、塩化物含有量の試験は、監督職員の承認を得たうえで、精度が確認された塩分含有量測定器を用いるのが一般的である。通常の工事では、財団法人国土開発技術研究センターが、測定の精度、再現性、取扱いの簡便性、使用に対する耐久性などについて認定した塩分含有量測定器が使用されている。簡易な試験方法としては、試験紙（モール法）、検知管法、イオン電極法、電極電流測定法、電量滴定法、硝酸銀滴定法などがある。
　荷卸し地点では、上記 (a)～(d) の品質を満足しているかどうかを検査する（強度については供試体を採取する）。品質検査の状況は、**写真 4-3** に示すとおりである。

写真 4-3　荷卸し地点での品質検査試験

（3）単位水量の検査

上記（2）以外の受入れ検査として、単位水量推定のための試験を行う場合がある。これは、コンクリートの耐久性確保という観点からである。一般にコンクリート標準示方書で規定されている次の値を単位水量の上限値としている。

・粗骨材最大寸法 20, 25mm の場合は 175kg/m^3
・粗骨材最大寸法 40mm の場合は 165kg/m^3

単位水量の測定は、コンクリート荷卸し時において、加熱乾燥法、単位容積質量法、RI 法、静電容量法などの方法により行い、所定の範囲内に納まっているか否かを判定する試験である。写真4-4 は、静電容量法によって荷卸し地点にて単位水量を測定している状況であり、使用する機器は、精度、測定に要する時間などを考慮して選定する必要がある。

また、単位水量を、レディーミクストコンクリート工場における材料の計量印字記録と骨材の表面水率の設定値から求めて検査を行う方法もある。表4-8 はレディーミクストコンクリート納入書の例であり、生産者は、レディーミクストコンクリートを現場へ運搬する都度、購入者へこの納入書を提出しなければならない。納入書には、標準配合、修正標準配合、計量読取記録から算出した単位量、計量印字記録から算出した単位量、計量印字記録から自動算出した単位量のいずれかを記載することになっており、計算記録から算出した単位量から、実際に練り混ぜられた単位水量を確認することができる。なお、標準配合とは、工場で社内標準としている配合で、標準状態の運搬時間における標準期の配合のことである。また、修正標準配合とは、コンクリートが標準配合で想定した混合より大幅に相違したり、運搬時間が標準状態より大幅に変化する場合などに対応して修正を行った配合のことである。

4.4 型枠・支保工の設計と施工

型枠・支保工の各部の名称は、図4-12、写真4-5 に示すとおりであり、型枠は、コンクリート

写真 4-4　静電容量法による単位水量の測定

表4-8　レディーミクストコンクリート納入書の例

レディーミクストコンクリート納入書

No.
平成　　年　　月　　日

　　　　　殿

製造会社名・工場名

納入場所	
運搬車番号	
納入時刻	発　　時　分 / 着　　時　分
納入容積	m^3　累計　m^3
呼び方	コンクリートの種類による記号 / 呼び強度 / スランプ又はスランプフロー cm / 粗骨材の最大寸法 mm / セメントの種類による記号

配合表　kg/m^3

セメント	混和剤	水	細骨材①	細骨材②	細骨材③	粗骨材①	粗骨材②	粗骨材③	混和剤①	混和剤②
水セメント比 %		水結合材比 %		細骨材率 %		スラッジ固形分率 %				

備考　配合の種類：□標準配合　□修正標準配合　□計量読取記録から算出した単位量
　　　　　　　　　□計量印字記録から算出した単位量　□計量印字記録から自動算出した単位量

荷受職員認印	出荷係認印

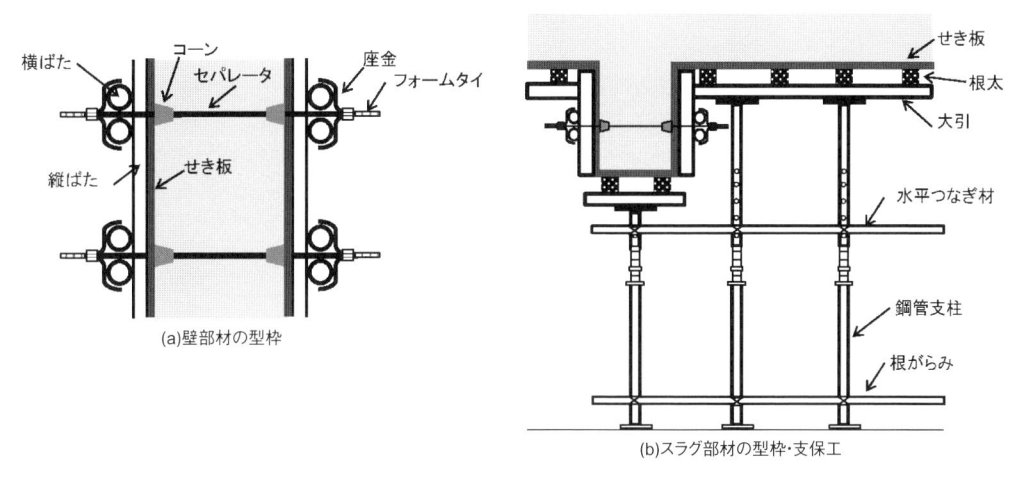

図4-12 型枠・支保工の各部の名称

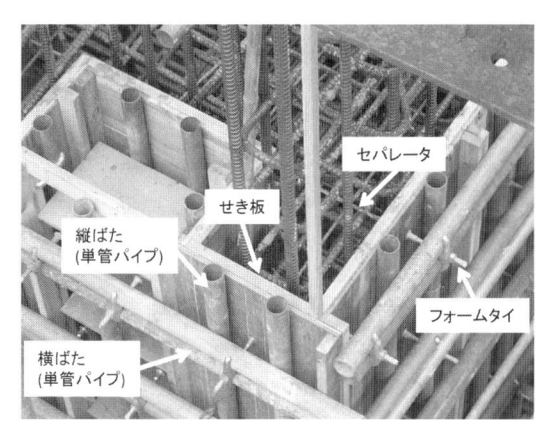

(a) 壁部材の型枠

(b) スラグ部材の型枠・支保工

写真4-5 型枠の組立て状況

写真4-6 部材角の面取りの状況

に接するせき板とそれを所定の形状に保持するばた材，締付け金物などから構成される。支保工は、型枠を所定の位置に固定するための支柱、つなぎ材などから構成されている。せき板には、木製、合板、鋼製、アルミニウム合金製、プラスチック製などがある。一般に多く用いられているのは、合板と鋼製である。合板は、加工がしやすく仕上がり面が美しいなどの特徴がある。鋼製は、メタルフォームと称されており、剛性が高く、転用回数を多くすることができるなどの特徴がある。いずれのせき板を用いる場合にも、コンクリート仕上がり面の美観性の向上や、せき板の剥離性を向上させるため、せき板には剥離剤を塗布しておかなければならない。

また、コンクリート構造物の角となる部分は、設計図書などで特に指定されていない限り、衝撃による破損や凍結融解作用による損傷および美観上の観点から、型枠内の角の部分に面取り材を取り付けて、写真4-6に示すように、斜めに仕上がるようにするのがよい。

型枠・支保工は、以下に示す荷重に対して、十分な強度と剛性を有するよう計画する必要がある。

(a) 鉛直方向荷重

鉛直方向荷重としては、型枠・支保工、コンクリート、鉄筋などの死荷重、作業員、施工機械器具、仮設備などの作業荷重、コンクリート打込み時の衝撃荷重を考慮しなければならない。

(b) 水平方向荷重

水平方向荷重としては、型枠の傾斜、作業時の振動、衝撃、偏載荷重、施工誤差などに起因するもののほか、必要に応じて風圧、流水圧、地震力などを考慮しなければならない。一般に、設計鉛直荷重の5％（枠組支保工など工場製品では

2.5％）を支保工頂部に作用させて設計しなければならない。

(c) コンクリートの側圧

コンクリートを型枠内に打ち込むと、せき板に対して直角方向の圧力が作用する。これをコンクリートの側圧という。コンクリートの側圧は、使用材料、配合、打込み速度、打込み高さ、締固め方法およびコンクリート温度などによって異なる。一般の場合、コンクリートの側圧分布は図4-13のような分布を示す。このように、側圧は、ある一定の高さまでコンクリートを打ち込んだときに最大値を示し、それ以上の高さに打ち込んでも側圧は大きくならず、下方の側圧は徐々に小さくなるような傾向を示す。これは、コンクリートの凝結、粗骨材のアーチ作用あるいはせき板との摩擦などの影響によるものとされている。

型枠・支保工の設計に用いるコンクリートの側圧は、図4-14に示すようなコンクリート標準示方書の値が用いられている。

型枠・支保工は、上記作用荷重 (a)～(c) に対して、形状や位置を正確に保てるように設計し、組み立てなければならない。特に支保工は、コンクリートの打込みに伴う自重によって変形や沈下が生じることがある。このような変形や沈下が予想される場合には、適切な上げ越しを行っておく必要がある。スラブや梁などの型枠・支保工は、コ

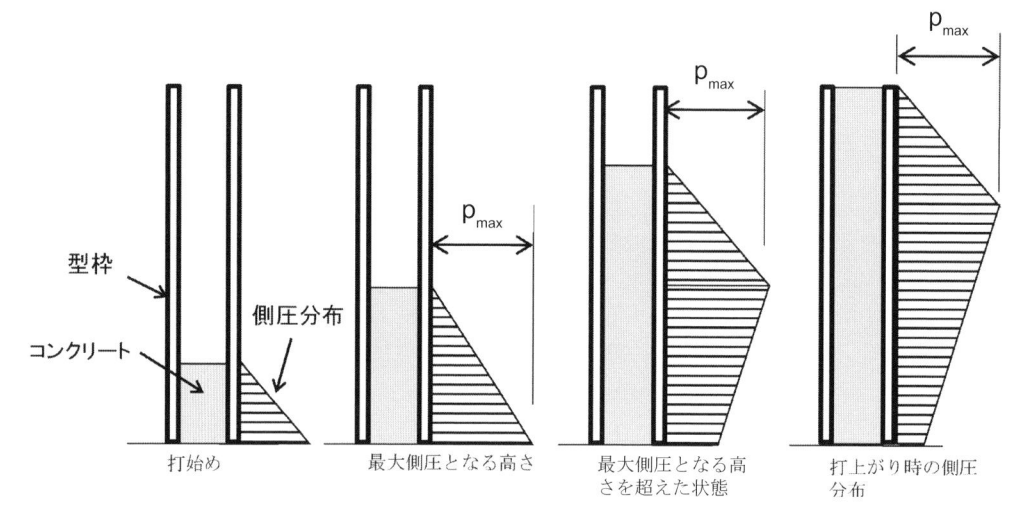

図 4-13 コンクリートの側圧分布の概念図

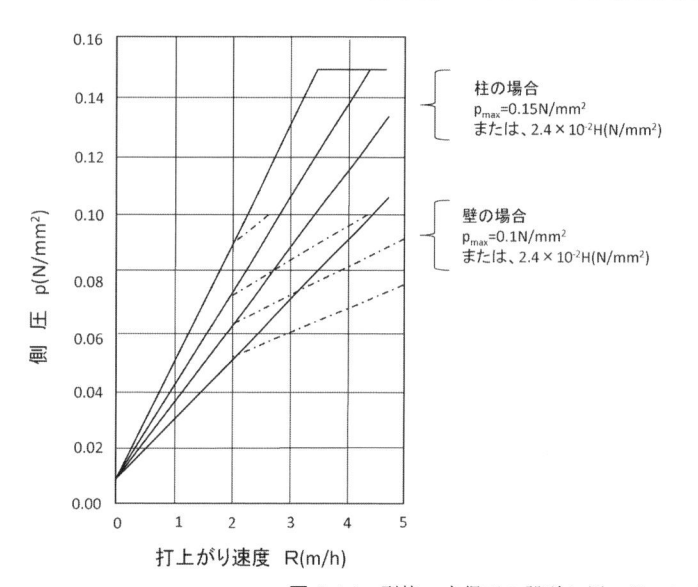

(a) 柱の場合
$p = 7.8 \times 10^{-3} + (0.78R)/(T+20) \leq 0.15 \text{N/mm}^2$
または、$2.4 \times 10^{-2} H \text{(N/mm}^2)$

(b) 壁の場合でR≦2m/hのとき
$p = 7.8 \times 10^{-3} + (0.78R)/(T+20) \leq 0.1 \text{N/mm}^2$
または、$2.4 \times 10^{-2} H \text{(N/mm}^2)$

(c) 壁の場合でR＞2m/hのとき
$P = 7.8 \times 10^{-3} + (1.18+0.245R)/(T+20) \leq 0.15 \text{N/mm}^2$
または、$2.4 \times 10^{-2} H \text{(N/mm}^2)$

ここに、
p: 側圧(N/mm²)
R: 打上がり速度(m/h)
T: 型枠内のコンクリート温度(℃)
H: 考えている点より上のコンクリートの高さ(m)

図 4-14 型枠・支保工の設計に用いるコンクリートの側圧 [6]

ンクリートの打込みにより沈下やたわみを生じて、組み立てた位置よりも下がってしまう場合がある。このようなことを考慮して、型枠・支保工の位置を多少高めに組み立てることを支保工の上げ越しという。特に長大構造物では、沈下計算や過去の実績などを踏まえた慎重な上げ越しの検討が重要となる。

型枠・支保工に関する労働災害としては、構造的欠陥による倒壊が多く、そのような場合には重大災害となる。そのため、労働安全衛生規則では、使用材料、構造、組立作業および材料の許容応力度などについて詳細な規制をしているので、それを遵守した設計を行う必要がある。高さ5m以上の型枠・支保工の場合には、その設置計画を所轄の労働基準監督署にあらかじめ届け出る義務がある。

4.5 鉄筋の加工と組立て

（1）加工と組立て時の留意点

現場あるいは鉄筋加工場に納入された鉄筋が、所定の品質を有しているかどうか品質検査を行わなければならない。検査項目としては、外観、寸法、引張強度および曲げ試験などについて行う。一般には、製造者自身が検査した証明書（ミルシート）を工事発注者や請負者に提出して、品質を保証する方式が採用されている。

鉄筋の組立ては、設計図書に定められている正しい形状・寸法で、材質を害さない適切な方法で加工して所定の位置に配置するとともに、コンクリートの打込みが完了するまで移動しないよう堅固に組み立てる必要がある。

鉄筋の加工は、常温で行うことを原則としている。曲げ加工は、決められた所定の曲げ半径で行うものとし、曲げ戻しは行ってはならない。コンクリート標準示方書では、鉄筋の定着に関する標準フックの加工形状を図4-15のように、鉄筋の曲げ内半径を表4-9のように定めている。

現場に納入された鉄筋は、直接地面に接するように保管してはならず、かつ、組立て前にコンクリートとの付着を害するようなおそれがある浮錆び、油、泥などがあった場合には取り除いておかなければならない。

鉄筋を組み立てる際の交点は、写真4-7に示すように、直径0.8mm以上の焼なまし鉄線あるいは専用のクリップなどで緊結するものとし、溶接は行ってはならない。

（2）かぶり

かぶりは、図4-16に示すように、鉄筋の外周面からコンクリート表面までの距離のことであり、コンクリートとの付着強度の確保、要求される耐火性の確保ならびに鉄筋腐食に対する耐久性の確保などの観点から極めて重要である。中性化および塩害による鉄筋腐食などに対するかぶりの照査

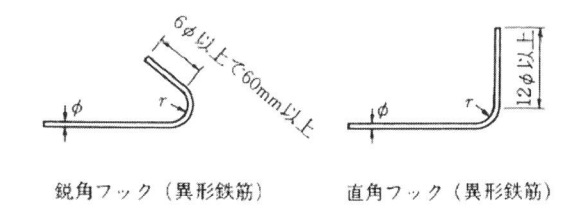

図4-15 鉄筋端部のフックの形状[6]

表4-9 鉄筋の曲げ内半径[6]

種類		曲げ内半径(r)	
		軸方向鉄筋	スターラップおよび帯鉄筋
普通丸鋼	SR235	2.0ϕ	1.0ϕ
	SR295	2.5ϕ	2.0ϕ
異形棒鋼	SD295A、B	2.5ϕ	2.0ϕ
	SD345	2.5ϕ	2.0ϕ
	SD390	3.0ϕ	2.5ϕ
	SD490	3.5ϕ	3.0ϕ

写真4-7 結束線による鉄筋の緊結

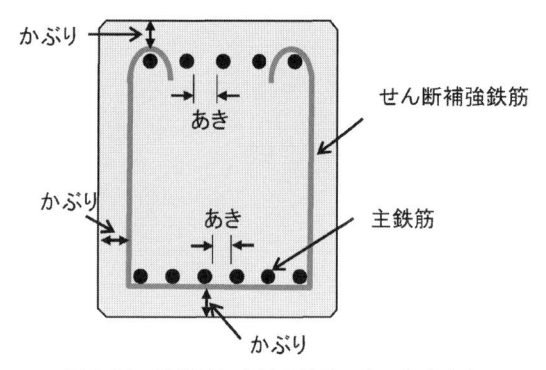

図 4-16 梁部材における鉄筋のかぶりとあき

方法については第5章で詳述する。

かぶりが不足すると、例えば、写真 4-8 に示すようにコンクリートの中性化により鉄筋腐食が早期に発生し、構造物の耐久性が損なわれる。このような劣化を生じさせないためには、鉄筋を設計図面どおりに正しく配置すること、かぶり部分にコンクリートを十分に充填させ、所要の養生を確実に行うことが重要である。

写真 4-8 かぶり不足による柱部材の鉄筋腐食の例

コンクリート標準示方書では、一般的な環境下で建設される通常の鉄筋コンクリート構造物において、設計耐用年数100年を想定した場合のかぶりの最小値を表 4-10 のように定めている。これは、環境条件が一般的な場合に、この表の水セメント比の最大値、かぶり、施工誤差を満足すれば、耐久性照査を省略しても不都合が生じないよう定めたものである。

鉄筋を適切な位置に保持し、所定のかぶりを確保するためにスペーサを用いる。鋼製やプラスチック製のスペーサは、腐食の問題あるいはコンクリートとの一体性が懸念されるため、使用が禁止されている。写真 4-9、写真 4-10 に示すようなモルタル製、コンクリート製あるいはセラミック製などのものを用いる必要がある。スペーサの数は、梁、床版等で $1m^2$ 当り4個以上、ウェブ、壁および柱で $1m^2$ 当り2〜4個以上配置するのが一般的である。

示方書の耐久性照査に基づいてかぶりを設定した場合には、次式の判定基準を満足しなければならない。

表 4-10 標準的な耐久性を満足する最小かぶりと最大水セメント比[6]

	W/C^{**}の最大値 (%)	かぶりcの最小値 (mm)	施工誤差 Δc_e (mm)
柱	50	45	± 15
梁	50	40	± 10
スラブ	50	35	± 5
橋脚	55	55	± 15

* 設計耐用年数100年を想定
** 普通ポルトランドセメントを使用

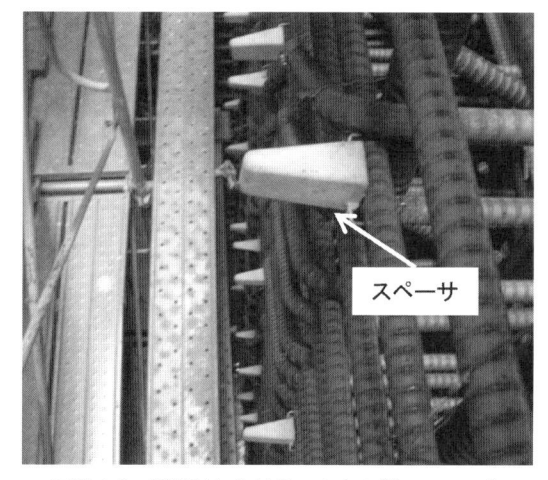

写真 4-9 壁部材におけるモルタル製のスペーサ

写真 4-10 床版におけるモルタル製のスペーサの設置例

$$c_m > c_d$$

ここに、c_m：かぶりの設定値
　　　　c_d：耐久性照査で設定したかぶり
$$c_d = c - \Delta c_e$$
　　　　c：設計図に示されているかぶり
　　　　Δc_e：設計時に想定した施工誤差

また、国土交通省土木工事共通仕様書では、組み立てた鉄筋の組立て誤差およびかぶりの誤差を表4-11のように定めており、かぶりについては、±鉄筋径以内、かつ、最小かぶり以上としている。

表4-11　鉄筋の組立に関する規格値（国土交通省土木工事共通仕様書）

項目	規格値
平均間隔 d	$\pm \phi$
かぶり t	$\pm \phi$ かつ 最小かぶり以上

ϕ：鉄筋径

（3）あき

鉄筋のあきは、図4-16に示すように、鉄筋外面と鉄筋外面の最短距離のことであり、コンクリートを鉄筋の周囲に十分に充填させるために重要である。鉄筋のあきが小さいと粗骨材が移動できにくくなり、コンクリートの充填不良が生じやすくなる。水平あきが狭い場合には、棒状バイブレータが挿入できなくなるので、施工性を確保する観点からも十分なあきが必要である。一般に、梁の軸方向鉄筋の水平あきは20mm以上とし、粗骨材最大寸法の4/3以上、鉄筋の直径以上としなければならない。

（4）継手

鉄筋の定尺寸法は、3.5〜12mの範囲で、0.5mピッチであるため、鉄筋をそれより長く組み立てる場合には継手が必要になる。継手の種類としては、図4-17に示すように、重ね継手、ガス圧接継手および機械式継手などがある。継手は構造上の弱点となるおそれがあるため、断面力が大きく作用するような柱の基部や梁のスパン中央部に設けることや、同一断面に集めることを避けなければならない。継手を同一断面に集めないため千鳥配置とするのを原則とする。継手位置を軸方向に相互にずらす距離は、継手長さに鉄筋直径の25倍を加えた長さ以上としなければならない。

重ね継手は、写真4-11に示すように、鉄筋を所定の長さ重ね合わせ、周囲のコンクリートとの付着を利用して鉄筋を一体化させる方法である。重ね継手長さは、示方書で定められている算出式から求まる重ね継手長以上かつ20ϕ以上とする。

ガス圧接継手は、写真4-12に示すようなものであり、鉄筋の接続部を熱しながら圧力を加えて接続する方法である。この方法は、作業時の天候、圧接面の状態、鉄筋径などが圧接強度に影響を及ぼすため、土木学会「鉄筋定着・継手指針」およ

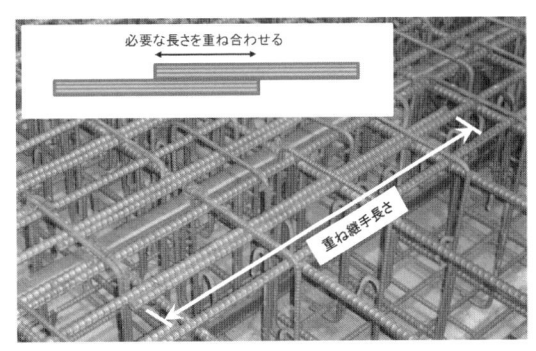

写真4-11　鉄筋の重ね継手の例

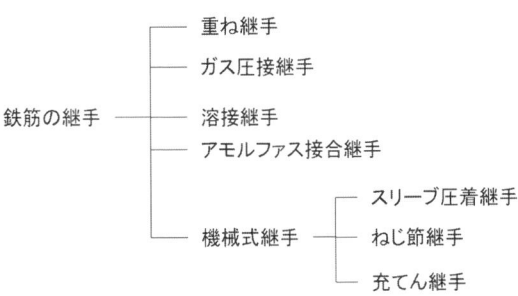

```
                 ┌─ 重ね継手
                 ├─ ガス圧接継手
                 ├─ 溶接継手
鉄筋の継手 ──────┼─ アモルファス接合継手
                 │                ┌─ スリーブ圧着継手
                 └─ 機械式継手 ───┼─ ねじ節継手
                                  └─ 充てん継手
```

図4-17　鉄筋の継手の種類

写真4-12　鉄筋の圧接継手の例

び公益社団法人日本鉄筋継手協会「鉄筋のガス圧接工事標準仕様書」で定める装置、作業方法、検査および圧接工の資格に従って行う必要がある。

機械式継手は、太径鉄筋の継手に用いられるようになってきており様々な種類がある。図4-18、写真4-13に、機械式継手の例を示す。

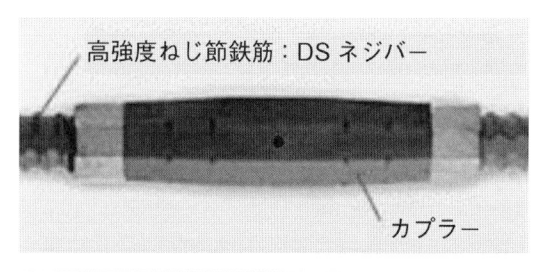

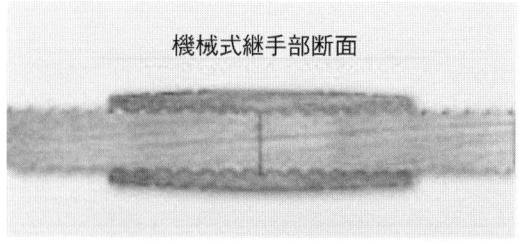

図4-18 機械式継手の例[7]

写真4-13 柱主筋の機械式継手の施工例[8]

4.6 打継目および伸縮継目

継目は、打継目と伸縮継目に大別される。
（1）打継目

打継目は、硬化したコンクリートに、新たにコンクリートを打ち込むことによって生じる新旧コンクリートの境目のことである。設計上は一体のコンクリート構造物でも、1回に打ち込めるコンクリートの量は、型枠の大きさ、側圧、鉄筋の組立およびコンクリートの供給能力などによって制限される。そのため、コンクリートの打込みは、ある区画に分けて行わなければならない。

打継目に求められる性能としては、次のようなものがある。

(a) 構造的安全性

打継目は、せん断力に対して弱点となりやすいので、できるだけ一体性が確保できるように施工するとともに、できるだけせん断力が小さい位置とし、打継面を部材の圧縮力の作用方向と直角にするように設ける必要がある。やむを得ずせん断力の大きな位置に設ける場合には、打継目に、ほぞまたは溝を造るか、あるいは鋼材を配置して補強しなければならない。

(b) 物質の遮蔽性

打継目を通して、水、酸素、塩分などの有害物質が侵入すると鉄筋腐食が生じる。そのため、打継目は、できるだけ有害物質が侵入しない位置に設けるとともに、遮蔽性に優れた構造にする必要がある。海洋構造物では、感潮帯には打継目を設けないようにする。

水密性が要求される水利構造物や地下構造物の場合には、打継部に写真4-14に示すような止水板や止水ゴムなどを設置して、コンクリートとの密着性を良くするとともに、透水経路を長くして止水性を高めるような構造とする必要がある。

写真4-14 水平打継目における止水板の設置例

（2）水平打継目の施工

コンクリート打込み後は、ブリーディング水が上昇するため、表層付近には脆弱なレイタンス層が形成される。この上にコンクリートを直接打ち継ぐと、写真4-15に示すように、上層コンク

リートとの一体性が確保されず、構造的な弱点、漏水の原因および耐久性の低下を招くことになる。そのため、次のような方法で処理を行ってからコンクリートを打ち込む必要がある。

写真 4-15 上層と下層の一体性が欠如している水平打継目の事例

(a) 高圧洗浄水による処理方法

コンクリート打込み終了4～12時間後に、高圧洗浄水によりコンクリート表層の脆弱部を取り除く方法である。凝結遅延剤を打込み面に散布し、表層の凝結時間を大幅に遅延させることで、翌日に処理することもできる。**写真 4-16** に、柱部材を打ち込む部分のみを高圧洗浄水で処理した例を示す。

写真 4-16 柱部材における水平打継部の処理の例

(b) チッピング処理による方法

コンクリート表面を切削、打撃などの方法により粗な状態にする方法である。若材齢時には、水を散布しながらワイヤブラシでレイタンスを除去して表面を粗にする方法がある。硬化後の場合には、手動あるいは電動のハンマ、ノミなどでチッピングすることによって脆弱部を除去して表面を粗にする。この場合には、粗骨材をゆるませることのないように慎重に行う必要がある。

(c) 敷きモルタルの打込みによる一体性の向上

上記の(a)、(b)などの処理をした後に、コンクリート打込み直前にモルタルを打ち込むことで、水密性や一体性が向上する。モルタルの配合は、施工に用いるコンクリート配合の水セメント比と同等以下としなければならない。打継目の接着強度を確実なものにしたい場合には、打継用の接着剤を用いることもある。

（3）鉛直打継目の施工

鉛直打継目の施工には、以下のような方法がある。

(a) 凝結遅延剤シートによる処理方法

凝結遅延剤を浸み込ませたシートをせき板面に貼り付けてコンクリートを打ち込み、型枠脱型後に、高圧洗浄水によりコンクリート表層の脆弱部を取り除く方法である。

(b) 凹凸仕上げ処理方法

凹凸を有するシートをせき板面に貼り付け、それによって鉛直打継面に凹凸をつけることで、せん断力を伝達させる方法である。

(c) ラス金網による方法

写真 4-17 に示したように、妻型枠としてラス金網を用いることで、施工の合理化と打継処理の省略を図る方法である。

写真 4-17 ラス金網を用いた鉛直継目の施工

(d) 硬化後のチッピング処理

水平打継目のチッピング処理方法と同じ方法である。

(e) 止水板などによる防水工

鉛直打継目は、水平打継目に比較して新旧コ

ンクリートの一体性を確保するのが難しい。そのため、高い水密性が要求される構造物では、鉛直打継目に塩化ビニル樹脂製や天然ゴム製の止水板あるいは水膨張性止水材が用いられている。写真4-18に止水板の設置例を示す。

写真4-18　鉛直打継目における止水板の設置例

（4）伸縮継目

コンクリートは、環境温度の変化により伸縮を繰り返す。このときの収縮が拘束されると、コンクリートにひび割れが発生する場合がある。伸縮継目は、このような収縮を吸収するために必要なものであり、10～20mの間隔で設置される。伸縮継目には、図4-19のような種類があり、目的に応じて目地材、止水材、スリップバー（ダウエルバー）などを配置する。目地材の厚さは、施工間隔の1/1,000とするのが一般的とされている。特に定めのない場合には、施工間隔10m程度として瀝青系目地材厚1cmとする場合が多い。写真4-19に、止水板を設置した伸縮継目の例を示した。

4.7　コンクリートの場内運搬

コンクリートの荷卸し後は、シュート、バケットあるいはコンクリートポンプなどによって、打込み地点までコンクリートを場内運搬する必要がある。

（1）シュートによる運搬

シュートは、高い位置から低い位置に重力によって運搬する方法であり、斜めシュートによる方法と縦シュートによる方法とがある。

斜めシュートは、プラスチック製や鋼製のU

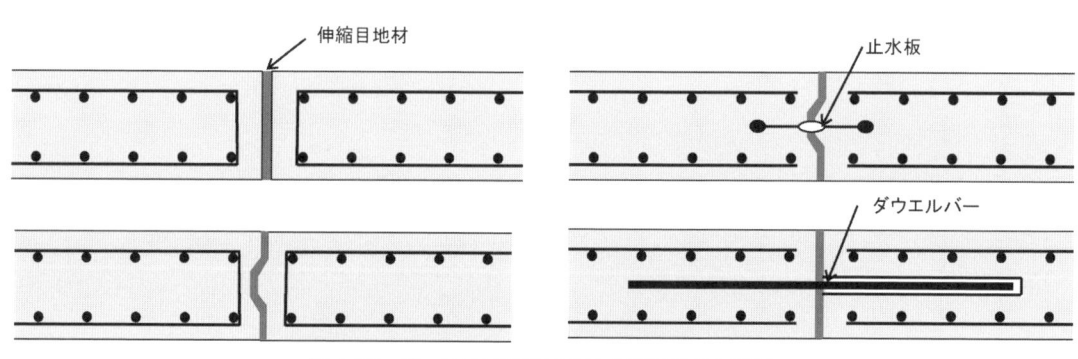

図4-19　壁、スラブ部材における伸縮継目の種類

写真4-19　止水板を設置した伸縮継目の例

型のものを用いてコンクリートを流下させることで、水平方向に運搬する方法である。流下によって材料分離が生じやすくなるので、その角度は水平2に対して鉛直1程度が標準とされている。

縦シュートは、コンクリートを鋼製、プラスチック製あるいはゴム製の管内を落下させて鉛直方向に運搬する方法である。管内をコンクリートが落下するため、材料分離が生じやすく、打込み箇所が一点に集中しやすいなどの欠点がある。後述する水中コンクリートの打込みに用いられるトレミー管も縦シュートの一種である。

(2) バケットによる運搬

バケットによる運搬は、バケットと呼ばれる鋼製の容器の中にコンクリートを入れて、クレーンや専用の車両や台車などによって打込み地点まで移動させる方法である。バケット下端部には開閉装置が付いており、そこからコンクリートを打込み箇所に排出させる。

クレーンを用いたバケット運搬は、運搬中のコンクリートに振動を与えることがほとんどないので、材料分離が生じるおそれが少ない。ただし、バケット内にコンクリートを長時間入れておくとブリーディングの発生や、スランプの低下が生ずるおそれがあるので、バケットに投入した後は速やかに打ち込むようにするのがよい。ダム工事におけるバケット運搬の事例を**写真 4-20**に示す。

(3) コンクリートポンプによる運搬

コンクリートポンプによる運搬は、コンクリートを機械的に押し出して、輸送管内を連続的に移動させる方法である。コンクリートの荷卸し地点から打込み地点まで輸送管を配置して、コンクリートポンプにより運搬して打ち込むことをポンプ施工と呼んでいる。ポンプ施工の最大の特徴は、コンクリートを離れた地点まで連続的に大量に運搬できることである。施工に際しては、土木学会「コンクリートのポンプ施工指針」に準拠するのがよい。

コンクリートポンプの形式を架装方式で分類すると、定置式とトラック架装式に分けられる。一般の工事では、後者のトラック架装式が多用されており、コンクリートポンプ車と称されている。トラックアジテータ車から荷卸ししたコンクリートをコンクリートポンプ車のホッパーに受け、機械力により、ブームに装備された輸送管内を通して打込み地点まで圧送する。ブームで届かない距離まで運搬する場合には、輸送管を配管して圧送する。

コンクリートの圧送方式による分類では、**図 4-20**に示したピストン式とスクイズ式に分けられる。ピストン式ポンプは、コンクリートシリンダ内に吸入したコンクリートを油圧ピストンにより送り出す方式であり、硬練りコンクリートの圧送や長距離の圧送に適しているので、土木工事に多用されている。スクイズ式ポンプは、ポンピン

写真 4-20 ダム工事おけるバケット運搬の例

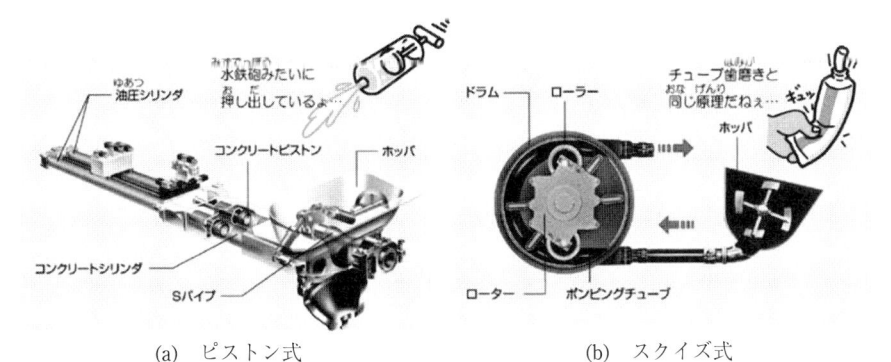

(a) ピストン式 (b) スクイズ式

図 4-20 コンクリートポンプの圧送機構（ピストン式とスクイズ式）[9]

グチューブ内で、コンクリートを絞り出すようにして圧送する方式であり、軟練りのコンクリートに適している。また、構造が簡単なので小型のトラックにも架装できるので、建築工事に多用されている。写真 4-21 にピストン式コンクリートポンプ車の例を、写真 4-22 にコンクリートポンプ車による施工状況を示す。

(a) 配合上の留意点

コンクリートポンプによる運搬を行う場合には、輸送管内で閉塞を起こすことなく、所定の圧送量を確保できることが必要である。コンクリートの圧送のしやすさをポンパビリティーと称している。

ポンパビリティーの良いコンクリートとは、輸送管内での流動性、変形性および分離抵抗性をバランス良く兼ね備えたものである。ポンパビリティーを向上させるためには、スランプを大きくした軟練りコンクリートとしたり、細骨材率を増加させたりする必要がある。そのため、単位水量やセメント量の増大を招き、乾燥収縮量や水和発熱量が増大するなど、硬化コンクリートの品質に悪影響を及ぼすことがある。単位水量や単位セメント量をできるだけ増加させないためには、流動化剤や高性能 AE 減水剤などを有効に活用することが望ましい。

(b) ポンプ機種選定の留意点

コンクリートポンプの圧送能力は、時間当りの最大理論吐出量と最大理論吐出圧力によって表される。施工時の実吐出量は、最大理論吐出量の 80〜90% であり、スランプが小さいほど低下する。コンクリートを圧送できる距離は、最大理論吐出圧力、コンクリートの配合、輸送管の径、吐出量などによって影響される。

施工に必要なポンプ能力の選定手順は、以下のとおりである。

① ポンプ吐出量の算定：1 日のコンクリート総打込み量から、時間当りの打込み量を算出し、作業効率を考慮して所要のポンプ吐出量（圧送量）を設定する。

② 最大圧送負荷の算定：打込みに必要な上記の吐出量、配管状態、コンクリート配合などに応じた最大圧送負荷を算定する。

③ ポンプの選定：最大圧送負荷の 1.25 倍を上回る吐出圧力を有するポンプを選定する。もし、所定の吐出量、吐出圧のポンプが手配できなかった場合には、台数を増やすか、

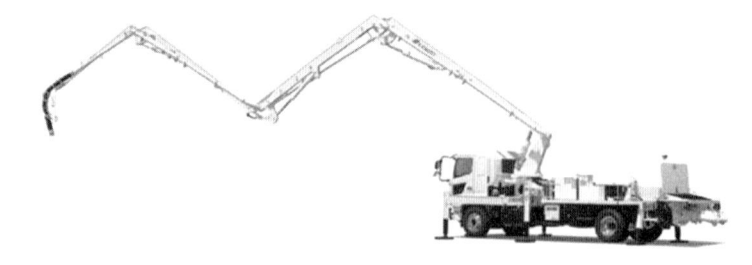

写真 4-21　ピストン式コンクリートポンプ車[9]

施工条件を変更する。

(c) 施工上の留意点

コンクリートポンプによる施工に際して、次のような場合には、圧送が困難になることがあるので、配合の修正、ポンプ機種や配管方法の変更など、事前の対策を講じるのがよい。

① 単位セメント量が 270kg/m^3 以下
② スランプ 6cm 以下
③ 圧送距離 300m 以上
④ 下方への圧送（下向きの配管）
⑤ 曲がり管が多い配管

写真 4-22　コンクリートポンプ車による施工状況

⑥ 軽量骨材を用いたコンクリート

4.8 コンクリートの打込み、締固めおよび仕上げ

（1）コンクリートの打込みと締固め

コンクリートの打込みは、場内運搬されてきたコンクリートを、型枠内に投入することをいう。締固めは、コンクリート打込み後速やかに棒状バイブレータなどでコンクリート内の空隙やエントラップトエアを追い出すとともに、型枠の隅々までコンクリートを充填するために行う。コンクリートの打込み作業、締固め作業では、材料分離や写真4-23に示すような充填不良による豆板および写真4-31に示すようなコールドジョイントを生じさせないことが基本となる。

日平均気温が4℃以下のときにコンクリートを打ち込む場合は、4.10「寒中コンクリート」として、日平均気温が25℃を超える場合には、4.11「暑中コンクリート」として施工しなければならない。

コンクリートの打込みに先立ち、打込み面を清掃するとともに、コンクリートと接して吸水するおそれのあるところについては、あらかじめ湿潤状態にしておかなければならない。

材料分離を生じさせないための打込みは、図4-21に示すように、シュート先端にバッフルプレートを用いる、型枠内のコンクリートの自由落下高さ（コンクリート吐出口と打込み面までの距

写真4-23 コンクリートの充填不良（豆板）の発生事例

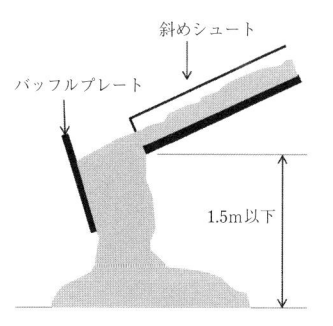

（a）斜めシュートにおけるバッフルプレートの使用

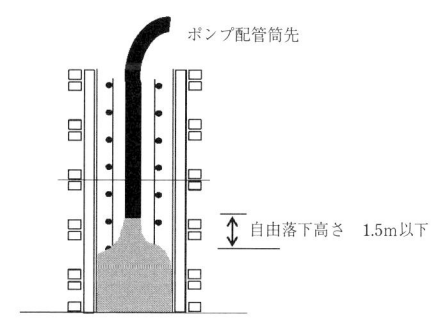

（b）自由落下高さを1.5m以下とする

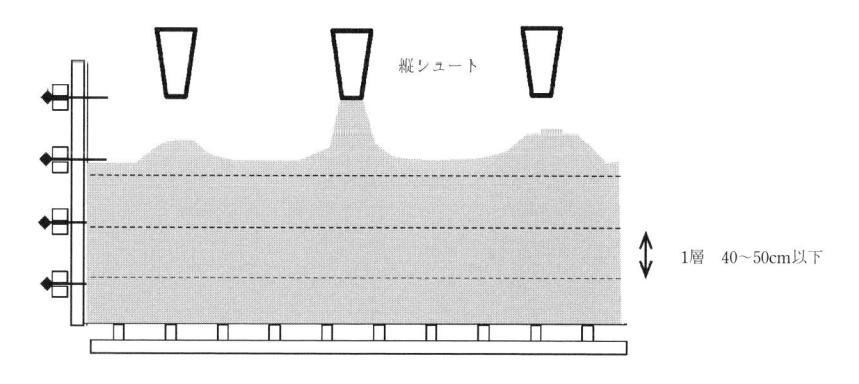

（c）水平に打ち上げる

図4-21 コンクリートの材料分離を生じさせないための打込み時の留意点

離）を 1.5m 以内とする、横移動させないよう、かつ、1層 40〜50cm 以下として水平に打ち上げる、などに留意しながら行う必要がある。

コンクリートの打ち上がり速度を速くすると、型枠に作用する側圧が大きくなるため、部材の断面寸法、コンクリートの配合および、締固め方法などを考慮して適切に設定することが望ましい。一般的な打ち上がり速度は、30分当り 1〜1.5m とするのが標準である。

コンクリートの締固めは、上層と下層のコンクリートが一体となるよう入念に行わなければならず、写真 4-24、写真 4-25 に示すような棒状バイブレータ（コンクリート棒形振動機）が一般に用いられている。棒状バイブレータは、図 4-22 に示すように、先に打ち込んだコンクリートに 10cm 程度挿入し、挿入時間は 5〜15 秒、挿入間隔は 50cm 以下を目安としている。最適な締固め時間は、コンクリートの配合、使用する振動機の種類およびその他現場条件によって異なるので、エントラップトエアが抜け、表面にセメントペーストが浮き上がって光沢が表れた時点で目視で確認しながら行うことが大切である。棒状バイブレータの引き抜きの際には、穴が残らないようゆっくりと行わなければならない。なお、コンクリートの打込み中、表面にブリーディング水の浮上が認められた場合には、スポンジ、柄杓などで取り除いてから、コンクリートを打ち込まなければならない。

材料分離によってブリーディング水が発生し、それを処理しないでコンクリートを打ち込むと写真 4-26 に示すような砂すじが生ずる場合がある。砂すじは、せき板に接する面をブリーディング水が上昇することによってセメントペースト分が洗い流されて、細骨材が縞状に露出する現象のことである。

型枠バイブレータ（コンクリート型枠振動機）は、型枠外面に振動機を取り付けて、コンクリート打込み時に型枠に振動を与えることで締固めを行うものである。写真 4-27 はその設置例であり、薄い部材や棒状バイブレータが挿入できないような場合に用いられる。振動機は、コンクリート打込み面から 20〜30cm 下方で行うのがよいとされている。

壁部材や柱部材などの鉛直部材とスラブや梁などの水平部材とを連続して打ち込む場合、図 4-23 に示すように、壁あるいは柱のコンクリー

写真 4-24　棒状バイブレータによる締固め

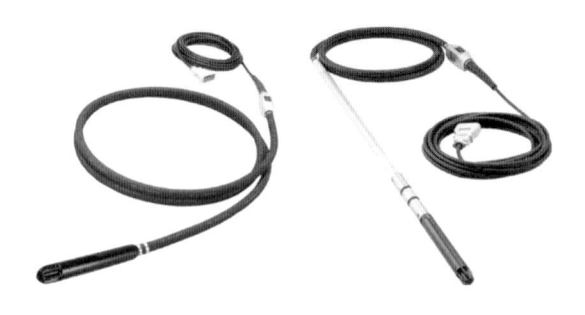

写真 4-25　棒状バイブレータ [10]

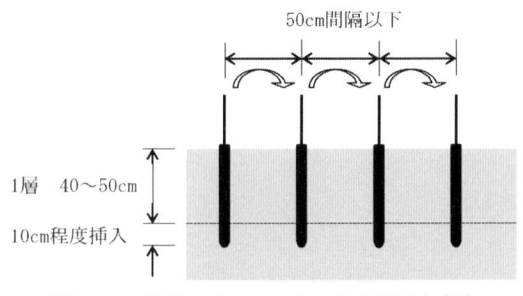

図 4-22　棒状バイブレータによる締固め方法

トの沈下によって、断面急変部にひび割れが発生することがある。このような沈下ひび割れを防止するためには、壁部材あるいは柱部材のコンクリートを打ち込み、沈下がほぼ終了してからスラブあるいは梁のコンクリートを打ち込むようにするのがよい。

(2) かぶり部分の締固め・スペーシング

かぶり部分のコンクリートは、鋼材の腐食抵抗性や耐火性および美観に対して重要な役割があるため、施工欠陥が生じないよう特に入念な施工が要求される。かぶり部分の品質を高めるには、十

写真 4-26　せき板に接する面の砂すじ

写真 4-27　型枠バイブレータ

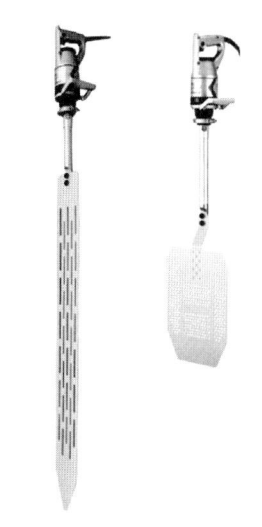

写真 4-28　平板状のバイブレータ[10]

写真 4-29　竹によるスペーシング

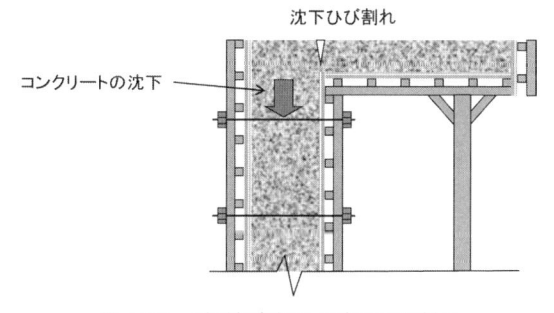

図 4-23　断面急変部での沈下ひび割れ

分な締固めを行うとともに、表面気泡ができるだけ生じないようにすることが重要である。そのためには、写真 4-28 に示した平板状の小型のバイブレータを使用したり、写真 4-29 に示したように竹を挿入して上下に揺り動かすスペーシングなどを行うのがよい。ただし、過度な振動を与えると、コンクリートが分離するおそれがあるので慎重に行う必要がある。

(3) コンクリートの仕上げ

コンクリート打上り面の仕上げは、コンクリート面をこてなどを用いて均す作業であり、耐久性、水密性および美観性を向上させるために行う。

コンクリート打上り面の仕上げは、打込み直後に、木ごてなどを用いた荒仕上げを行ったのち、ブリーディング水が引いた時点頃に、木ごてあるいは金ごてで平坦に仕上げるのが一般的である。その際、図 4-24、写真 4-30 に示すように、コンクリートの硬化に伴う沈下ひび割れが水平鉄筋の直上に発生していたり、水分蒸発によるプラスチック収縮ひび割れが発生している場合には、タンピングなどによってひび割れを消去してから仕上げを行う必要がある。

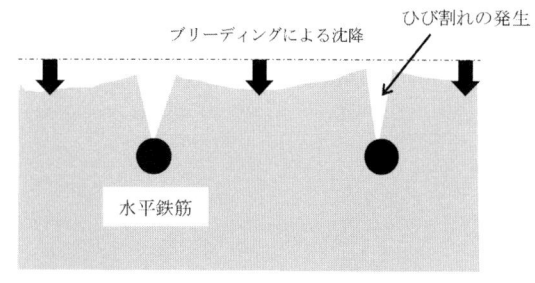

図4-24 硬化時の沈降による沈下ひび割れ

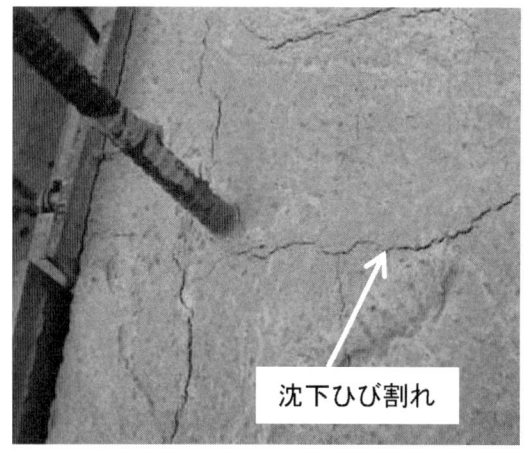

写真4-30 沈下ひび割れの例

4.9 養生および型枠・支保工の取り外し

　コンクリートの養生は、打込み終了後から適切な温度と湿潤状態に保つことで、セメント水和の確実な反応、所要の強度の発現および水密性、耐久性を確保するとともに、荷重、振動、衝撃などの有害な外力からコンクリートを保護することを目的として行われる。

（1）膜養生

　膜養生とは、コンクリート表面に薄い塗膜を形成させることで、水分の蒸発を抑制する方法である。プラスチック収縮ひび割れの抑制対策としても用いられている。一般に、膜養生剤の散布は、ブリーディング水が引いた時点、すなわち、コンクリートの仕上げ直後に行われるものが多い。膜養生剤には、合成樹脂系と油脂系のものがある。養生効果は、現場条件、環境条件あるいは養生剤の種類などによって異なるため、施工に先立って、散布時期、散布量などを試験によって確かめるのがよい。

（2）湿潤養生

　湿潤養生とは、セメントが水和するのに必要な水分を維持あるいは補給することである。そのため、打込み直後から直射日光や風などによってコンクリートが乾燥する場合には、コンクリート露出面をシートなどで覆って保護する必要がある。そして、コンクリートの凝結開始後は、セメントの水和に必要な水分を補給するため、コンクリート露出面への噴霧、散水、湛水あるいは、湿潤マットや濡らした布などで覆って湿潤状態を保つ必要がある。湛水養生は、スラブなどの周辺の型枠をあらかじめ高くしておき、その内側に水を張ることである。

（3）保温養生、給熱養生

　保温養生は、セメントの水和反応が十分に進行するまでの期間、所要の温度範囲に保持したり、急激な温度変化による悪影響を受けないようにすることである。保温性の高い養生マットや断熱材で覆うことによって、外気温の低下による影響を少なくしたり、セメント水和熱による温度を利用して保温したりする方法である。

　給熱養生は、寒中コンクリートのように、保温養生だけではコンクリートの表面が所要の温度を保持できない場合に適用されるものである。給熱の方法は、コンクリート部材をシートなどで覆い、内部を暖房機、ジェットヒータ、電熱器などによってコンクリート表面を温めることである。ただし、温風などによってコンクリート表面が乾燥しないように、湿潤マットなどで覆うことが大切である。

（4）湿潤養生期間

　コンクリート標準示方書では、湿潤養生が必要な期間を、使用するセメントの種類と日平均気温に応じて、表4-12のように定めている。この養生期間中は、コンクリート強度が型枠・支保工の取り外しに必要な強度に達した後であっても湿潤状態を保たなければならない。図4-25、図4-26に、湿潤養生期間が、圧縮強度、中性化深さに及ぼす影響を示す。このように、初期材齢すなわち材齢7日程度まで湿潤養生を行わないと、圧縮強度が低下したり、中性化速度係数が大きくなり、構造性能や耐久性などに対して大きな影響を及ぼすこととなる。

表4-12 湿潤養生期間の標準[6]

日平均気温	普通ポルトランドセメント	混合セメントB種	早強ポルトランドセメント
15℃以上	5日	7日	3日
10℃以上	7日	9日	4日
5℃以上	9日	12日	5日

L30:低熱ポルトランドセメント、W/C=30%
N50:普通ポルトランドセメント、W/C=50%
BB50:高炉セメントB種、W/C=50%
L50:低熱ポルトランドセメント、W/C=50%

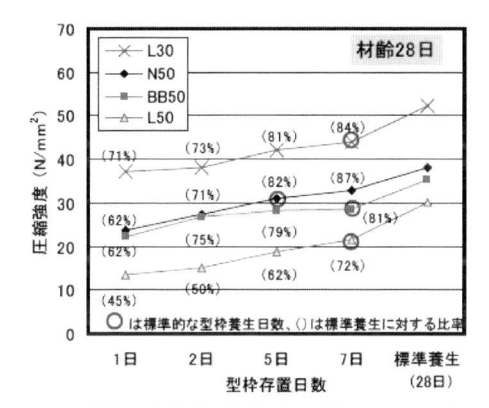

図4-25 湿潤養生期間（型枠存置期間）が圧縮強度に及ぼす影響[11]

L30:低熱ポルトランドセメント、W/C=30%
N50:普通ポルトランドセメント、W/C=50%
BB50:高炉セメントB種、W/C=50%
L50:低熱ポルトランドセメント、W/C=50%

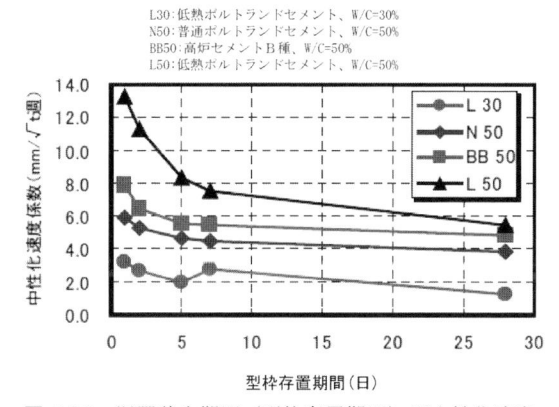

図4-26 湿潤養生期間（型枠存置期間）が中性化速度係数に及ぼす影響[11]

（5）外力に対する養生

コンクリートは、十分硬化する前に衝撃、振動あるいは過大な荷重作用を受けると、強度発現が損なわれたり、鉄筋との付着強度が低下したり、あるいは、ひび割れが発生したりすることがある。特に、凝結硬化過程において、発破振動、列車や自動車による交通振動などによって、過大な振動の影響を受けるおそれがある場合には、それらに対する保護あるいはコンクリート打込み時期の変更などの対策が必要である。

（6）型枠・支保工の取り外し

型枠・支保工は、コンクリートがその自重および施工期間中に作用する荷重に対して安全な強度に達するまで取り外してはならない。コンクリート標準示方書では、型枠を取り外してよい時期のコンクリート圧縮強度の参考値を表4-13のように定めている。この表中の数字は、あくまで目安であるので、構造条件、現場条件などを考慮した作用荷重に対する安全性を確認することが大切である。

表4-13 型枠および支保工の取り外しに必要なコンクリートの圧縮強度の参考値[6]

部材面の種類	例	コンクリートの圧縮強度（N/mm^2）
厚い部材の鉛直に近い面、傾いた上面、小さいアーチの外面	フーチングの側面	3.5
薄い部材の鉛直に近い面、45°より急な傾きの下面、小さいアーチの内面	柱、壁、梁の側面	5.0
スラブおよび梁、45°より緩い傾きの下面	スラブ、梁の底面、アーチの内面	14.0

型枠・支保工の取り外しに必要な強度に達しているかどうかを判定するには、型枠内に打ち込まれたコンクリートと同じ状態で養生したコンクリート供試体の圧縮強度試験による方法がある。しかし、供試体と構造物とでは断面寸法が異なるので、供試体を単に構造物と同じ場所で養生しても、コンクリート温度は同じ条件とはならない。構造体のコンクリート強度を正確に知る必要がある場合には、一般に、下記に示した積算温度方式（マチュリティー法）による方法が用いられている。これは、「養生温度が異なっても、同一の積算温度であればコンクリートの圧縮強度も同一である」との理論を利用したものである。すなわち、標準養生での積算温度と圧縮強度の関係をグラフにプロットして、脱型に必要な強度に相当する積算温度を求め、構造物で想定される温度から所要の養生日数を推定する方法である。

$$M = \Sigma (\theta + A) \cdot \Delta t$$

ここに、M：積算温度（℃・日）
　　　　θ：コンクリート温度（℃）
　　　　A：定数で一般に10℃
　　　　Δt：養生日数（日）

定数の A は上記10℃とするのが一般的である。この値は、-10℃以下では水和反応が停止するという考え方に基づいている。この積算温度とコンクリート強度の関係は、セメントの種類、粉末度、配合条件などによって異なる。したがって、積算温度を用いて強度を推定する場合は、使用する材料、配合などに応じて、事前に積算温度とコンクリート強度の関係を把握しておかなければならない。

型枠・支保工を取り外す順序は、比較的荷重の小さい部分をまず取り外し、その後に残りの部分を取り外すのが一般的である。例えば、柱、壁などの鉛直部材の型枠・支保工は、スラブ、梁などの水平部材のそれよりも先に取り外し、梁の両側面の型枠・支保工は、底板よりも先に取り外すのがよい。

4.10 寒中コンクリートの施工

日平均気温が4℃以下になることが予想されるときに施工するコンクリートを寒中コンクリートという。

コンクリートは、材齢初期に低温にさらされると次のような悪影響を受ける。

① セメントの水和反応が遅れるため、コンクリートの凝結遅延および強度発現が遅れる。
② フレッシュコンクリート中の水分がいったん凍結すると、その後の長期強度は大幅に低下する。
③ 硬化過程のコンクリートが凍結すると、水の膨張作用により、硬化体組織が損傷されて強度が大幅に低下する。
④ マスコンクリートの場合には、部材内部と表面の温度差が大きくなり、内部拘束によるひび割れが発生する。

以上のような現象を生じさせないための対策の基本は、打込み温度を一定以上にする、強度発現が速いセメントや混和剤などを用いる、初期凍害の影響を受けない強度まで十分養生を行う、ひび割れが発生しないよう急激な温度変化を生じさせないなどである。寒中コンクリートの施工における具体的な対策は以下のとおりである。

(1) 材料・配合の対策

一般の工事では、普通ポルトランドセメントや高炉セメントB種を用いることが多い。寒中コンクリートでは、強度発現性を速めるため、早強ポルトランドセメントを用いる場合がある。また、水和反応の促進、凍結温度の低下などを目的とした促進剤、耐寒剤、防凍剤などの混和剤を用いる場合がある。

(2) 製造・運搬・打込みの対策

コンクリートの練上がり温度は、目標とする打込み温度に、運搬に伴う温度低下量を加えて設定する必要がある。コンクリートの打込み温度は5℃を下回らないようにしなければならない。運搬に伴う温度低下量、または練上がりから打込みまでの温度低下量は、下式で推定できる。

$$T_2 = T_1 - 0.15(T_1 - T_0)t \tag{4.1}$$

ここで、T_0：周囲の気温（℃）
T_1：練混ぜ時のコンクリート温度（℃）
T_2：打込み終了時のコンクリート温度（℃）
t：練り混ぜてから打込み終了時までの時間（h）

コンクリートは、凍結した地盤やコンクリートの上に打ち込んではならない。また、打込みに先立ち、型枠内部の雪および、鉄筋やせき板に付着した氷雪は、蒸気などで完全に取り除いておかなければならない。その際、再び凍結するおそれがある場合には、打込み直前まで型枠全体を保温するなどの対策をとっておく必要がある。

(3) 養生の対策

コンクリート打込み終了後は、ただちにシートなどの材料で表面を覆い、コンクリートが急冷したり、凍結したりしないようにしなければならない。

コンクリートの養生は、**表4-14**の圧縮強度を得るまでは5℃以上に保ち、その後2日間は0℃以上に保つことが標準である。また、所要の圧縮強度を得る養生期間の目安は**表4-15**に示すとおりである。養生温度が高いと、セメントの水和が促進されてコンクリート温度上昇量が高くなるので、養生温度としては、5～20℃が適当である。

寒中コンクリートにおける養生方法としては、以下の保温養生と給熱養生がある。

(a) 保温養生（断熱養生）

保温養生は、コンクリート打込み面を断熱性のある養生マット、発泡スチロールなどの材料で覆い、セメントの水和発熱を利用して保温する方法である。その際、コンクリート表面が乾燥しない

表4-14 養生終了時の所要圧縮強度の目安 (N/mm²)[6]

	断面が薄い場合	断面が普通の場合	断面が厚い場合
連続してあるいはしばしば水で飽和される場合	15	12	10
普通の露出状態にあり上記に属さない場合	5	5	5

表4-15 所要の圧縮強度を得る養生日数の目安（断面厚さが「普通」の場合）[6]

構造物の露出状態	養生温度	普通ポルトランド	早強ポルトランド	混合セメントB種
(1)連続してあるいはしばしば水で飽和される場合	5℃	9日	5日	12日
	10℃	7日	4日	9日
(2)普通の露出状態にあり(1)に属さない場合	5℃	4日	3日	5日
	10℃	3日	2日	4日

よう、保湿性の高いマットなどを用いて、湿潤養生をしなければならない。また、せき板に接するコンクリートの凍結が懸念される場合には、断熱材入りの保温性の高い型枠を用いたり、型枠全体をシートまたは保温シートなどで覆って保温性を高めるのがよい。

(b) 給熱養生

保温養生だけでは、所定の養生温度を保つことができない場合には、コンクリート全体をシートまたは保温シートで覆い、その中に暖房器具、ジェットヒータ、電熱器およびランプなどで給熱する必要がある。その場合、温風によりコンクリート表面を乾燥させないこと、養生温度が高くなりすぎないようにすること、局部的に行わないこと、一酸化炭素ガス中毒とならないよう排気をすることなどに留意する必要がある。養生終了後、コンクリート温度を急速に低下させると、温度ひび割れが発生する可能性があるので、ゆっくりとした速度で外気温に近づけるのがよい。

4.11 暑中コンクリートの施工

日平均気温が25℃を超えることが予想されるときに施工するコンクリートを暑中コンクリートという。

外気温が高い場合は、コンクリート運搬中のスランプの低下、空気量の減少、コールドジョイントの発生、水分の急激な蒸発によるプラスチック収縮ひび割れの発生、温度ひび割れの発生など、品質低下を招く要因が多くなる。

コールドジョイントとは、写真4-31に示すように、すでに打ち込まれたコンクリートの凝結が進み、その上に新たなコンクリートを打ち重ねる場合に生じる一体とならない継目であり、構造性能や耐久性に対しての影響が大きい。

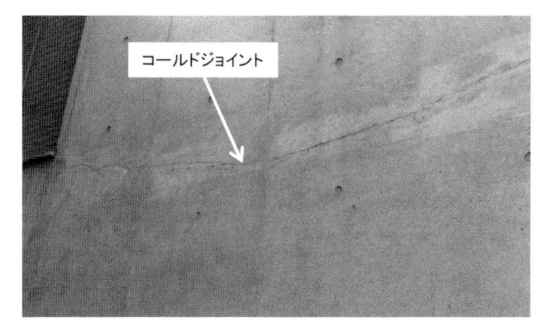

写真4-31 コールドジョイントの例

暑中コンクリートを施工する上での主な対策は、以下のとおりである。

(1) 材料・配合の対策

コンクリートの練上がり温度は、目標とする打込み温度に、運搬に伴う温度上昇量を差し引いて設定する必要がある。暑中コンクリートでは、コンクリート荷卸し時の温度を35℃以下としなければならないので、運搬に伴う温度上昇量を式(4.1)で推定して練り上がり温度を設定するのがよい。

コンクリート運搬に伴うスランプの低下が大きい場合、あるいは、打重ね時に下層コンクリートの凝結が進んでコールドジョイントが生じるような場合には、凝結が遅延するタイプの混和剤を使用するのがよい。

(2) 製造・運搬・打込みの対策

コンクリートの供給速度および打込み順序は、許容される時間間隔内で打ち重ねられるように計画する。練混ぜから打ち込みが終了するまでの時間は1.5時間以内とし、コールドジョイントを防止するため、打ち重ねの時間間隔は2時間以内として計画するのがよい。棒状バイブレータが容易に挿入できない、あるいは鉄筋棒が容易に挿入できない場合は、コールドジョイントが生じやすいような状態になっているので、観察を怠らないようにしなければならない。

(3) 養生の対策

暑中コンクリートでは、材齢初期の養生が特

に重要である。コンクリート打込み面が急激な乾燥を受けて水分が蒸発すると、プラスチック収縮ひび割れが発生しやすくなる。このようなひび割れを防止するため、打込み直後から直射日光や風などによる乾燥に対してシートなどで覆って保護する必要がある。そして、コンクリートの凝結開始後は、セメントの水和に必要な水分を補給するため、噴霧、散水、湛水あるいは、湿潤マットや濡らした布などで覆って湿潤状態を保つ必要がある。

（4）作業環境の改善

外気温が28℃を超えるような日では、作業員の発汗が多くなって体力が消耗し、注意力も散漫となる。そのため、作業能率が低下するばかりでなく、慎重な施工ができなくなり、品質に大きな影響を及ぼす原因となる。施工計画立案に際しては、作業場所への直射日光の遮断、作業時間の短縮、余裕を持った人員計画、休憩設備の設置など、作業環境の改善についても配慮することが重要である。

4.12 マスコンクリートの施工

マスコンクリートとは、断面寸法の大きなコンクリート構造物であり、セメント水和熱による温度上昇量が大きくなるため、**写真4-32**のような温度ひび割れが発生しやすくなる。マスコンクリートとして取り扱うのは、一般の部材で、断面厚が80〜100cm以上、下端が拘束された壁などでは50cm以上のものである。このような構造物を施工する場合には、マスコンクリートとしての施工上の特別の配慮が必要となる。

写真4-32 マスコンクリートにおける温度ひび割れの発生例

温度ひび割れには、2.7.2(3)で述べたように、部材の内部と表面の温度差に起因する内部拘束によるものと、部材の温度が降下する際の収縮に起因する外部拘束によるものとがある。一般に、内部拘束によるひび割れは、表層付近の深さにとどまる場合が多い。しかし、外部拘束によるひび割れは部材を貫通する場合が多いため、その幅が大きいと耐久性能や構造性能を損なうおそれがある。

マスコンクリートを施工するに際しては、温度ひび割れに対しての照査を行わなければならない。照査は、実際の施工条件（配合、部材の形状・寸法、打込み高さ、養生方法など）、環境条件（外気温、風など）を考慮し、ひび割れを防止するようにするか、もしくは、ひび割れを許容する場合にはひび割れ幅の限界値を設定して行う。

温度ひび割れを抑制あるいは制御する方法としては、次のようなものがある。

（1）コンクリート打込み温度の低下

コンクリートの打込み温度を低下させることは、温度上昇の抑制に効果的である。一般に、プレクーリングと称されている。練混ぜ時のコンクリート温度を低下させるには、練混ぜ水に井戸水や冷却水などを用いる方法、骨材に散水して冷却する方法などがある。また、夏季施工を避けるような工程としたり、夏季施工の場合には日中の打込みを避けるなどの対策も有効である。

その他の方法としては、水の一部を小氷塊あるいはフレーク状の氷で置き換えたりして、練り上がり温度を低下させる方法もある。また、コンクリートを直接冷却する方法として、液体窒素をコンクリート練混ぜ中のミキサ内あるいはトラックアジテータ車内へ噴射する方法もある。

（2）温度上昇量の低減

コンクリート内部の温度上昇量を低減する方法としては、打込み温度を低くする、単位セメント量を少なくする、低発熱セメントを用いる、1回の施工高さを低くする、パイプクーリングを行うなどがある。低発熱セメントとしては、低熱ポルトランドセメント、中庸熱ポルトランドセメント、低熱高炉セメントB種などを用いる場合が多い。パイプクーリングは、あらかじめコンクリートの中にパイプを埋め込んでおき、コンクリート打込み後に冷水を通水することで温度上昇量を低減する方法である。冷水の代わりに空気を送るエアパ

イプクーリングという方法も用いられている。
(3) ケミカルプレストレスの導入

コンクリートに膨張材を混和し、温度上昇時にケミカルプレストレスを導入することで、温度降下時の引張応力を低減する方法である。鉄筋量が少ないとプレストレスが期待できない場合があるので注意が必要である。

(4) 内外温度差の低減

3.7「コンクリートのひび割れ」で述べた内部拘束によるひび割れを抑制するためには、コンクリート内部と表面の温度差を小さくする必要がある。断熱性の高い型枠材を用いることで、コンクリート内部と表面の温度差を小さくすることができる。特に、寒中コンクリートの施工においては、材齢初期のコンクリート表面温度の低下対策として有効である。

(5) 外部拘束の緩和

外部拘束度を緩和することでひび割れを抑制する方法であり、拘束体と新設コンクリートの剛性の差を小さくする方法である。そのためには、ブロックの拘束長を短くする分割施工、拘束体コンクリートと新設コンクリートとの打継時間間隔の短縮などがある。

(6) 補強材の配置

ひび割れ補強材の配置は、ひび割れを分散させたり、発生するひび割れの幅を小さくする目的で行われる。温度応力により過大な引張応力が作用すると引張破壊が生じひび割れとなる。鉄筋などの補強材が配置されていると、補強材が引張力を分担すると同時にそのひび割れ幅を制御することができる。すなわち、鉄筋などの補強材の配置によって、ひび割れ発生そのものを防ぐことはできないが、発生後のひび割れ幅を抑えることができる。

ひび割れ制御鉄筋と称されている方法は、発生が予想される方向に対して直角方向の鉄筋比を多くすることで、発生するひび割れ幅を小さくできる。また、短繊維補強コンクリートを用いることで、発生するひび割れの分散や幅を小さくする方法もある。

(7) ひび割れ誘発目地の設置

ひび割れ誘発目地とは、ひび割れを任意の位置に誘発させるために設置した目地である。ひび割れ誘発目地の例は、図 4-27 に示すとおりであり、

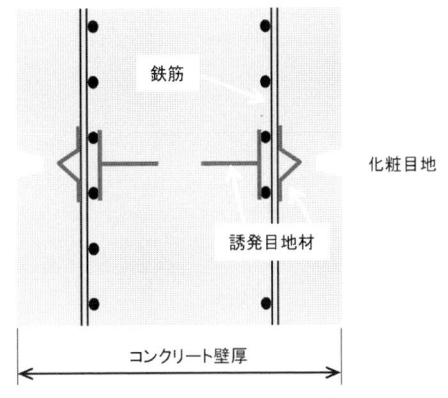

図 4-27 止水タイプのひび割れ誘発目地の例

ひび割れを誘発するのに必要な断面欠損率は 30～50％である。水密性が要求される構造物の場合には止水板を設置するのがよい。ひび割れ誘発目地部にひび割れを確実に誘発させるためには、その間隔を適切に設定することが重要である。間隔は、温度応力解析などによって求めることができるが、壁状構造物の場合には、壁高とほぼ同じ間隔でひび割れが発生する場合が多いので、壁の高さより小さい間隔で設置するのがよいとされている。

4.13 構造物の品質検査および出来形検査

構造物の検査の目的は、設計図書に示された要求性能を満足しているかどうかを確認するために行うものである。要求性能は、完成した構造物で検査することが理想であるが、完成した構造物で検査できる項目は、コンクリートの表面状態や部材の位置および形状寸法など、一部に限られている。部材内部の配筋状況やコンクリートの充填状況、あるいは強度などについて検査することは不可能である。したがって、コンクリート構造物の場合には、施工の各段階で適切な検査を体系的に行うことが極めて重要になる。これらの目的を効率的に達成するためには、あらかじめ、検査計画を定め、測定項目、測定方法、試験方法、判定基準などについて定めておく必要がある。

(1) 施工の各段階における検査

施工の各段階で行う主な検査には、表 4-16 に示すようなものがある。コンクリートや補強材などの材料の検査は、品質試験を行うことができるが、施工の検査は定量的な評価ができない場合が多い。そのため、施工段階における検査の基本

表 4-16 施工の各段階における主な検査項目の例

検査	項目
レディーミクストコンクリートの受入れ検査	・ワーカビリティー ・スランプ ・空気量 ・温度 ・塩化物イオン量 ・単位水量 ・圧縮強度 ・運搬時間
補強材の受入れ検査	・ミルシート（製造会社の試験成績表）による確認または、JISの試験
場内運搬の検査	・運搬設備の種類、性能 ・場内運搬による品質の変化
打込み時の検査	・設備、人員および打込み方法 ・練混ぜから打込みまでの時間 ・打ち重ね時間間隔
締固め時の検査	・振動機の性能、数量 ・棒状バイブレータの挿入深さ、間隔
表面仕上げの検査	・仕上げ時期 ・仕上げ面の状況
養生の検査	・養生設備 ・養生方法 ・養生温度 ・養生期間
継目の検査	・打継ぎ処理方法 ・処理面の状況
鉄筋工の検査	・鉄筋の種類・径・本数 ・加工寸法 ・スペーサの種類、配置、数量 ・組み立てた鉄筋の配置 ・かぶり
型枠・支保工の検査	・資材の種類、材質、形状、寸法 ・支保工の配置 ・型枠の形状・寸法 ・かぶり

は、設備、人員および施工手順・方法などが、施工計画書どおりに準備され、実施されているかどうかを確認することである。一般に施工の検査は、コンクリートを打ち込む前かコンクリートの打込み中に行うことになる。コンクリートを打ち込んでからは、内部の状況を確認することができないので、品質や施工状況に関する信頼性を担保するため、記録写真の撮影とその提出が求められるのが一般的である。

（2）構造物の検査

コンクリート構造物の主な検査には、以下のようなものがある。

（a）表面状態の検査

表面状態の検査は、露出面の状態、ひび割れおよび打継目などについて行う。

コンクリートの表面に突起、すじなどが認められた場合には、これを取り除いて平らに仕上げるのがよい。また、ひび割れ、豆板、欠けた箇所などがある場合には、それらを記録するとともに、耐久性や構造性能に悪影響がないかどうかを慎重に検討し、必要に応じて補修あるいは補強を行う。

せき板を取り外したコンクリート仕上げ面には、**写真 4-33** に示したような打込み層ごとに色むら（濃淡差）が発生する場合がある。このような現象が発生する要因には、細・粗骨材中の微粒分の分離、フライアッシュに含まれる未燃カーボンの分離あるいは、セメントの濃度差などがある。**写真 4-33** の黒い部分は白い部分に比べて、表層コンクリートのセメントペースト分が多く、表面組織が緻密となっている箇所であり、品質的には問題ない事例である。

写真 4-33 色むらの発生事例

（b）部材の位置、形状・寸法の検査

部材の位置、形状・寸法の検査は、一般に出来形検査と称されている。主な検査項目としては、構造物の平面位置、計画高さ、部材の長さ、および断面寸法などがある。これらを、測量機器、スケールなどを用いて、設計図書が定める許容誤差内にあるかどうかを検査する。検査の結果、判定基準を満たさない場合には、コンクリートのはつりや打ち増し、場合によっては再施工となるので、施工段階での早期不具合発見が重要となる。

（c）構造体コンクリートの検査

コンクリートの受入れ検査、施工時の検査で合格と判定されなかった場合、あるいは、発注者の要請があった場合には、構造体コンクリートの強度を検査する。

一般的に行われているのは、**写真 4-34** に示すように、コンクリート表面の反発硬度をテストハンマーにより求め、それから強度を推定する調査方法である。測定結果にばらつきが生じる場合があるので、JIS A 1155「コンクリートの反発度の測定方法」、土木学会基準（JCCE-G 504-1999）「硬化コ

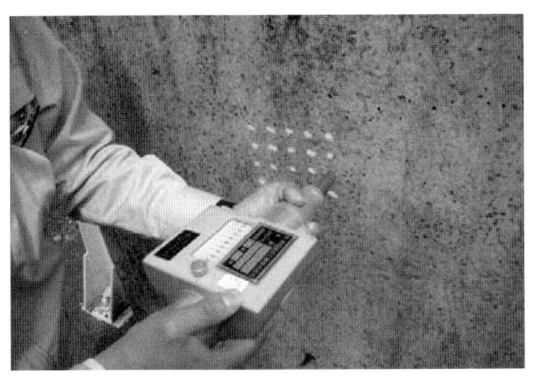

写真 4-34　テストハンマー法による圧縮強度の推定法
　　　　　［写真提供：前田建設工業(株)］

ンクリートのテストハンマー強度の試験方法」、国土交通省大臣官房技術調査課・独立行政法人土木研究所 技術推進本部構造物マネジメント技術チーム「テストハンマーによる強度推定調査の6つのポイント」などに準拠して慎重に行う必要がある。この検査で合格と判定されなかった場合には、構造物中のコンクリートを採取して試験を行う。試験のためのコアは、写真 4-35 に示すように、通常 ϕ100mm にて行うが、構造物を損傷させたり、鉄筋を切断するおそれがある場合には ϕ25mm の小径コアによる試験を行う方法が採用されている[12]。

写真 4-35　構造体の圧縮強度を試験するためのコア供試体［写真提供：前田建設工業(株)］

(d)　鉄筋位置、かぶりの検査

鉄筋は、堅固に組み立てていないとコンクリートの打込み作業によって移動する場合がある。そのため、コンクリート硬化後に、鉄筋が所定の位置に配筋されているかどうかを検査することが義務づけられている場合がある。

調査方法には、電磁誘導法や電磁波レーダ法などがある。電磁誘導法は、図 4-28 に示すように、コイルに交流電流を流すことによってできる磁界内に、鉄筋等の強磁性材料が存在する場合に磁束に影響を及ぼすことを利用して、位置、かぶり、太さを推定するものである。電磁波レーダ法は、図 4-29 に示すように、電磁波をコンクリート内へ放射し、コンクリートと電気的性質が異なる物体（鉄筋、埋設管、空洞等）との境界面からの反射波を受信することによって、位置とかぶりを推定するものである。

検査の結果、かぶりが合格と判定されない場合には、必要に応じてかぶりコンクリートの除去と再施工、かぶり不足部分へのコンクリートの打ち足し、表面被覆など、所要の耐久性を確保する処置が必要となる。

(e)　部材または構造物の載荷試験

施工段階での検査あるいは構造物の検査において、合格と判定されなかった場合、検査に不備があった場合あるいは特に必要とされた場合などには、部材または構造物の載荷試験により、構造性能の確認を行う必要がある。試験に際しては、構造物に重要な損傷を与えないように慎重に計画する必要がある。

載荷試験の結果、構造的安全性、使用性などに問題があると判定された場合には、補強、再構築などを検討しなければならない。

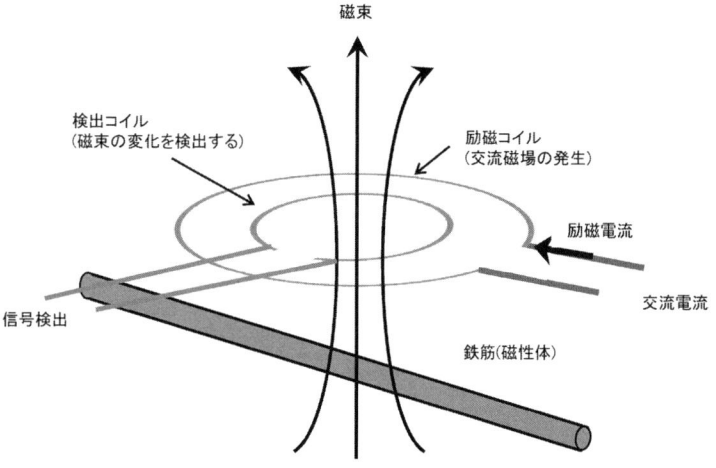

図 4-28 電磁誘導法による鉄筋探査

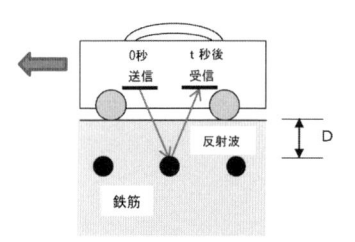

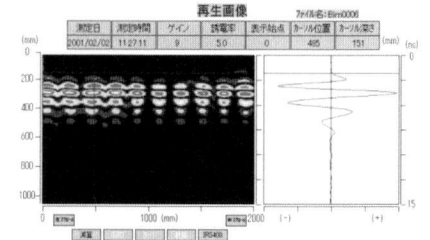

図 4-29 電磁波レーダ法による鉄筋探査
［提供：前田建設工業(株)］

---

column

非破壊による圧縮強度の推定方法

構造体コンクリートの圧縮強度を推定する方法は、古くから研究されており、実用化されている主なものを表-1に示す。最も確実で精度の高いものは、コアを採取して、それを圧縮試験によって強度を求める方法である。JIS A 1107「コンクリートからのコア及びはりの切取り方法並びに強度試験方法」では、採取するコアの寸法は、粗骨材最大寸法の3倍以上としている。一般には、粗骨材最大寸法20mmのコンクリートでは、直径約100mmとしている。最近では、**写真4-35**に示すように、構造体への影響がより少ない直径25mm程度のコアを採取して試験を行う小径コア法が開発されている。

このように、構造体から直接コンクリートコアを採取して破壊試験を行う方法に対して、非破壊にて圧縮強度を推定する方法には以下のようなものがある。
　① マチュリティー法〔前掲：4.9〕
　② 超音波法[4]
　③ 衝撃弾性波法[4]
　④ テストハンマー法〔前掲：**写真4-34**〕
などがある。

超音波法および衝撃弾性波法は、コンクリート中を伝播する超音波や衝撃弾性波を測定し、それからコンクリートの圧縮強度を推定する方法である。国土交通省では、新設のある一定規模以上のコンクリート構造物を対象に、「微破壊・非破壊試験によるコンクリート構造物の強度測定要領(案)」に準拠して管理することを定めている。その中では、微破壊試験としては小径コア法を、非破壊試験としては超音波試験（土研法）と衝撃弾性波試験（iTECS法）の要領を定めている。

超音波法および衝撃弾性波法における強度推定手順は図-1に示すとおりであり、いずれの方法においても、±15％の精度で圧縮強度を推定できる。超音波法は、**図-2**、**写真-1**に示すように、コンクリート内部の音速を表面走査法によって推定し、あらかじめ試験練り時に作製しておいた円柱供試体での音速と圧縮強度の関係式から、構造体強度を推定する方法である。衝撃弾性波法は、**図-3**、**写真-2**に示すように、縦弾性波の伝播時間の差を利用して、弾性波速度を求め、あらかじめ試験練り時に作製しておいた円柱供試体での音速と圧縮強度の関係式から、構造体強度を推定する方法である。

第 4 章　鉄筋コンクリート構造物の施工　　97

表 -1　構造体強度の試験方法の分類

代表的な試験方法	構造物に与える影響	用語例	
・マチュリティー法 ・超音波法 ・衝撃弾性波法	構造物への影響はない	非破壊試験	
・テストハンマー法	測定によりコンクリート表面がわずかにくぼむ	非破壊試験	微破壊試験・局部破壊試験
・小径コア法 ・引抜法 ・プルオフ法	構造物より数センチのコアを採取する、あるいは、数センチ破壊する		微破壊試験・局部破壊試験
・コア試験	構造物より Φ10cm 程度のコアを採取する	破壊試験	

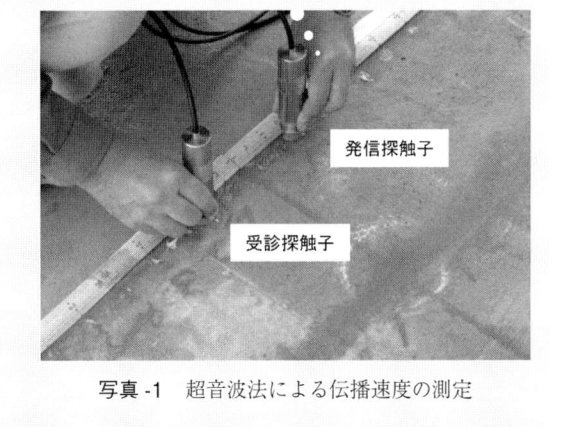

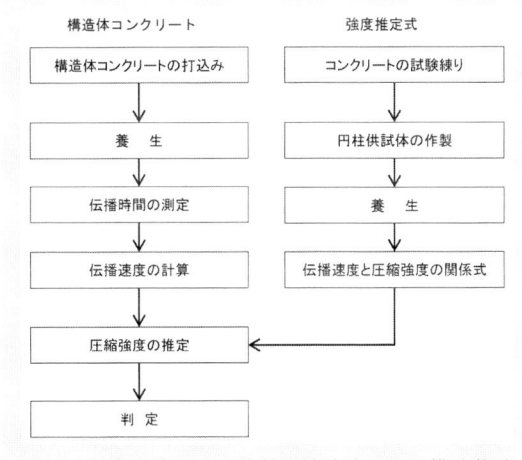

図 -1　超音波法および衝撃弾性波法による構造体強度の推定手順

図 -2　表面走査法による超音波伝播速度の測定

写真 -1　超音波法による伝播速度の測定

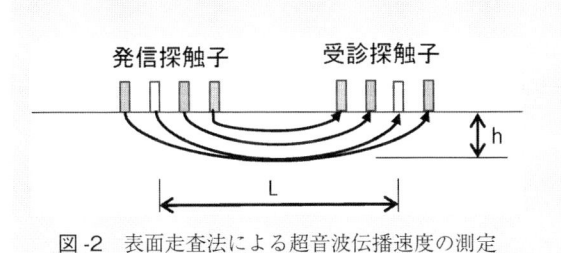

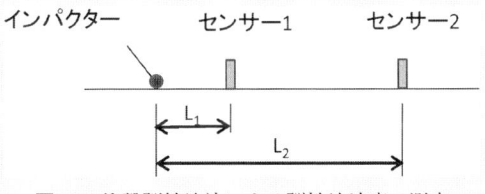

図 -3　衝撃弾性波法による弾性波速度の測定

写真 -2　衝撃弾性波法による伝播速度の測定（提供：リック株式会社）

4.14　施工記録

　工事の請負者は、コンクリート工事の工程、コンクリートの配合、打込み方法、養生方法、施工管理方法および出来形検査結果などの施工記録を工事完了後に発注者へ引き渡さなければならない。このような施工記録は、構造物の供用中の維持管理計画・実施のための基礎資料となるとともに、技術の進歩のためにも必要な資料となる。

　国土交通省などでは「調査、設計、工事などの各業務段階の最終成果を電子成果品として納品すること」としており、請負者は電子納品によって以下のような施工記録を提出することになっている。

・特記仕様書
・工事打合せ簿
・施工計画書

・工事写真
・完成図面

参考・引用文献

1) 全国生コン青年部協議会ホームページ（生コンパーク）
2) セメント協会ホームページ
3) 日工(株)ホームページ
4) 長瀧重義・友澤史紀監修：生コン工場品質管理ガイドブック（第5次改訂版）、全国生コンクリート工業組合連合会、2010
5) 本郷靖：コンクリート技術者のための統計的方法手引（改訂版）、日本規格協会、2001
6) 土木学会：コンクリート標準示方書（2007年版）施工編、2007
7) JFE条鋼(株)ホームページ
8) 普通鋼電炉工業会ホームページ
9) 極東開発工業(株)ホームページ
10) エクセン(株)ホームページ
11) 福山雅典・渡部正・山本和範：SQCの型枠存置期間が中性化速度に及ぼす影響、前田建設技術研究所年報、vol.44、2003
12) 国土交通省大臣官房技術調査課：微破壊・非破壊試験によるコンクリート構造物の強度測定要領(案)、国土交通省、2012

第5章
劣化機構と耐久性照査

5.1 耐久性とは

コンクリート構造物の性能は、設計耐用期間中、設定された要求性能を常に満たしていなければならず、そのためには、構造物は供用中の環境作用によりこれらの性能に支障をきたす材料劣化や変状が生じてはならない。

コンクリート構造物では、構造物の経時的な劣化に対する抵抗性を、構造物の耐久性として性能の1つに位置づけているのが現状である。なお、変動荷重等の外力作用に起因する繰り返し作用による性能の経時変化（例えば、疲労等）に対する抵抗性は耐久性には含まず、これらは、外力作用に対する安全性として考慮している。

構造物の耐久性とは、対象とする構造物に要求される性能が、設計耐用期間にわたり確保されることを目的に設定されるものであるため、安全性、使用性、復旧性等の性能と独立ではなく、性能の経時変化に対する抵抗性となる。しかし、安全性、使用性、復旧性等の性能の変化（一般的には低下）を時間の関数として評価するのは、現段階では難しく、また必ずしも経済的ではない。そこで、一般的には、設計耐用期間中には環境作用による構造物中の各種材料劣化により不具合が生じないことを構造物の耐久性として設定し、この前提が満足されていることにより、構造物が設計耐用期間にわたり各種の要求性能を満足することを確認している。

図5-1は、コンクリート構造物の経年劣化による性能低下の概念図である。図中Aは、設計耐用年数前に構造物の性能が要求性能を下回るため、このような構造物を設計・施工してはならない。構造物の性能が、設計耐用期間中に要求性能を満足するための方法は複数考えられるが、例えば、初期の性能は図中Aと同じであるが、経年劣化による性能低下曲線の勾配を緩やかにする方法（図中B）、すなわち耐久性を高める方法や、性能低下曲線の勾配はほぼ同じであるが、初期の性能を高めることで、要求性能を満足する方法（図中C）などが考えられる。

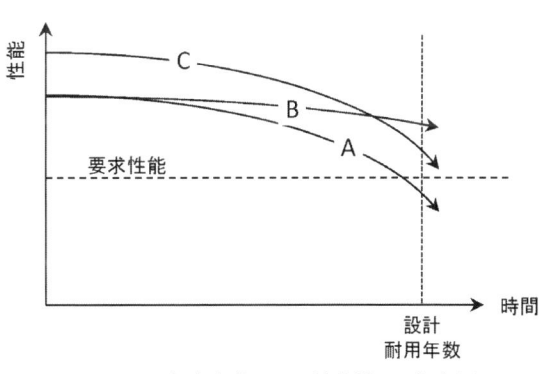

図5-1 経年劣化による性能低下の概念図

土木学会コンクリート標準示方書（以下、示方書）では、耐久性とは、「想定される作用のもとで、構造物中の材料の劣化により生じる性能の経時的な低下に対して構造物が有する抵抗性である」と定義されている。また、設計段階における耐久性に関する照査では、「塩害および中性化による鋼材腐食、凍害、化学的侵食によるコンクリートの劣化により構造物の所要の性能が損なわれないことを照査する」こととされている。なお、コンクリート構造物の劣化機構の1つであるアルカリ骨材反応については、使用材料の選定の段階で検討すべき項目であるため、示方書の設計段階における耐久性に関する照査では対象としていないが、ここでは、劣化機構として簡単に触れておく。

5.2 鋼材腐食

5.2.1 鋼材腐食の概要

鋼材の腐食（corrosion）は、鋼材の主成分である鉄（Fe）と水（H_2O）および酸素（O_2）の化学反応の結果、電気化学的に侵食されることをいう。この反応を化学式で表現すると次式のようになる。

アノード反応（anode reaction）
$$Fe \rightarrow Fe^{2+} + 2e^-$$
カソード反応（cathode reaction）
$$1/2 O_2 + H_2O + 2e^- \rightarrow 2OH^- \quad (5.1)$$
反応全体系
$$Fe + 1/2 O_2 + H_2O \rightarrow Fe(OH)_2$$

化学的に酸化反応をアノード反応と、還元反応をカソード反応といい、通常、金属の腐食はアノードにて生じる。電気化学とは、「電気的現象を伴う化学反応あるいは化学的現象を研究する化学の一分野。（三省堂大辞林）」である。腐食反応が電気化学的な反応と言われるゆえんは、中学・高校時代の電池（異種電極電池や濃淡電池など）の授業を思い出すと良い。鋼材の腐食の結果生成される水酸化鉄（II）[$Fe(OH)_2$]は、酸化により水酸化鉄（III）[$Fe(OH)_3$]となり、さらに水分がとれるとオキシ水酸化鉄（FeOOH）となる（赤さび）。

鋼材の腐食形態は、均一腐食（uniform corrosion）と局部腐食（localized corrosion）に大別され、局部腐食として孔食（pitting）、隙間腐食（crevice corrosion）、応力腐食割れ（stress corrosion（cracking））などがある。

均一腐食は、鋼材表面の全面にわたってほとんど同一の速度で進行する腐食であり、局部腐食は、鋼材のある部分の腐食速度が他の部分に比べて大きい場合に生じ、その原因は環境作用、材料などの様々な非均質性による。均一腐食と局部腐食について、アノード領域とカソード領域を模式的に描くと図5-2のようになり、均一腐食では表面のどの場所もアノード（a）かつカソード（c）であるが、局部腐食ではある部分のみがアノード（a）となり、その他の表面がカソード（c）になる。コンクリート工学の分野では、アノードとカソードで形成される回路の大きさによって、ミクロセル（micro-cell）とマクロセル（macro-cell）と表現するのが一般的である。アノードとカソードの反応は釣り合うため、均一腐食と局部腐食のカソード反応量が等しい場合、均一腐食では鋼材表面全域が腐食するのに対し、局部腐食はアノード領域のみで均一腐食と同量の腐食が生じることとなる。

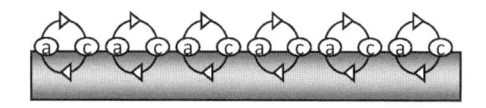

均一腐食（ミクロセル腐食：micro-cell corrosion）

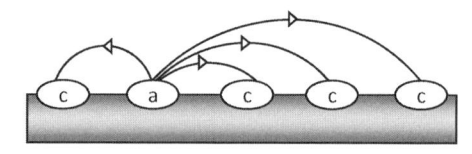

局部腐食（マクロセル腐食：macro-cell corrosion）

図5-2 腐食反応の模式図

5.2.2 平衡状態の鋼材腐食

ある化学反応の進行のしやすさは、その反応に伴うGibbs（ギブス）の自由エネルギーの変化ΔGで決定され、鋼材が腐食するかどうかについても同じことがいえる。任意の化学反応式を次のように表現する。

$$lL + mM + \cdots \rightarrow qQ + rR + \cdots \quad (5.2)$$

この反応に伴うGibbsの自由エネルギーの変化は、分子自由エネルギーをGで表現すれば、

$$\Delta G = (qG_Q + rG_R + \cdots) - (lG_L + mG_M + \cdots) \quad (5.3)$$

となる。標準分子自由エネルギーをG^0で表現すると、ある物質の自由エネルギーと標準状態における自由エネルギーの差$(G_i - G_i^0)$は、物質の活量a_iを用いて$(G_i - G_i^0) = RT \ln a_i$となる（$R$：気体定数、$T$：絶対温度）。したがって、化学反応式全体を考えれば次式をえる。

$$\Delta G - \Delta G^0 = -RT \ln \frac{a_L^l \cdot a_M^m \cdots}{a_Q^q \cdot a_R^r \cdots} \quad (5.4)$$

腐食の場合、電気化学的機構であるため、鋼材の腐食傾向は腐食電池の起電力Eによって表現するのが一般的であり、ΔGとの関係は次のようになる。

$$\Delta G = -EnF \quad (5.5)$$

ここに、n：反応に関与する電子数、F：Faraday

（ファラデー）定数（96,485C/mol）

式(5.4)、(5.5)より次式を得る。

$$E = E^0 + \frac{RT}{nF} \ln \frac{a_L^l \cdot a_M^m \cdots}{a_Q^q \cdot a_R^r \cdots} \quad (5.6)$$

この式をNernst（ネルンスト）の式といい、電池の起電力を反応物質および生成物質の活量によって表している。気体の場合の活量は気圧で表した圧力とほぼ同じであり、純粋な固体物質の活量は1.0、反応を通じてその濃度が実質的に一定である水などの活量も1.0である。標準電位（E^0）は、25℃の条件で計測し、常用対数表記が一般的であることから、上式にR、T、Fを代入し常用対数に変換する。

$$E = E^0 + \frac{0.0592}{n} \log \frac{a_L^l \cdot a_M^m \cdots}{a_Q^q \cdot a_R^r \cdots} \quad (5.7)$$

ここで、水の生成・分解に関わる2つの反応の電位を例として求めてみる。

$$O_2 + 4H^+ + 4e^- = 2H_2O \quad (5.8)$$
$$2H^+ + 2e^- = H_2 \quad (5.9)$$

式(5.8)の標準電位は1.229（25℃）、式(5.9)の標準電位は0である。絶対的な電位を計測することはできないため、式(5.9)の任意の温度における反応の標準電位を0として、その他の標準電位を決定している。

$$E = 1.229 + \frac{0.0592}{4} \log \frac{a_{O2} \cdot a_{H^+}^4}{a_{H2O}^2} \quad (5.10)$$

$$E = 0 + \frac{0.0592}{2} \log \frac{a_{H^+}^2}{a_{H2}} \quad (5.11)$$

前記したように、気体の活量は気圧で表した圧力（1気圧）、水の活量は1、水素イオンの活量が$\mathrm{pH} = -\log a_{H^+}$の関係で表されることを用いれば、最終的に次式のようになる。

$$E = 1.229 - 0.0592\mathrm{pH} \quad (5.12)$$
$$E = -0.0592\mathrm{pH} \quad (5.13)$$

この結果を図化したものを図5-3に示す。このような電位-pH図をPourbaix（プールベ）図と呼ぶ。図中の実線は式(5.8)の結果であり、この直線より上の領域では酸素が発生するが、これより下の領域では発生しない。一方、図中の点線は式(5.9)の結果であり、同様に、この点線より下の領域のみで水素が発生する。両者の線で囲まれた領域が水の安定域となる。同じような手順で、複数の反応について求めると鉄のPourbaix図も得ることができる（図5-4参照）。図中の線は種々の反応に対する熱力学的平衡状態を示している。

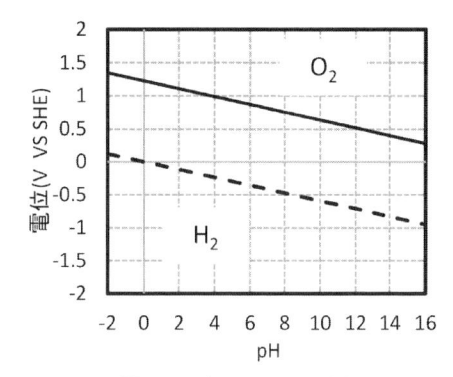

図5-3 水のPourbaix図

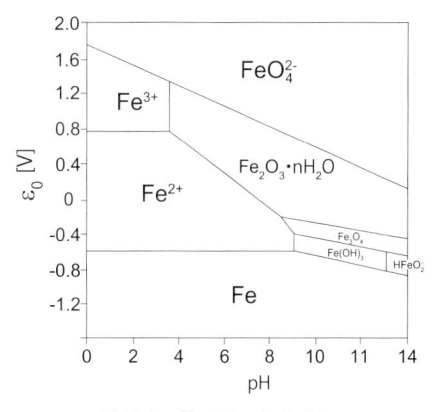

図5-4 鉄のPourbaix図

5.2.3 鋼材腐食速度

ここまで、熱力学的平衡状態に基づいて鋼材の腐食を議論してきたが、われわれの関心は鋼材の腐食速度である。腐食反応は、アノードとカソード間の電子の動きに伴い電流が流れる反応であるため、腐食速度を理解するためには、通常、電流の大きさに着目する。電流と腐食量（反応量）の関係は、Faradayの法則により式(5.14)のように表現できる。

鉄の腐食量 (g) = k × 電流 (A) × 時間 (s)

$$(5.14)$$

式中の定数kを電気化学当量といい、2価の鉄の場合は、2.89×10^{-4}g/Asとなる。

ここで、腐食しつつある鋼材の電流（i_{corr}）と電位（E_{corr}）の関係に着目してみる。この状態では、アノード反応による電流とカソード反応によ

る電流が釣り合っており（電気的中性条件が満たされている）、結果として外部回路には電流が流れず直接電流を測定することができない。そのため、外部から強制的に電流を流すことによって、電流と電位の関係を計測するのが一般的である。

測定では、アノード分極またはカソード分極させ、図5-5の破線に示すデータの一方を得る。続いて分極の方向を変え、もう一方の破線を得る。なお、アノード分極では電位が正の方向にずれてアノード反応がより優位となり、逆にカソード分極では電位は負の方向にずれてカソード反応が優位となる。電極に出入りする電流によって生じる電位の変化を分極（polarization）と呼ぶ。分極操作を図中の点線よりももっと正・負な領域まで求めると、図中の実線のように β_a, β_c で示される勾配（Tafel勾配）を持つ直線となる。この2本の直線を延長して求めた交点が、鋼材の電流（i_{corr}）と電位（E_{corr}）に相当する。これは、ミクロセル腐食の状態の模式図であり、電流を決定するTafel勾配は、pH、酸素濃度やその他要因によって変化するため、環境に応じて腐食の速度が変化するのである。

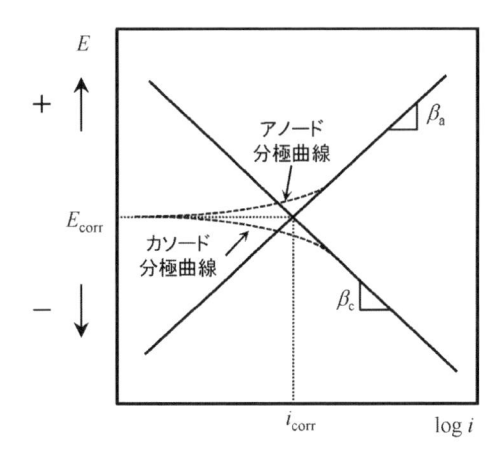

図5-5 分極図（Evans diagramと呼ぶこともある）

5.2.4 不動態

曝気した室温の水における、pHと鉄の腐食度の関係を図5-6に示す。pHが4から10までの領域では腐食速度はpHに無関係で、鉄の表面に拡散してくる酸素量に依存する。主要な拡散障壁である水酸化鉄（II）は、腐食の進行に伴って連続的に更新される。このpH領域では、常にアルカリ性の飽和溶液に接しており、そのpHはほぼ9.5である。pHが4より小さい酸性領域では、水酸化鉄（II）の皮膜は溶解するため、鉄は常に直接水溶液と接し、結果として腐食速度は増大する。pHが10以上の場合、アルカリと溶存酸素の存在によって鉄の不動態化傾向が増すために、非常に腐食速度が小さくなる。

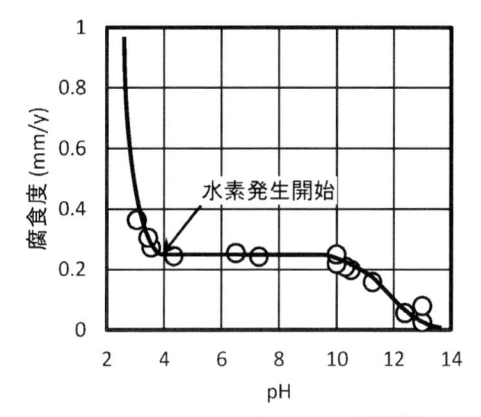

図5-6 pHと鉄の腐食度の関係[1]を基に作成

不動態皮膜の形成機構には、金属酸化物その他の反応生成物から形成されると考えられている酸化物皮膜説と、化学吸着した層（例えば、酸素など）に覆われていると考えられている吸着説の2つの見解がある。実際にアルカリ性溶液中の鉄の表面に、γ-酸化鉄（III）（γ-Fe_2O_3）の 10^{-9} m オーダの薄い皮膜の存在が確認されている。いずれにしても、アルカリ環境下にある鋼材は極めて腐食しにくい状態にあることがわかる。

塩化物イオンは、鋼材の不動態皮膜を破壊、あるいは不動態化を妨げる。他のハロゲンイオンも、程度は塩化物イオンよりも低いが同じような作用をする。酸化物皮膜説では、塩化物イオン（Cl^-）が硫酸イオン（SO_4^{2-}）などの他種のイオンよりも容易に孔その他の欠陥を通じて酸化物皮膜に浸透、あるいは酸化物皮膜をコロイド状に分散させ、透過性を良くすると考えられている。吸着説では、塩化物イオンは溶存酸素や水酸化物イオン（OH^-）と競争的に鋼材表面に吸着し、いったん表面に接触すると鉄イオンの水和を助け、これらが溶液中に溶出するのを容易にすると考えられている。いずれにしても、塩化物イオンの存在により不動態が破壊されることは事実として観察されている。

なお、塩化物イオンによる不動態の破壊は均一ではなく局所的に生じる。このような場所は、塩化物イオン濃度や不動態皮膜の構造や厚さなどの

ちょっとした差異によって決定されるものと考えられている。不動態が局所的に破壊される結果、鋼材表面には不動態表面からなる大面積のカソードと、小面積のアノードが形成され、マクロセル腐食の形態となる。

5.3 コンクリート中の鋼材腐食と耐久性照査

5.3.1 コンクリート中の鋼材腐食の基礎

コンクリートは pH12〜13 と高アルカリ性を示すことから、コンクリート中の鋼材は不動態化しており、極めて腐食しにくい状態にある。これまで見てみてきたように、不動態を破壊する要因は、塩化物イオンの存在や pH の低下であるため、コンクリート構造物の鋼材腐食として、①中性化に伴う鋼材腐食、②塩害、が考慮されているのである。現象としては、後述する化学的侵食でも鋼材腐食は生じるが、化学的侵食の場合は鋼材腐食以前のかぶりコンクリートの侵食によって構造物の性能が低下する場合もあるため、中性化や塩害とは別に考慮することが一般的である。

ここで、不動態皮膜が均一に破壊され鋼材の腐食形態がミクロセル腐食の場合は、前記した鋼材腐食の考え方を用いて考察することができる。しかし、コンクリート構造物中の鋼材表面の塩化物イオン濃度、pH、酸素濃度などの分布は、環境、材料、欠陥などの様々な影響によって一定ではない。そのため、実構造物中の鋼材腐食は、マクロセル腐食も共存した形態となっている。

図 5-7 に、マクロセル腐食の分極曲線の概念図を示す。ここでは、塩化物イオンの多い環境中の鋼材（腐食環境にある鋼材でアノード反応が卓越）と塩化物イオンの少ない環境中の鋼材（腐食環境にない鋼材でカソード反応が卓越）を想定している。

アノード部とカソード部が電気的に接続されていないときの自然電位を、それぞれ A 点（E^a_{corr}）と B 点（E^c_{corr}）とする。実際には、アノード部とカソード部は連続する一本の鋼材であるため電気的に接続されており、アノード部は正方向（貴）に、カソード部は負方向（卑）に分極する。マクロセル腐食反応でも、アノード反応とカソード反応は釣り合うため、ミクロセル腐食と同様に両者の分極曲線の交点で自然電位と電流（腐食速度）が決まると考えられるが、コンクリート中の鋼材の場合、コンクリート抵抗 R_{con} によってアノード部とカソード部の電位に差が生じる（この現象を iR ドロップ（オーム降下）と呼ぶ）。このため、実際には両者の分極曲線の交点ではなく、コンクリート抵抗、アノード部とカソード部の電位差、およびマクロセル電流がオームの法則に基づいて釣り合った状態となる。すなわち、アノード部は C 点（E^a_{macro}）で、カソード部は D 点（E^c_{macro}）で腐食反応が進む。

このようにマクロセル腐食機構を概念的に説明することはできるが、実際のコンクリート構造物中の鋼材の腐食速度を予測し、その結果をコンクリート構造物の設計や維持管理に利用することは難しい状況にある。そのため、標準的な設計では、コンクリート表面のひび割れ幅が鋼材の腐食に対する限界値以下であること、構造物の予定供用期間中に鋼材腐食が発生しないことを確認することで、耐久性照査を実施している。維持管理では、p.102 の column で概説するような腐食診断機を用いて鋼材の腐食状況を確認し、診断・対策を実施する。

ところで、コンクリート中の鋼材が腐食すると、コンクリート構造物はどうなるのか？ 腐食反応は膨張反応であり、腐食前に比べて腐食部は通常 2〜4 倍に体積膨張する。この膨張圧によって、かぶりコンクリートにひび割れが発生し、場合によってはかぶりコンクリートがはく離する（図 5-8 参照）。このような状況になると、もはや鋼材はかぶりコンクリートに保護されておらず、極めて腐食しやすい状況下となり、腐食速度が加速する。加えて、腐食した領域の鋼材は力を

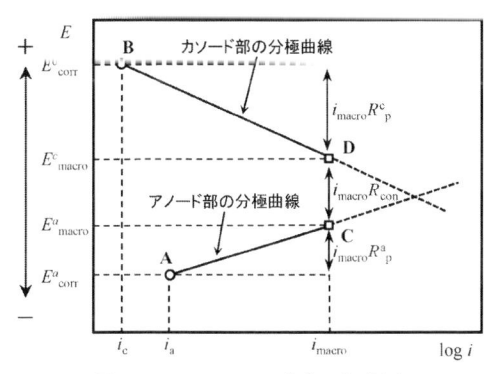

図 5-7 マクロセル腐食の概念図

column

鋼材腐食の測定

コンクリート中の鋼材の腐食状態を把握する方法として、鋼材腐食が電気化学的な反応であることを活用した、自然電位法と分極抵抗法がある。また、かぶりコンクリートの電気抵抗を測定することで、内部に存在する鋼材の腐食のしやすさを判定する方法もある。ここでは、自然電位法と分極抵抗法について概説する。

(a) 自然電位法

鋼材が腐食することによって変化する鋼材表面の電位から、腐食を診断する方法である。金属の自然電位測定法は、電位差計を介して照合電極と試料金属の電位差を計測する方法である。両者の電位差を打ち消すように電流を流すことによって、電位差を計測する。この電流の数値が大きいと、対象金属の腐食状態に影響を与える可能性があるため、電位差計の内部抵抗が100MΩ以上（抵抗が大きければ、電流は小さくなる）であるものを使用する。この方法は、1977年にASTM（米国試験材料協会）で規準化（C876）されており、わが国においては、2000年に土木学会規準（JSCE-E601）として規準化されている。

図-1に示すとおり、コンクリート中の鋼材と電位差計との電気的導通を確保するために、鋼材の一部にリード線を接続する。照合電極の先端は、含水させたスポンジ等を介してコンクリート表面と接触させる。これによってコンクリート中の鋼材の自然電位を測定する。なお、コンクリート部分は湿潤状態になるように事前に散水等をしておく必要がある。

測定結果の数値がマイナス側（卑側）な値ほど、腐食している可能性が高い。評価方法については、いくつか提案されているが、最も有名なものはASTM C 876に示されている基準である（表-1）。測定結果は、かぶりコンクリートの性状（含水率、中性化深さ、塩化物量など）などの影響を受けるため、絶対値の評価というよりは、同一構造物内での相対的な評価となることが多い。

(b) 分極抵抗法

コンクリート表面に当てた外部電極から内部鉄筋に微弱な電流または電位差を負荷したときに生じる電位

表-1　ASTM C 876による鉄筋腐食の評価

自然電位（E）(V vs CSE)	鉄筋腐食の可能性
$-0.20 < E$	90%以上の確率で腐食なし
$-0.35 < E \leq -0.20$	不確定
$E \leq -0.35$	90%以上の確率で腐食あり

CSE：銅-硫酸銅電極

変化量または電流変化量から、腐食電流密度と反比例の関係にある分極抵抗を求め、腐食速度を推定する方法である。試料金属の電位を自然電位からΔEだけ変化させると微小電流ΔIが生じたとする。このとき、ΔEが±10〜20mV程度の微小な変化であれば、両者には直線関係が成立する。

$$\Delta E = R_p \cdot \Delta I$$

ここで、R_pは分極抵抗と呼ばれ、この分極抵抗は腐食速度と反比例関係にあり（Stern-Geary式）、実用的な分極抵抗法の基本式である。

$$I_{corr} = K \cdot 1/R_p$$

ここで、I_{corr}：腐食電流密度（A/cm^2）、R_p：分極抵抗（Ωcm^2）、K：金属の種類や環境条件で決まる定数（V）でコンクリートの場合は0.026Vがよく用いられる

腐食電流がすべて$Fe \rightarrow Fe^{2+} + 2e^-$の反応によると仮定すると、ファラデーの第2法則から、単位時間当り、単位面積当りの腐食による質量損失率や1年当りの平均損失厚さとして腐食速度に換算できる。

1μA/cm^2 → 2.50mdd（mdd: mg/dm^2/day）
1μA/cm^2 → 1.16×10^{-3}（mm/year）

分極抵抗を求める方法は、外部電流の印加方法によって直流法と交流法に大別でき、一般的には直流法をさすが、わが国のコンクリート中の鋼材を対象とした測定では、交流法（交流インピーダンス法、拘留矩形波電流分極法）が主流である。

写真-1に自然電位と分極抵抗の測定機を示す。

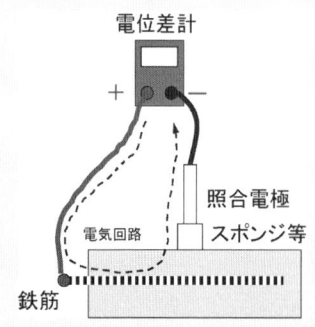

図-1　自然電位測定方法の概念図

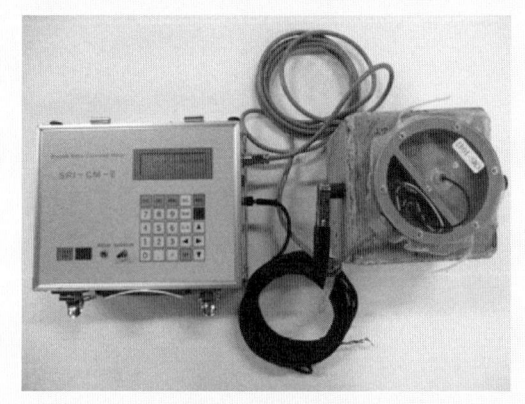

写真-1　自然電位と分極抵抗測定機の例

受けもたなくなるため、その分鋼材が分担する応力は低下し、鋼材とコンクリート間の付着力も低下するため、部材あるいは構造物の耐荷力は低下する（図5-9参照）。そのため、鉄筋コンクリート構造物の劣化として、鋼材腐食は極めて重要な問題であり、特に、島国であるわが国では、塩害を受ける構造物が多く、その重要性は極めて高い（写真5-1参照）。

図5-8 鋼材腐食によるひび割れの種類

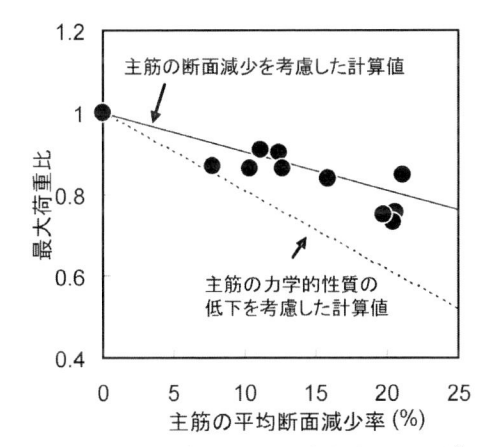

図5-9 鋼材腐食の状況と最大荷重比の関係[2]

写真5-1 塩害を受けた構造物の例［写真提供：加藤絵万博士］

5.3.2 中性化に伴う鋼材腐食
（1）中性化機構の基礎

土木学会示方書［規準編］では、中性化とは「硬化したコンクリートが空気中の炭酸ガスの作用を受けて次第にアルカリ性を失っていく現象」と定義されており、一般的な中性化因子として空気中の炭酸ガスを採り上げている。しかし、酸性雨などの各種「酸」の作用によってもコンクリートのアルカリ性は、表面から徐々に失われ中性化する。したがって、広義に解釈すれば、中性化は「コンクリートがアルカリ性を失っていく現象」としてとらえることができる。酸などによる中性化現象は、「化学的侵食」の中で議論されることが多く、一般的にはコンクリートの中性化といえば、大気中の炭酸ガスによるセメント水和物の炭酸化に起因したコンクリートの中性化である。5.2.4で、鋼材はpHが10より小さくなると、腐食速度が増加することを説明した。炭酸ガスに起因したコンクリートの中性化によって、pHは8～9程度まで低下する。コンクリートの中性化機構の概略は次のとおりとなる。

① コンクリートの空隙中に炭酸ガスが侵入（濃度拡散）
② 侵入した炭酸ガスが、空隙中に存在する水分に溶解し（炭酸：$H_2CO_3 = H^+ + HCO_3^-$）、水素イオンと炭酸イオンに解離（$HCO_3^- = H^+ + CO_3^{2-}$）
③ 炭酸イオンと水酸化カルシウム（セメントの水和反応生成物）から供給されるカルシウムイオンが反応し、炭酸カルシウムが生成（$2H^+ + CO_3^{2-} + Ca^{2+} + 2OH^- \rightarrow CaCO_3 + 2H_2O$）。また、他の水和物や未水和セメントも炭酸化する。
④ これらの反応により、炭酸カルシウム飽和溶液のpHに近い8～9に低下
⑤ 鋼材腐食速度が増加
⑥ 腐食ひび割れ発生
⑦ ひび割れの存在が腐食速度を促進

このような中性化機構に基づけば、中性化の進行は、空気に触れるコンクリート表面から内部に向かって進行し、その速さは、炭酸ガス濃度や温度、コンクリートの空隙構造や含水率、コンクリート中の水酸化カルシウム量に依存する。

コンクリート中への炭酸ガスの侵入にかかわらず、連続した空間内に存在する物質に濃度差がある場合、空間内の濃度が一定となるように、濃度が濃い場から薄い場へ物質は移動する。このよ

な移動を濃度拡散といい、その拡散する速度は、濃度差が大きいほど、温度が高いほど速くなる。

コンクリートの中性化進行速度に及ぼす影響は複数あるが、現状、設計や維持管理において中性化の進行を予測する場合は、現象を単純化して濃度拡散によって表現し、中性化の進行が時間の平方根に比例するルート t 則を用いるのが一般的である。比例定数を中性化速度係数と呼ぶ。

$$y = \alpha \sqrt{t} \quad (5.15)$$

ここに、α：中性化速度係数、t：時間

（2）中性化に伴う鋼材腐食

アルカリ性水溶液中における鋼材の発錆限界pHは、水酸化カルシウム水溶液中あるいはセメント擬似溶液中における腐食発生電位とpHの実験結果より、11〜11.5程度であることが示されている。コンクリートのpHの低下は、一般にフェノールフタレインの呈色反応によって評価するが、この場合、pH8.2〜10以上のアルカリ側の領域で発色が確認できる。両者の関係の概念図を図5-10に示すが、フェノールフタレインによって呈色する領域でも、鋼材の腐食速度が増加する可能性があることがわかる（図中のハッチ部分）。では、フェノールフタレインの呈色反応によって判定される中性化深さが、どの程度進行すると鋼材の腐食速度が速くなるのだろうか？　ここで、かぶりと中性化深さの差（かぶり−中性化深さ）を中性化残りと定義すれば、既往の実験結果（図5-11）より中性化残りが10mm程度から、腐食速度が増加していることがわかる。なお、塩化物イオンが存在する場合は、中性化残りが20mm程度から腐食速度が増大するといわれている。

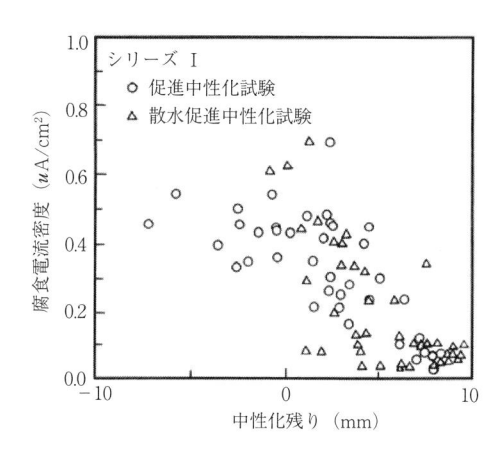

図5-11　中性化残りと腐食電流密度の関係[3]

写真5-2は中性化によって鋼材が腐食した構造物の例であり、写真5-3はフェノールフタレイン噴霧によって中性化深さを計測した例であるが、鋼材位置まで中性化が進行していることがわかる。

（3）中性化進行に及ぼす影響とルート t 則の導出

第3章で解説したように、コンクリートは、様々な大きさの空隙が複雑にネットワークを形成している。コンクリート中への炭酸ガスの濃度拡散は、空隙構造の緻密さに影響を受け、緻密なほど拡散する速度は遅くなる。さらに、空気中と水溶液中の炭酸ガスの拡散速度を比較すると、水溶液中の速度は非常に遅いため、コンクリートの空隙中の水分量（含水率）が多いほど、炭酸ガスの拡散速度は遅くなる。

ここまでは、炭酸ガスの移動について見てきたが、中性化機構に基づけば、中性化の進行は、単

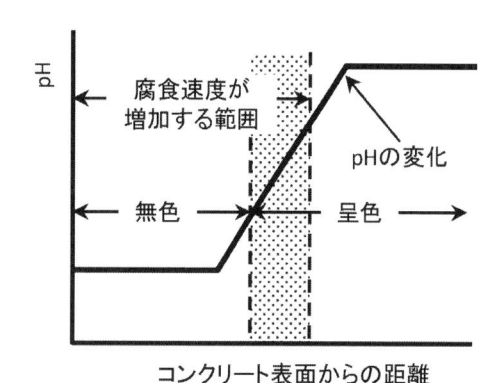

図5-10　フェノールフタレインの呈色領域と腐食の関係の概念図

写真5-2　中性化による鋼材腐食［写真提供：(株)コンステック］

写真 5-3 フェノールフタレイン噴霧による中性化深さ測定の例［写真提供：(株)コンステック］

なる炭酸ガスの移動ではなく、化学反応も考慮する必要がある。すなわち、空隙中に水分が存在していることや、水酸化カルシウム量の影響も重要な視点である。

例えば、空隙中に全く水分が存在しない場合、炭酸ガスはコンクリート表面から内部に向かって容易に移動するが、炭酸ガスが溶解できないために反応せず、結果としてコンクリートは中性化しない。このことから、コンクリートの中性化に対して空隙中の水分量は、移動と反応で相反する影響となることがわかる。コンクリートの空隙中の水分量を計測するのは難しいため、このような影響を実験的に観察する場合、コンクリートの中性化進行に及ぼす相対湿度の影響として捉える（相対湿度の高い環境に置かれたコンクリートの含水

率は高くなる）。図 5-12 は、相対湿度 60%の中性化の進行に対する各相対湿度の中性化進行の比率（図中比率）の測定結果の一例である。相対湿度 40%付近で中性化の進行が最も速くなっていることがわかる。

同一の環境下に、仮想的に水酸化カルシウム量のみが異なる 2 種類のコンクリートを置いた場合を想定する。コンクリート中に侵入した炭酸ガスは、水酸化カルシウムとの反応によって消費されるため、水酸化カルシウム量が多いほど、内部に移動する炭酸ガスの量が少なくなる。このため、一般的にはコンクリート中の水酸化カルシウム量が少ないほど、コンクリートの中性化は進行しや

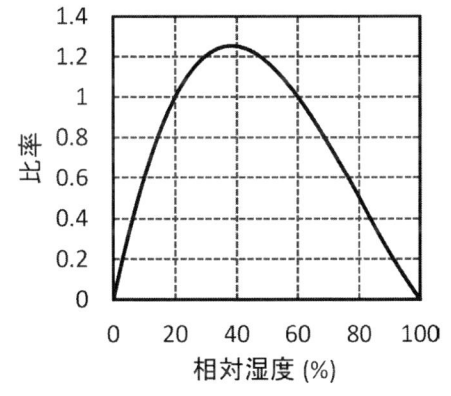

図 5-12 中性化進行に及ぼす水分の影響

---

column

物質移動特性の非破壊的計測

コンクリート構造物の中性化の進行は、ドリル削孔やコア抜きした箇所に 1%フェノールフタレイン溶液を噴霧し、その無色の領域を計測することで把握できる。ただし、この方法は実構造物の破壊を伴う試験である。中性化の進行は、炭酸ガスの侵入と反応によるため、直接的にその進行を非破壊で計測することは難しいが、気体の移動のしやすさを計測することで、間接的に中性化の進行を推定することが試みられている。

実構造物におけるコンクリートの物質移動特性の計測に関する研究は、比較的古くから実施されており、透気性、吸水率、透水性等の試験方法がある。この中で構造物のかぶりコンクリートの透気性を調べる方法に着目すると、表面法および削孔法の 2 種類に大きく分類されるが、いずれも真空ポンプにより削孔内もしくは表面に設置したチャンバー内を減圧し、吸引を止めた後の復圧過程を測定することで、コンクリートの透気性、すなわち緻密さを評価しようとするものである。削孔法は Figg によって開発され、わが国においては、笠井らによって孔の深さ・間隔についての検討がなされ、また中性化深さに対応する簡易透気速度の区分が提案されている。表面法はシングルチャンバー法とダブルチャンバー法の 2 種類に分類でき、シングルチャンバー法の留意点は表面に設置するチャンバーとコンクリートの密着性であり、樹脂等を用いると表面にその痕跡が残るなど問題も生じてくる。また、ブリーディングや仕上げの影響や、型枠面においては早期脱枠などの極表層の脆弱層の影響により、コンクリート表層部の品質を評価できない場合があることが指摘されている。Torrent によって開発されたダブルチャンバー法は、シングルチャンバー法で問題となる極表層のスキンといわれる脆弱層の影響を排除することができ、透気性を評価する上でベンチマーク試験として位置づけられる CEMBUREAU 法（RILEM TC 116-PCD）とほぼ一致する空気流を原位置で実現しており、信頼性の高い結果が得られるとされている。

本試験方法は、真空ポンプを用いたチャンバーの吸引によってチャンバー内部を設定値（30hPa）まで減

圧し、その後内部の気圧が復圧していく過程から、表層透気係数を次式により求める。

$$kT = \left(\frac{V_c}{A}\right)^2 \frac{\mu}{2\varepsilon P_a} \left[\frac{\ln\left(\frac{P_a + \Delta P}{P_a - \Delta P}\right)}{\sqrt{t} - \sqrt{t_0}}\right]^2$$

ここに、kT：表層透気係数（m^2）、V_C：内部チャンバーの容積（m^3）、A：内部チャンバーの面積（mm^2）、μ：空気の粘性係数（$2.0 \times 10^{-5} N \mu s/m^2$）、$\varepsilon$：コンクリートの空隙率（0.15）、$P_a$：大気圧（$N/m^2$）、$\Delta P$：試験終了までの復圧量（$N/m^2$）、$t$：試験終了時間（s）、$t_0$：試験開始時間（60s）

図-1は、測定材齢ごとの表層透気係数と中性化速度係数の関係であり、測定材齢を限定すれば、両者は概ね線形関係にあり、表面透気試験から中性化の進行を予測することが可能であることがわかる。

写真-1に表面透気試験機を示す。

写真-1　表面透気試験機の例

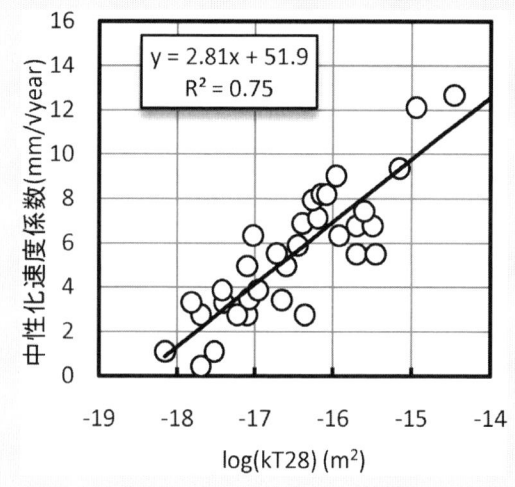

図-1　測定材齢ごとのkTと中性化速度係数の関係

すくなる。例えば、ポゾラン反応性を有するフライアッシュは、水酸化カルシウムと反応するため、コンクリート中の水酸化カルシウム量が少なくなり、結果として中性化の進行が速くなると考えられる。ただし、フライアッシュコンクリートは、普通コンクリートに比べて空隙構造が緻密化する場合もあるため、中性化進行に影響する複数の要因のバランスによって、実際の進行速度は決定される。

また、詳述は避けるが、水酸化カルシウム量が多いことと、pHが高いことは必ずしも同義ではないことに注意が必要である。コンクリート中の溶液の組成に着目すると、水酸化カルシウムの溶解度が小さいためカルシウムイオン量は少なく、ナトリウムイオンおよびカリウムイオンが多量に存在する。すなわち、コンクリート中の溶液のpHは、ナトリウムイオンおよびカリウムイオンと平衡状態にある水酸基イオンの濃度に依存していることがわかる。既往の実験では、同一水セメント比におけるアルカリ量の違いが中性化進行に及ぼす影響について検討しているが、この結果からはコンクリート中の溶液のpHが高いほど、中性化の進行速度が速くなっている。

このようにコンクリートの中性化の進行速度に及ぼす影響は複数あるが、現状、設計や維持管理において中性化の進行を予測する場合は、これらの複雑な現象を単純化して、濃度の拡散によって表現するのが一般的である。この場合、Fickの拡散方程式に基づくのが一般的であり、境界濃度一定の場合は次のような解を得る。

$$\frac{\partial C}{\partial t} = D_{CO_2}\left(\frac{\partial^2 C}{\partial x^2}\right)$$

$$\frac{C}{C_0} = 1 - erf\left(\frac{x}{2\sqrt{D_{CO_2}t}}\right)$$

$$x = 2\sqrt{D_{CO_2}} \cdot erf^{-1}\left(1 - \frac{C}{C_0}\right)\sqrt{t}$$

(5.16)

$$erf(z) = \frac{2}{\sqrt{\pi}}\int_0^z e^{-t^2}dt$$

ここに、C：深さxにおける炭酸ガス濃度、t：時間、x：深さ、D_{CO_2}：炭酸ガスの見掛けの拡散係数、C_0：炭酸ガスの境界濃度

ここで、炭酸ガスの見掛けの拡散係数D_{CO_2}はコンクリートの品質等によって変化するが、対象が決まれば一定値であり、同じく炭酸ガスの境界濃度C_0も環境が決まれば一定値である。一般的な中性化の進行深さは、コンクリート中のpHが変化する現象を活用して、フェノールフタレイン溶液を噴霧し、無色となった範囲を中性化領域、赤紫色となった範囲を未中性化領域と判断する。すなわち、深さxにおける炭酸ガス濃度Cが、ある一定の濃度（C_{th}）以上になった場合に中性化する（フェノールフタレイン溶液を噴霧しても無色）と解釈でき、$C = C_{th}$とすればxは中性化深さを示す。以上により、時間t以外は一定値であるため、結果として、中性化深さは時間の平方根に比例すると簡略化できる（式(5.15)）。これを、ルートt則といい、そのときの係数を中性化速度係数と呼ぶ。

【示方書の耐久性照査】

中性化に伴う鋼材腐食に対する照査では、設計耐用期間中に鋼材腐食が発生しないことを確認することが一般的である。すなわち、設計耐用期間終了時点での中性化深さ（中性化深さの設計値）が鋼材腐食発生限界深さを超えないことを確認する。ここで、鋼材腐食発生限界深さとは、かぶりの設計値から中性化残りを差し引いた値であり、中性化残りについては、前記したように、通常の環境下では10mm、塩害環境下では10〜25mmが推奨されている。なお、かぶりの設計値は、実際のかぶりではなく、施工誤差を考慮した値であることに注意が必要である。例えば、かぶりが45mm、施工誤差が5mmの場合、かぶりの設計値が40mmとなり、通常環境下であれば中性化残りが10mmであるため、鋼材腐食発生限界深さは30mmとなる。

設計耐用期間終了時点の中性化深さは、一般的にはルートt則を用いて予測することになるが、このとき、中性化速度係数の設計値は、コンクリートの性状や構造物が置かれる環境によって異なる値を示す。

中性化に伴う鋼材腐食に対する照査（示方書より）

中性化に関する照査は、中性化深さの設計値y_dの鋼材腐食発生限界深さy_{lim}に対する比に構造物係数γ_iを乗じた値が、1.0以下であることを確かめることにより行ってよい。

$\gamma_i(y_d/y_{lim}) \leq 1.0$

γ_i：構造物係数。一般に1.0、重要構造物に対しては1.1とするのがよい。

y_{lim}：鋼材腐食発生限界深さ。一般に、
$y_{lim} = c_d - c_k$

c_d：かぶりの設計値（mm）。施工誤差をあらかじめ考慮して、
$c_d = c - \Delta c_e$

c：かぶり（mm）

Δc_e：施工誤差（mm）

c_k：中性化残り（mm）。一般に、通常環境下では10mmとしてよい。また塩害環境下では10〜25mmとするのがよい。

y_d：中性化深さの設計値。一般に、
$y_d = \gamma_{cb} \cdot \alpha_d \, c_d \sqrt{t}$

α_d：中性化速度係数の設計値（mm）/$\sqrt{year}$ = $\alpha_k \cdot \beta_e \cdot \gamma_c$

α_k：中性化速度係数の特性値（mm）/$\sqrt{year}$

t：中性化に対する耐用年数（year）。一般に、耐用年数100年を上限とする。

β_e：環境作用の程度を表す係数。一般に、乾燥しやすい環境1.6、乾燥しにくい環境1.0。

γ_{cb}：中性化深さの設計値y_dのばらつきを考慮した安全係数。一般に1.15。ただし、高流動コンクリートを用いる場合には1.1としてよい。

γ_c：コンクリートの材料係数。一般に1.0。ただし、上面の部位に関しては1.3とするのがよい。なお、構造物中のコンクリートと標準養生供試体の間で品質に差が生じない場合は、すべての部位において1.0としてよい。

コンクリートの中性化速度係数の特性値は、実験あるいは既往のデータに基づいて定めることを原則とする。

選択した使用材料および配合により達成されるコンクリートの中性化速度係数は、照査に用いた中性化速度係数の特性値α_kを満足しなければならない。

$\gamma_p \cdot \alpha_p \leq \alpha_k$
γ_p：コンクリートの中性化速度係数の予測値（mm）$/\sqrt{\text{year}}$
γ_p：α_pの精度に関する安全係数。一般に、1.0〜1.3。
　コンクリートの中性化速度係数は、次の式によりコンクリートの有効水結合材比と結合材の種類から予測してよい。

$$\alpha_p = a + b \cdot W/B$$

a, b：セメント（結合材）の種類に応じて、実績から定まる係数
W/B：有効水結合材比

　aおよびbは、厳密には環境条件にも依存するので、特に中性化に関して厳しい環境と考えられる場合には、環境条件の影響を適切に考慮しなければならない。一例として、土木学会フライアッシュ研究委員会が、普通ポルトランドセメントあるいは中庸熱ポルトランドセメントを用いた17種類の実験データに基づいて求めた回帰式を次に示す。

$$\alpha_p = -3.57 + 9.0 W/B$$

W/B：有効水結合材比 $= W/(C_p + k \cdot Ad)$
W：単位体積当りの水の質量
B：単位体積当りの有効結合材の質量
C_p：単位体積当りのポルトランドセメントの質量
Ad：単位体積当りの混和材の質量
k：混和材の種類により定まる定数（フライアッシュ＝0、高炉スラグ微粉末＝0.7）

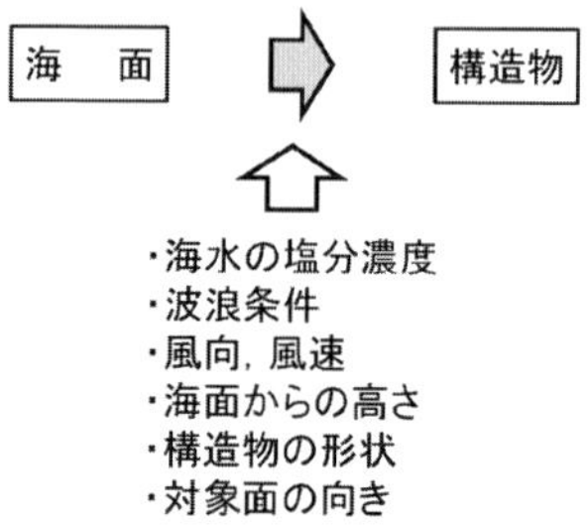

(a) 海洋環境の場合
・海水の塩分濃度
・波浪条件
・風向，風速
・海面からの高さ
・構造物の形状
・対象面の向き

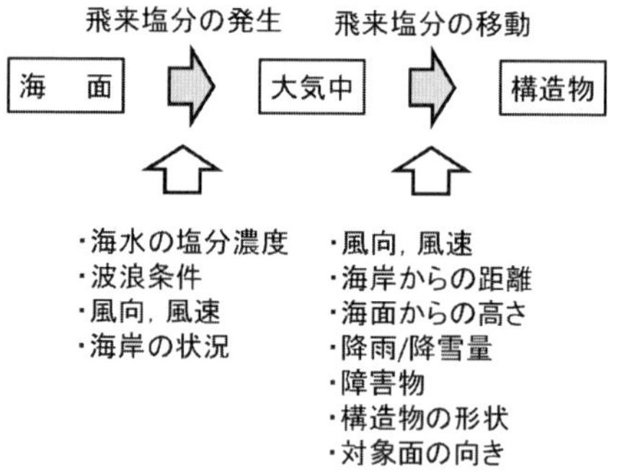

(b) 陸上環境の場合
飛来塩分の発生　飛来塩分の移動
海面　大気中　構造物
・海水の塩分濃度　・風向，風速
・波浪条件　・海岸からの距離
・風向，風速　・海面からの高さ
・海岸の状況　・降雨/降雪量
　　　　　　・障害物
　　　　　　・構造物の形状
　　　　　　・対象面の向き

図 5-13　塩分供給に及ぼす因子の整理

5.3.3　塩害

（1）塩化物イオンの供給

　コンクリート構造物の塩害とは、コンクリート中の鋼材の腐食が塩化物イオンの存在により促進され、鋼材腐食に伴って構造物の性能が低下する現象である。このような劣化の原因である塩化物イオンは、海水や凍結防止剤のように外部から供給される場合と、コンクリート製造時に材料から供給される場合がある。現状では、使用する材料が含有する塩化物イオン量の規制があるため、外部からの供給が主要因であるが、既存コンクリート構造物の中には、除塩が不足した骨材などを使用した例もある。ここでは、外部から供給される場合の塩害について対象とする。

　凍結防止剤の散布は人為的な行為であるが、海水からの供給は主に自然条件によって支配される。海水からの供給を考えると、港湾構造物などに代表されるように海水が直接構造物と接している環境（海洋環境と称す）と、砕波によって発生する飛来塩分が大気中を移動して構造物まで到達する環境（陸上環境と称す）に大別される。環境の違いにより考慮すべき因子は、図 5-13のように整理できる。

　海洋環境および陸上環境ともに、海水から供給された塩分のすべてがコンクリート中に侵入するわけではない。降雨によるコンクリート表面の洗い出しがなくとも、コンクリート内部に侵入する塩分量には限界があり、コンクリート表面における塩化物イオンの吸着現象とコンクリート内部への拡散現象としてとらえられている。コンクリート表面における塩化物イオンの吸着現象には、コンクリート表面の空隙面積、温度、湿度などが影響し、さらに内部への拡散現象にも、コンクリートの空隙構造、配合、温度、湿度などが影響する。

　このように外部から供給される塩化物は、非常に複雑な機構によって支配されており、現在、精力的にその機構解明とモデル化が進められているが、現状では、海岸からの距離に応じて表面の塩化物濃度を設定するのが一般的である。**表 5-1**に示方書で例示されている海岸からの距離と表面の塩化物濃度の関係を示す。

（2）塩化物イオンの侵入機構の基礎

　中性化では、炭酸ガスの侵入と反応が重要であったが、塩害の場合は、塩化物イオンの侵入が重要となる。塩化物イオンの侵入は、炭酸ガスと

表 5-1 コンクリート表面の塩化物濃度 (kg/m³)

	飛沫帯	海岸からの距離（km）				
		汀線付近	0.1	0.25	0.5	1.0
飛来塩分が多い地域	13.0	9.0	4.5	3.0	2.0	1.5
飛来塩分が少ない地域		4.5	2.5	2.0	1.5	1.0

多い地域：北海道、東北、北陸、沖縄
少ない地域：関東、東海、近畿、中国、四国、九州
海岸付近の高さ方向については、高さ1mが汀線からの距離25mに相当すると考えて求めてよい

同じ現象の濃度拡散のほかに、水分の輸送による移流によるものとがある。乾燥したコンクリートに、噴霧や浸漬などによって塩水を供給する場合を考えると、コンクリートが塩水を吸水する様子が容易に想像できる。これは、塩化物イオンの濃度差によって生じる移動ではなく、水分の移動に伴って塩化物イオンがコンクリート内部へと運ばれる現象であり、これを移流という。

コンクリート内部に侵入した塩化物イオンは、空隙の液相中を自由に移動可能な塩化物イオン（自由塩化物イオンと称す）と、硬化体中に取り込まれ移動しない固定塩化物に大別される。さらに、固定塩化物は、主にフリーデル氏塩（$3CaO \cdot Al_2O_3 \cdot CaCl_2 \cdot 10H_2O$）としてセメント水和物中に取り込まれる固相塩化物と、カルシウムアルミネート水和物などの層間に吸着している吸着塩化物の2つに分類される。これらのうち鋼材腐食に影響するのは、空隙液相中の自由塩化物イオンであり、固定塩化物と化学的な平衡を保ちながら存在している。さらに、空隙液相中に存在する他の陰イオン（OH^- など）や陽イオン（Na^+, K^+, Ca^{2+} など）と電気的平衡を保ちながら存在する。

このようにコンクリート中の塩化物イオンの移動は、様々な要因によって影響を受けるが、自由塩化物イオンと固定塩化物の総和（全塩化物と称す）を対象として、濃度拡散のみで表現するのが一般的である（Fickの第2法則）。中性化の進行と同じく、境界条件を表面濃度一定とすれば、式(5.17)を得る。

$$C_t(x,t) = (C_0 - C_i)\left\{1 - erf\left(\frac{x}{2\sqrt{D_a t}}\right)\right\} + C_i \quad (5.17)$$

ここに、C_0：表面の塩化物濃度（kg/m³）、C_i：初期含有塩化物濃度（kg/m³）である。

式(5.17)は、任意の時間とコンクリート表面からの距離における塩化物濃度を推定することができ、そのためには、構造物が置かれる環境によって定まる表面の塩化物濃度と見掛けの拡散係数の値が必要となる。

図5-14に、表面の塩化物濃度を10kg/m³、初期含有塩化物濃度を0kg/m³とした場合の、式(5.17)を用いて計算した結果を示す。上図は、コンクリート表面からの距離が7cmの位置における全塩化物濃度の経時変化を示しており、見掛けの拡散係数の値を0.2, 0.3, 0.5, 1.0cm²/yearと変化させている。下図は、50年後の全塩化物濃度とコンクリート表面からの距離の関係を示している。図から明らかなように、見掛けの拡散係数の増加に伴い、コンクリート中に塩化物が浸透しやすくなっている。表面の塩化物濃度が同一の場合は、コンクリートの品質によって見掛けの拡散係数が定まり、一般的には、低水セメント比ほど見掛けの拡散係数は小さくなる。また、高炉セメントは普通ポルトランドセメントに比べ、空隙構造が緻密化するとともに塩化物を固定化する能力が高いため、見掛けの拡散係数が小さくなる。

図5-15は、示方書に記載されている見掛けの

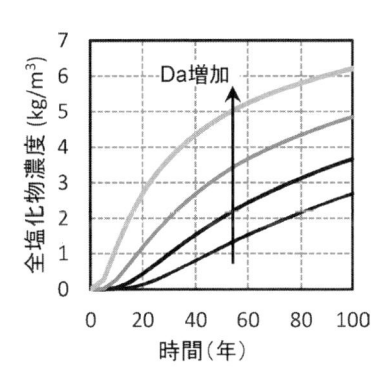

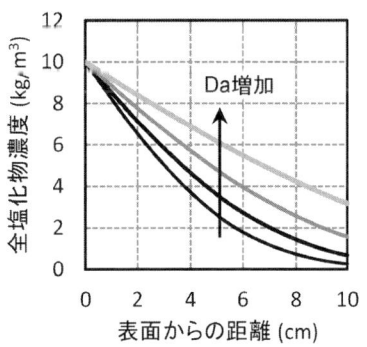

図5-14 全塩化物の浸透

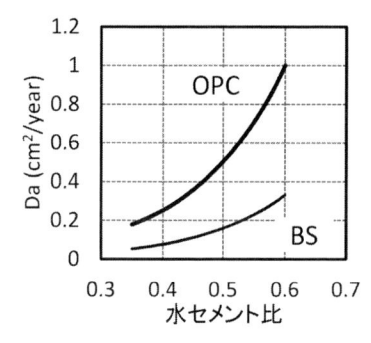

図5-15 水セメント比と見掛けの拡散係数

拡散係数と水セメント比の関係の一例を示している（OPC：普通ポルトランドセメント、BS：高炉セメント）。

ここで、海水に常時接する場合の境界条件は表面濃度一定で妥当と考えられるが、飛来塩分などによって塩化物が供給される場合などは、必ずしも表面濃度が一定でない。このような場合の取扱いは難しく、一般的には表面濃度を一定と仮定して式(5.17)を用いるが、例えば、コンクリートの単位面積当りの塩化物浸透速度を一定とした場合の解は式(5.18)となる。

$$C_t(x,t) = 2F_0 \left\{ \sqrt{\frac{t}{pD_a}} \exp\left(\frac{-x^2}{4D_a t}\right) - \frac{x}{2D_a} erfc\left(\frac{x}{2\sqrt{D_a t}}\right) \right\} + C_i$$
(5.18)

ここに、F_0：飛来塩分量（kg/m^2·s）、$erfc$：補誤差関数である。

(3) ひび割れの影響

コンクリートには、様々な原因によってひび割れが生じる可能性があり、ひび割れが発生すると、そこから塩化物イオンがコンクリート構造物内に侵入しやすくなる。ひび割れからコンクリート内部への塩化物イオンの侵入については、コンクリート表面からの侵入速度と同一とする報告と、コンクリート表面からの侵入速度よりも遅くなるという報告がある。また、ひび割れ中の塩化物イオンの拡散係数を計測した結果も報告されている。いずれにしても、ひび割れからの塩化物イオンの侵入を個別にとらえた場合、それを再現する数値シミュレーションも複雑になる。

一方、示方書では、ひび割れからの塩化物イオンの侵入を、塩化物イオンに対する設計拡散係数として以下のように取り扱っている。

$$D_d = \gamma_c \cdot D_k + \lambda \left(\frac{w}{l}\right) \cdot D_0 \quad (5.19)$$

ここに、D_d：塩化物イオンに対する設計拡散係数（cm^2/年）、γ_c：コンクリートの材料係数、D_k：コンクリートの塩化物イオンに対する拡散係数の特性値（cm^2/年）、D_0：コンクリートの塩化物イオンの移動に及ぼすひび割れの影響を表す定数（cm^2/年）一般に400cm^2/年としてよい、w/l：ひび割れ幅とひび割れ間隔の比である。

式(5.19)は、均一に分散したひび割れを含むコンクリート中の一次元拡散過程を考え、ひび割れ部分の影響とひび割れを含まないコンクリート部分の影響を線形平均化することよる見掛けの拡散係数の算定式を基本としている。

曲げひび割れの発生は許しても、ひび割れ部分での局所的な腐食は生じないようにすることが、鉄筋コンクリートのひび割れ制御の基本的な考え方である。このメリットは大きく、拡散移動の計算がひび割れなしの場合と同様に簡便となる。しかし、実験による直接の検証が困難であるとの問題点は残っている。なお、示方書では、鋼材腐食に対するひび割れ幅の限界値は、0.005c（c：かぶり）としてよいとされている。

(4) 塩化物イオンの侵入に伴う鋼材腐食

コンクリート表面から侵入してきた塩化物イオンが、鋼材の表面に到達すると、5.2で紹介したように、不動態皮膜が破壊され、鋼材の腐食速度が増大する。このとき、塩化物イオンがある一定の濃度に達すると腐食速度が増大すると考えられており、その濃度のことを鋼材腐食発生限界濃度と呼ぶ。

この濃度の具体的な数値は、いまだに議論が続いているところではあるが、原理的には、鋼材の腐食発生は自由塩化物イオン濃度と空隙水のpHに依存するため、[Cl$^-$]/[OH$^-$]を指標として用いるのがよい。既往の研究では、セメント硬化体の空隙水やこれを模擬したアルカリ水溶液を用いた検討がなされており、鋼材の腐食が確認された[Cl$^-$]/[OH$^-$]は0.3～3.0程度である。ただし、自由塩化物イオン濃度の計測が難しいことが問題であるため、一般的には、全塩化物濃度を測定し鋼材腐食発生限界濃度を規定している。実際に採用されている方法には、①コンクリート

単位体積当りの全塩化物濃度（kg/m³）、②セメント量に対する質量比（セメント従量）（mass%-cement）がある。いずれの方法も、コンクリートサンプル中の全塩化物量を計測するところまでは同じであるが、①は計測した質量をコンクリート体積で除した数値、②は計測した質量をサンプル中のセメント質量で除した数値となる。例えば、コンクリートサンプルの体積が1cm³で、サンプル中のセメント量が0.3g、全塩化物量が2mgの場合は、①コンクリート単位体積当りの全塩化物濃度は2kg/m³、②セメント従量は0.67mass%-cementとなる。

わが国の示方書では、サンプル中のセメント量が未知な場合（既存構造物の調査では配合がわからないことも多い）でも適用可能な、上記①のコンクリート単位体積当りの全塩化物濃度を採用している。この場合の鋼材腐食発生限界濃度は、既往の研究を概観すると1.2～3.0kg/m³程度であり、示方書ではW/Cの関数として設定されている。例えば、普通ポルトランドセメントを用いたW/C＝0.5のコンクリートの場合、1.9kg/m³となる。

ここでは、塩化物濃度に着目した議論をしているが、5.2で述べたように、鋼材の腐食反応には酸素と水が不可欠であることを常に意識しておく必要がある。そのため、鋼材表面の全塩化物濃度が鋼材腐食発生限界濃度を超えていたとしても、酸素が不足しているような環境下では、鋼材の腐食速度の増大が確認されない場合もある。

例えば、常時海水中に存在する鉄筋コンクリート構造物では、鋼材表面の全塩化物濃度が高くても、それほど腐食が進行していないなどの事例もある。示方書で提示されている鋼材腐食発生限界濃度の数値は、実際の構造物を建造する前の設計段階で設定する限界値であり、実際の構造物では、環境や材料・配合などの影響によって、設計で設定した数値とは異なる値を示す可能性がある。そのため、実構造物を維持管理する際には、対象とする構造物の実際の状況を把握することが重要である。

写真5-4は、塩害劣化を受けたコンクリート構造物の一例である。

写真 5-4 塩害劣化の事例

（5）固定塩化物を考慮した塩化物イオンの侵入

式(5.17)に示したように、最も単純化した塩化物イオンの侵入では、全塩化物を対象としていた。しかし実際は、対象が自由塩化物イオンか、自由塩化物イオンと固定塩化物の総和（全塩化物）かによって、その方程式が異なる。ここで、コンクリートの空隙は溶液で完全に満たされており、全塩化物をC_t（kg/m³）、自由塩化物イオンをc_f（kg/m³$_{sol}$）、固定塩化物をc_b（kg/m³$_{sol}$）、空隙率をεで表現すれば、式(5.20)を得る。なお、全塩化物はコンクリートの単位体積当りの量（m³と表記）であるが、自由塩化物イオンと固定塩化物は、溶液の単位体積当りの量（m³$_{sol}$と表記）であるため、コンクリート中の塩化物量に換算するためには、コンクリートの空隙率を乗ずる必要がある。

$$C_t = (c_f + c_b) \tag{5.20}$$

コンクリート中を濃度拡散によって移動するのは自由塩化物イオンであり、実際には化学的・電気的な平衡条件などを考慮する必要があるが、これらの影響を無視し、この場合の拡散係数をD_1とすれば、拡散方程式は式(5.21)となる。

$$\frac{\partial c_f}{\partial t} = D_1 \frac{\partial^2 c_f}{\partial x^2} \tag{5.21}$$

参考までに、自由塩化物イオンの濃度拡散に固定塩化物の影響のみを加味した場合は、この場合の拡散係数を D_2 とすれば式 (5.22) となる。

$$\frac{\partial c_f}{\partial t} \varepsilon \left(1 + \frac{\partial c_b}{\partial c_f}\right) = D_2 \frac{\partial^2 c_f}{\partial x^2} \tag{5.22}$$

さて、実際の現象を単純にモデル化した場合、モデルに用いる物理量（拡散係数など）を、理論的に導出することは難しく、一般的には実験結果に基づき同定する。これは、中性化の場合も同じであり、前記した中性化速度係数は、ルート t 則および中性化深さの判定をフェノールフタレインの呈色反応に基づいて決定した場合にのみ適用可能な物理量である。

では、コンクリート中の塩化物イオン濃度分布を計測する方法を考えてみる。p.117 の column にて紹介するように、自由塩化物イオン量の測定は難しく、全塩化物量を測定するのが一般的であるため、前提となる拡散方程式が式 (5.21) とは異なり、この場合の拡散係数を D_a とすれば式 (5.23) となる。この拡散係数を一般に見掛けの拡散係数と呼ぶ。

$$\frac{\partial C_t}{\partial t} = D_a \frac{\partial^2 C_t}{\partial x^2} \tag{5.23}$$

ここで、固定塩化物と自由塩化物イオンの関係が線形であると仮定し、その比例定数を R とすると、式 (5.20) は式 (5.24) のように変換できる。実際には線形関係ではなく、自由塩化物イオン濃度がある濃度以下の場合は Langmuir 型吸着等温式に、ある濃度以上の場合は Freundlich 型吸着等温式に従うと報告する研究成果がある。

$$C_t = \varepsilon(1+R)c_f \tag{5.24}$$

（参考）

Langmuir 型： $c_b = \alpha c_f/(1+\beta c_f)$
Freundlich 型： $c_b = ac_f^b$

ここで、α, β, a, b は材料、配合、水和度によって決定。

式 (5.21) の両辺に $\varepsilon(1+R)$ を乗じ式 (5.24) を代入すれば、式 (5.21) は式 (5.25) となる。

$$\frac{\partial}{\partial t}\{\varepsilon(1+R)c_f\} = D_1 \frac{\partial^2}{\partial x^2}\{\varepsilon(1+R)c_f\}$$
$$\tag{5.25}$$

$$\frac{\partial C_t}{\partial t} = D_1 \frac{\partial^2 C_t}{\partial x^2}$$

式 (5.23) と比較すれば、D_1 と D_a は等価となることがわかる。境界条件を表面濃度一定とすれば、式 (5.23) の解は前記した式 (5.17) となる。

（6）塩化物の拡散係数の求め方と中性化の影響

コンクリート中の塩化物の拡散係数を実験的に求める場合は、電気泳動法によるコンクリート中の塩化物イオンの実効拡散係数試験方法（案）（JSCE-G571-2003）や、浸せきによるコンクリート中の塩化物イオンの見掛けの拡散係数試験方法（案）（JSCE-G572-2003）などがある。前者は、コンクリート空隙の溶液中に存在する塩化物イオンの電気泳動のしやすさを表す係数であり、後者は、塩化物の固定化現象なども包含したコンクリート中の全塩化物を対象とした係数である。実効拡散係数から見掛けの拡散係数への変換は、式 (5.26) によって計算できる。

$$D_{ae} = k_1 \cdot k_2 \cdot D_e \tag{5.26}$$

ここに、D_{ae}：電気泳動試験による実効拡散係数から換算した見掛けの拡散係数（cm²/年）、D_e：電気泳動試験による実効拡散係数（cm²/年）、k_1：コンクリート表面におけるコンクリート側、陰極溶液側それぞれの塩化物イオン濃度の釣合に関わる係数、k_2：セメント水和物中への塩化物イオンの固定化現象に関わる係数。

ただし、換算した結果は浸せき試験によって得られた見掛けの拡散係数とは必ずしも一致しない。また、k_1 と k_2 は、セメント種類や水和物量に影響を受ける係数で、一般に、固定化などによってコンクリート中を自由に拡散する塩化物イオンの濃度が低くなるほど小さな値となる。固定化塩化物と自由塩化物イオンの関係が線形である場合は、式 (5.27) となる。

$$k_1 \cdot k_2 = \frac{1}{\varepsilon}\left(1 - \frac{c_b}{C_t}\right) \tag{5.27}$$

浸せき試験によって見掛けの拡散係数を求める場合は、ある一定の濃度（上記規準では 10%）の塩化ナトリウム水溶液中に、コンクリートの供試体を所定の期間浸せきした後、全塩化物イオン

分布を測定する。測定結果の一例を図5-16に示す。図中の白丸が測定結果、黒丸は初期含有塩化物濃度（C_i）である。このような測定結果に対して、式(5.17)を用いて回帰分析し、表面の塩化物濃度（C_0）と見掛けの拡散係数（D_a）を求める。このときに得られる表面の塩化物濃度（C_0）は、浸せき試験で用いた溶液の濃度とは異なり、溶液と接しているコンクリート表面のコンクリート側の全塩化物濃度であることに注意が必要である。

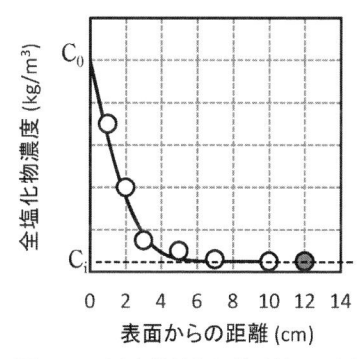

図5-16 測定結果と回帰分析の一例

また、実際のコンクリート構造物を調査すると、図5-17に示すように、表面付近の全塩化物濃度が低い値を示す場合がある。これは、コンクリートの中性化に伴う塩化物イオンの濃縮現象といわれるものである。これまで、中性化と塩害を個別に述べてきたが、実構造物では、これらの現象が複合することがある（複合劣化）。フリーデル氏塩としてセメント水和物中に取り込まれた固相塩化物が、炭酸ガスとの反応によって塩化物イオンとして解離する（式(5.28)）。

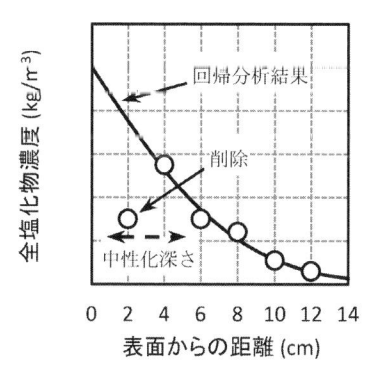

図5-17 中性化に伴う濃縮現象の一例

$$3CaO \cdot Al_2O_3 \cdot CaCl_2 \cdot 10H_2O + 3CO_2$$
$$\rightarrow 3CaCO_3 + 2Al(OH)_3 + CaCl_2 + 7H_2O$$
(5.28)

図5-18は、中性化に伴う塩化物イオンの濃縮現象の模式図であるが、ここでは、わかりやすさを優先しており、実現象とは異なることに注意されたい。

コンクリート中の全塩化物が、自由塩化物イオンとフリーデル氏塩によって構成されており、どちらの濃度も一定の場合を想定する。ここで、ある深さまで中性化が進行すると、その領域のフリーデル氏塩は解離し、自由塩化物イオンとなる。表面の自由塩化物イオン濃度が高くなるため、濃度拡散によって自由塩化物イオンは内部に移動していく。中性化領域には、フリーデル氏塩は存在しないため、自由塩化物イオン濃度と全塩化物濃度が等しくなるが、内部に移動してきた自由塩化物イオンはフリーデル氏塩としてセメント水和物に固定化されるため、全塩化物濃度は中性化した領域よりも多くなる。

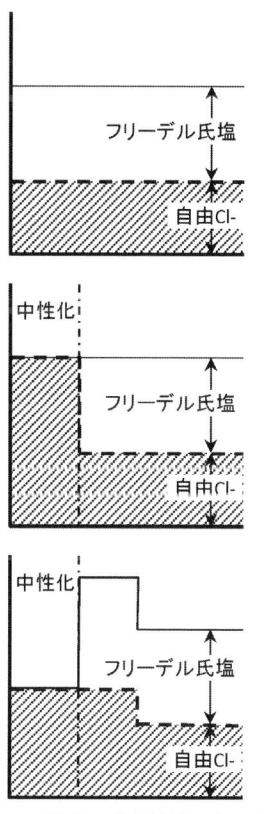

図5-18 中性化に伴う濃縮現象の模式図

実際には、中性化はコンクリート表面から徐々に進行するとともに、濃度拡散による自由塩化物イオンの移動も、図のような階段状の挙動は示さない。これらの意味において実現象とは異なる図であるが、図5-17に見られるような、表面付近の全塩化物濃度が低くなる現象は理解できる。このような中性化に伴う濃縮現象が観察される場合は、表面付近の全塩化物濃度が低い測定結果を削除し、残った測定結果を用いて回帰分析して、塩化物の拡散係数を求めるのが一般的である。

（7）セメント従量による鋼材腐食発生限界濃度

　欧米などでは、鋼材腐食発生限界濃度をセメント従量として規定している。セメント従量にするメリットは、セメント量の違いを適切に反映することができる点にある。

　例えば、コンクリート中のセメントペーストの質（水セメント比や空隙構造など）が同一で、その量のみが異なる2種類のコンクリートを考えてみる。コンクリート中のセメントペーストの体積割合を0.2、0.3とする。ここで、塩化物イオンはセメントペースト中のみを移動し固定化されると仮定する。すなわち、同一環境下に暴露された2種類のコンクリート中のセメントペースト単位当りの全塩化物濃度は同一（空隙水中の自由塩化物イオン濃度も同一）となる。その測定結果が5.0kg/m³であったとする。これを、コンクリート単位体積当りの全塩化物濃度に換算する場合、各々のコンクリート中のセメントペーストの体積割合を乗じればよく、1.0と1.5kg/m³となる。鋼材腐食に影響を及ぼす空隙水中の自由塩化物イオン濃度が同一にもかかわらず、異なる数値を示すこととなり、鋼材腐食発生限界濃度を規定する方法として、必ずしも適切でない。この影響を考慮するためには、セメントペーストの体積割合が必要となるが、同一のセメントおよび水セメント比であれば、セメントペーストの体積割合はセメント量と比例関係であるため、鋼材腐食発生限界濃度としてセメント従量を用いれば、この影響を考慮することができる。既往の研究を概観すると、その数値は0.35～1.0mass% -cement程度である。

【示方書の耐久性照査】

　塩害に対する照査では、供用期間中に鋼材に腐食を発生させないことを条件とすることがわかりやすく、また最も安全側となる。すなわち、設計耐用期間終了時点での鋼材表面での全塩化物濃度が鋼材腐食発生限界濃度を超えないことを確認する。

塩害に対する照査（示方書より）

　塩化物イオンの侵入に伴う鋼材腐食に関する照査は、鋼材位置における塩化物イオン濃度の設計値 C_d の鋼材腐食発生限界濃度 C_{lim} に対する比に構造物係数 γ_i を乗じた値が、1.0以下であることを確かめることにより行ってよい。

$$\gamma_i (C_d / C_{lim}) \leq 1.0$$

γ_i：構造物係数。一般に1.0としてよいが、重要構造物に対しては1.1とするのがよい。

C_{lim}：鋼材腐食発生限界濃度。類似の構造物の実測結果や試験結果を参考に定めてよい。それらによらない場合、次の式を用いて定めて良い。なお、凍結融解作用を受ける場合には、この値よりも小さな値とするのがよい。
　・普通ポルトランドセメント
　　　$C_{lim} = -3.0(W/C) + 3.4$
　・高炉セメントB種相当
　　　フライアッシュセメントB種相当
　　　$C_{lim} = -2.6(W/C) + 3.1$
　　　低熱あるいは早強ポルトランドセメント
　　　$C_{lim} = -2.2(W/C) + 2.6$

C_d：鋼材位置における塩化物イオン濃度の設計値。一般に、次式で求めてよい。

$$C_d = \gamma_{cl} \cdot C_0 \left\{ 1 - erf\left(\frac{0.1 \cdot c_d}{2\sqrt{D_d \cdot t}} \right) \right\}$$

なお、$erf(s)$ は、誤差関数であり、

$$erf(s) = \frac{2}{\sqrt{\pi}} \int_0^s e^{-\eta^2} d\eta$$

で表される．

C_0：コンクリート表面における想定塩化物イオン濃度（kg/m³）（表5-1参照）。

c_d：耐久性に関する照査に用いるかぶりの設計値（mm）。次式で求めることとする。
　　$c_d = c - \Delta c_e$

c：かぶり（mm）

Δc_e：施工誤差（mm）

t：塩化物イオンの侵入に対する耐用年数（年）。一般に、耐用年数100年を上限とする。

γ_{cl}：鋼材位置における塩化物イオン濃度の設計値 C_d のばらつきを考慮した安全係数。一般に1.3としてよい。ただし、高流動コンクリートを用いる場合には、1.1としてよい。

D_d：塩化物イオンに対する設計拡散係数（cm²/年）。一般に、次式により評価してよい。

$$D_d = \gamma_c \cdot D_k + \lambda \left(\frac{w}{l} \right) \cdot D_0$$

- γ_c：コンクリートの材料係数。一般に1.0としてよい。ただし、上面の部位に関しては1.3とするのがよい。なお、構造物中のコンクリートと標準養生供試体の間で品質に差が生じない場合は、すべての部位において1.0としてよい。
- D_k：コンクリートの塩化物イオンに対する拡散係数の特性値（cm²/年）
- λ：ひび割れの存在が拡散係数に及ぼす影響を表す係数。一般に、1.5としてよい。
- D_0：コンクリート中の塩化物イオンの移動に及ぼすひび割れの影響を表す定数（cm²/年）。一般に、400cm²/年としてよい。
- w/l：ひび割れ幅とひび割れ間隔の比。一般に、次式で求めてよい。

$$\frac{w}{l} = \left(\frac{\sigma_{se}}{E_s}\text{または}\frac{\sigma_{pe}}{E_p}\right) + \varepsilon'_{csd}$$

- ε'_{csd}：コンクリートの収縮およびクリープ等によるひび割れ幅の増加を考慮するための数値
- σ_{se}：鋼材位置のコンクリートの応力度が0の状態からの鉄筋応力度の増加量（N/mm²）
- σ_{pe}：鋼材位置のコンクリートの応力度が0の状態からのPC鋼材応力度の増加量（N/mm²）

コンクリートの塩化物イオン拡散係数の特性値 D_k は、①水セメント比と見かけの拡散係数との関係式、②電気泳動法や浸せき法を用いた室内実験または自然暴露実験、③実構造物調査、から求める。

ここでは、①の関係式を例として記載する。いずれの場合も $0.3 \leq W/C \leq 0.5$ である。

- 普通ポルトランドセメント
  $\log_{10}D_k = 3.0(W/C) - 1.8$
- 低熱ポルトランドセメント
  $\log_{10}D_k = 3.5(W/C) - 1.8$
- 高炉セメントB種相当、シリカフューム
  $\log_{10}D_k = 3.2(W/C) - 2.4$
- フライアッシュセメントB種相当
  $\log_{10}D_k = 3.0(W/C) - 1.9$

column

塩化物イオン量の測定

コンクリート中の塩化物量の測定の概略は、採取したサンプルを粉末状にし、硝酸溶液中で粉末中の塩化物を溶解させた溶液を用いて、塩化物イオンを測定する。化学分析による塩化物イオンの測定方法は、いくつかあるが、電位差滴定法が最も汎用的に用いられている（写真-1参照）。電位差滴定法とは、硝酸銀溶液を用いた塩化物イオンの沈殿滴定法である。最近では、サンプルを粉末状に加工せず、コンクリート版のサンプルのまま、電子線プローブマイクロアナライザー（EPMA）や蛍光X線などを用いて塩化物量を同定する方法もある。

コンクリート中の塩化物は自由塩化物イオンと固定塩化物で構成されると説明したが、一般的な計測としては、両者を含んだ全塩化物量の測定となる。これは、両者を分離することが難しいことによる。日本コンクリート工学会の基準であるJCI-SC4では、強酸によりコンクリートをほぼ完全に分解して塩化物イオンを溶出させた場合が全塩化物量であり、50℃の温水で抽出した塩化物イオンを可溶性塩化物量と定義している。可溶性塩化物量は、自由塩化物イオン量とは異なることが指摘されているが、比較的簡易に、鋼材腐食に関与する可能性のある塩化物量を同定できる。自由塩化物イオンの測定は、極めて難しく、コンクリート中の空隙溶液を強制的に絞り出し、その溶液中に存在する塩化物イオン量を計測する方法が提案されている。現状では、この手法が最も正しく自由塩化物イオン量を計測できると考えられるが、汎用的な方法ではない。

写真-1　粉末状サンプルと塩分測定機の例

5.4 凍害

5.4.1 凍害機構の基礎

一般的にコンクリートの凍害は、雰囲気温度の変化により"打設されたコンクリートが硬化する以前の初期材齢において凍結してしまい強度不良を生じる現象（初期凍害と呼ばれる）"と、"強度発現が進んだ構造物においてコンクリート中の水分の凍結と融解の繰返しによりスケーリング（写真 5-5）、ひび割れ（写真 5-6）やポップアウト（写真 5-7）を伴い劣化する現象"に大別されるが、本節では後者を対象とする。

写真 5-7 凍害による橋台のポップアウト［写真提供：阿波稔博士］

写真 5-5 凍害による壁式橋脚側面のスケーリング［写真提供：阿波稔博士］

写真 5-6 凍害による上部工張出部の水平方向のひび割れ［写真提供：阿波稔博士］

水は自由に膨張できる環境下にあると、凍結して氷へと相変化する際に約9％の体積膨張を生じる。セメント硬化体は、nm から μm の広範囲の径をもつ空隙が存在するため、空隙の径によって氷点が降下する過冷却現象を生じる。既往の研究では、空隙径と凍結温度の関係を実験的に求めている。研究者と実験条件によって両者の関係は一定ではないが、いずれも凍結温度が低いほど小さい空隙中の水まで凍ることを示している。そのため、温度降下に伴い、空隙径の大きな空隙中の水から順次凍結していく。小さい空隙中の水が凍結する過程では、大きい空隙中にできた氷晶により膨張が拘束されるが、この膨張圧を緩和するだけの自由な空間（空隙）が存在しない場合は、大きい静水圧が空隙の壁面に作用し、これが引張強度に達したときに破壊が生じると考えられる。

この繰返しにより、コンクリート表面から徐々に劣化が進行していく。この空隙に作用する静水圧は、最低温度、凍結速度、飽水程度、空隙と空隙の間隔などによって異なるが、これらの関係を定量的に理解するには至っていないのが現状である。そのため、中性化に伴う鋼材腐食や塩害のように、劣化の進行過程を予測し、コンクリート構造物の保有性能が供用期間中、凍害によって要求性能を下回らないことを事前に確認し設計することは難しいが、通常、コンクリート自体に凍害に対する適切な抵抗性を与えることで対処できることが多い。

凍害を受ける可能性の高い環境は、図 5-19 に示すように整理されており、北海道、東北、北陸地方の内陸の危険度が高いことがわかる。

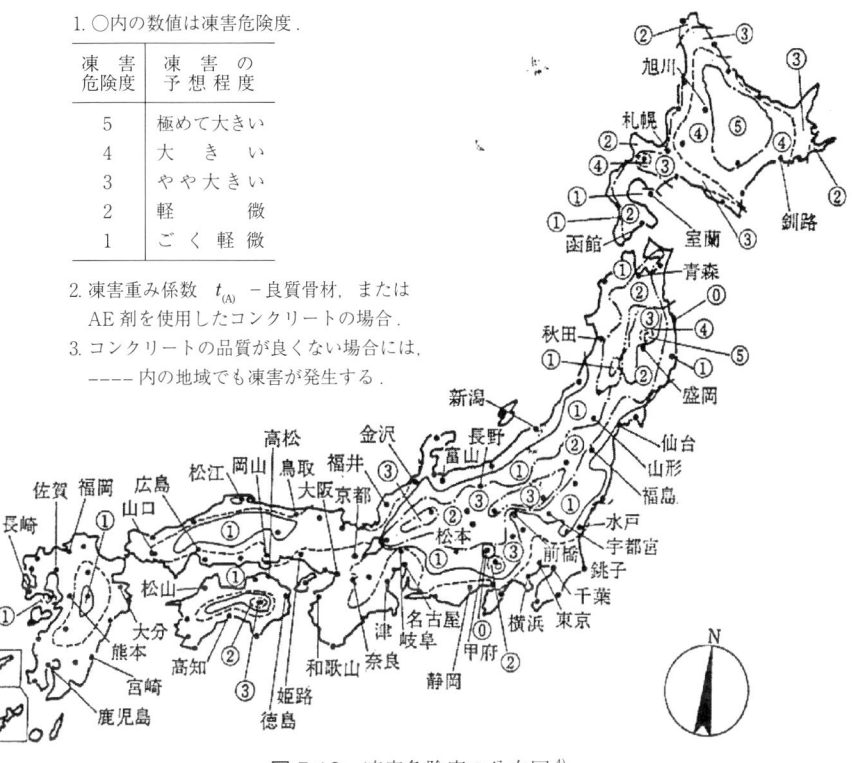

図5-19 凍害危険度の分布図[4]

1. ○内の数値は凍害危険度．

凍害危険度	凍害の予想程度
5	極めて大きい
4	大きい
3	やや大きい
2	軽微
1	ごく軽微

2. 凍害重み係数 $t_{(A)}$ —良質骨材，またはAE剤を使用したコンクリートの場合．
3. コンクリートの品質が良くない場合には，---- 内の地域でも凍害が発生する．

5.4.2 凍害に及ぼす影響

定量的な解説は難しいが，コンクリートの耐凍害性を向上させるための重要な視点をいくつか解説する。

コンクリート中の水の凍結が原因となるため，空隙中の凍結可能な水量を減らすことが重要となる。外部からの水分の供給を無視した場合、コンクリート中に存在する水は、練混ぜ時に投入した水である。硬化したコンクリート中でこの水を減らすためには、十分に養生してセメントの水和反応によって水を消費することである。十分に養生する効果は、水を減らすことに加えてコンクリートの強度を高める効果もあり、水の凍結に伴う膨張圧に抵抗する力が増加するため、耐凍害性が向上すると考えられる。

また、一般的には凍害の危険性がある場合は、AE剤を用いたAEコンクリートとするが、これは、エントレインドエアを導入することにより、耐凍害性を向上させるためである。エントレインドエアは、球体に近い気泡を離散した状態でコンクリート中に存在させるため、水が流れる水路はできず、コンクリートの含水率（コンクリート中の空隙の飽水度）を低下させることができる。既往の研究によると、コンクリート中の空隙の飽水度と耐凍害性とは密接な関係があり、飽水度90％程度を超えると耐凍害性が著しく低下すると言われている。ただし、コンクリート中の毛細管空隙量が多い場合、エントレインドエアを導入しても、その効果は小さくなるため、毛細管空隙量を少なくすること、すなわち、水セメント比を低下させるとともに、養生して十分に水和反応させることが重要である。例えば、示方書が性能規定に移行する前の仕様規定に基づいた設計では、耐凍害性を有するためには、環境条件によって異なるが水セメント比を55％とし、空気量を4〜7％とすることが推奨されていた。なお、同一空気量では、前記したように微細な気泡が多数存在している（気泡間の距離が短い）と、耐凍害性は高くなる。このような気泡の分布状況は、気泡間隔係数を用いて評価するのが一般的である。詳述は避けるが、気泡間隔係数は、コンクリート中の気泡間の平均的な距離を示しており、コンクリート中の空気量が同じなら、粒径が小さいほど気泡の数は多くなり、気泡間隔係数は小さくなる。気

泡間隔係数が200～250μm以下であると、一般には、優れた耐凍害性が期待できる。

塩分が存在すると、凍害によるコンクリートの劣化（特にスケーリング）速度は速くなることが知られている。寒冷地の道路構造物の場合、路面の凍結を防ぐために凍結防止剤を散布することが一般的であり、安価な塩化カルシウムが用いられる。このため、海岸付近の構造物でなくとも、塩分が存在する環境下で凍害を受ける場合がある。塩分の存在により、凍害によるコンクリートの劣化が生じやすくなるため、構造物表面から塩化物イオンの侵入が容易となり、塩害に伴う鋼材腐食も発生しやすくなる。

5.4.3 耐凍害性を有するコンクリートの確認

凍害に対する抵抗性を確認するためには、JIS A 1148（A法）「コンクリートの凍結融解試験法（水中凍結融解試験方法）」を用いて、相対動弾性係数で評価するのが一般的である。この試験の概要は、試験体中心温度を5±2℃および-18℃±2℃で管理し、5℃から-18℃に下がり、-18℃から5℃に上がるまでを1サイクル（3時間以上4時間以下）として、試験開始前と300サイクル後の動弾性係数を比較するものである。ここで、動弾性係数とは、弾性体の振動周期、波動伝播速度などの振動特性試験によって求めた弾性係数であり、完全弾性体であれば、静弾性係数と等しくなるが、コンクリートのような非均質材料の場合は、異なる数値を示す。動弾性係数の計測方法は、JIS A 1127「共鳴振動によるコンクリートの動弾性係数、動せん断係数および動ポアソン比試験方法」で規定されており、たわみ振動または縦振動の一次共鳴振動数から求められる。相対動弾性係数とは、凍結融解試験前後の動弾性係数（たわみ振動の一次共鳴振動数による）の比を意味しており、劣化しなければ100％で、劣化の進行とともに小さな数値を示す。

現行の性能規定に基づく示方書では、凍害によってコンクリート構造物が著しく劣化しないよう、後述する環境や断面の種類に応じた最低限の相対動弾性係数の数値が定められている。一方、仕様規定に基づく過去の示方書では、相対動弾性係数ではなく水セメント比の上限値が設けられていた。使用する材料が異なれば（セメント種類や骨材の産地などの違い）、同一の水セメント比でも、凍結融解試験後の相対動弾性係数が異なることは容易に想像できる。そのため、現行の性能規定に基づく示方書では、水セメントの上限値ではなく、相対動弾性係数を用いて耐凍害性を評価している。ただし、「凍結融解試験後の相対動弾性係数が〇〇％のコンクリート」といわれても、どのようなコンクリートであるかを想像することは難しいと思われる。過去の仕様規定で用いられていた水セメント比の上限値も、多くの事例に基づいて定められた数値であることから、標準的なコンクリートであれば、この数値を用いて耐凍害性を把握することができる。そこで、新旧の示方書を比較すると、標準的なコンクリートにおける、相対動弾性係数（E）と水セメント比（W/C）の対応がわかる。$E=85％$に対しては$W/C=55％$、同様に（$E=70％$、$W/C=60％$）、（$E=60％$、$W/C=65％$）となっている。ここでは、耐凍害性を有するコンクリートの品質を想像することの手助けとして両者の関係を示したが、両者の関係はあくまでも一例にすぎないことに注意されたい。

【示方書の耐久性照査】

凍害に対する照査では、相対動弾性係数を用いて、設計値が限界値を下回らないことを確認する。

凍害に対する照査（示方書より）

凍害に関する照査は、構造物中のコンクリートが劣化を受けた場合に関して、凍結融解試験における相対動弾性係数の最小限界値E_{min}とその設計値E_dの比に構造物係数γ_iを乗じた値が、1.0以下であることを確かめることにより行ってよい。ただし、一般の構造物の場合であって、凍結融解試験における相対動弾性係数の特性値E_kが90％以上の場合には、この照査を行わなくてよい。

$\gamma_i(E_{min}/E_d) \leq 1.0$

γ_i：構造物係数。一般に1.0としてよいが、重要構造物に対しては1.1とするのがよい。

E_d：凍結融解試験における相対動弾性係数の設計値。$=E_k/\gamma_c$

E_k：凍結融解試験における相対動弾性係数の特性値。

γ_c：コンクリートの材料係数。一般に1.0としてよい。ただし、上面の部位に関しては1.3とするのがよい。なお、構造物中のコンクリートと標準養生供試体の間で品質に差が生じない場合は、すべての部位において1.0としてよい。

E_{min}：凍害に関する性能を満足するための凍結融解試験における相対動弾性係数の最小限界値。一般に、次表によってよい。

相対動弾性係数の最小限界値

	凍結融解がしばしば繰り返される場合		氷点下の気温となるのが稀な場合	
	薄い断面	一般	薄い断面	一般
①の環境	85	70	85	60
②の環境	70	60	70	60

①の環境：連続してあるいはしばしば水で飽和される場合（水路、水槽、橋台、橋脚、擁壁、トンネル覆工等で水面に近く水で飽和される部分および、これらの構造物のほか、桁、床版等で水面から離れてはいるが融雪、流水、水しぶき等のため、水で飽和される部分など。）
②の環境：普通の露出状態にあり①に属さない場合。
薄い断面：断面の厚さが20cm程度以下の部分など

5.5 化学的侵食

化学的侵食とは、侵食性物質とコンクリートとの接触によるコンクリートの溶解・劣化や、コンクリートに侵入した侵食性物質がセメント組成物質や鋼材と反応し、体積膨張によるひび割れやかぶりの剥離などを引き起こす劣化現象などである。現段階では、侵食性物質の接触や侵入によるコンクリートの劣化が、構造物の機能低下に与える影響を定量的に評価するまでの知見は必ずしも得られていないが、劣化現象は、基本的に次の3種類に大別される。

① 化学反応により、水に溶けにくい水和生成物を可溶性物質に変化させることでコンクリート組織を多孔質化し、コンクリートを劣化させるもの。例えば、酸、動植物油、無機塩類、腐食性ガス、炭酸ガス、硫酸の生成を伴う微生物の作用など。
② 水和生成物との反応により膨張性化合物を生成し、この膨張圧によってコンクリートを劣化させるもの。例えば、動植物油、硫酸塩、海水、アルカリ濃厚溶液など。
③ コンクリートが長期間にわたって水に接することにより、水和生成物が外部に溶脱してコンクリート組織を多孔質化し、コンクリートを劣化させるもの。

このように化学的侵食には、作用する化学物質の種類も劣化機構も多種多様であるが、近年、急速に整備した下水道関連施設の劣化が、特に顕在化している。下水汚泥中のし尿、排洗剤、海水流入に由来する硫酸塩は、嫌気性雰囲気下で硫酸塩還元細菌によって、硫化水素に生物化学的に還元される。発生した硫化水素は気相中へ放散し、コンクリート壁面の付着水分に溶解し、好気性雰囲気下で硫黄酸化細菌によって硫酸に酸化される。以上の硫酸生成機構（図5-20参照）から、下水道施設におけるコンクリートの劣化は、硫酸による劣化であり、水面下よりも気相中で著しい。硫酸によるコンクリートの劣化は、下水道施設のどの場所でも同様に生じるものではなく、硫化水素の発生しやすい特定の箇所に顕在化することが多い。また、劣化の程度も、微生物の活動に依存する硫酸生成、ならびに乾湿繰り返しや流水などの影響を受けると考えられている。

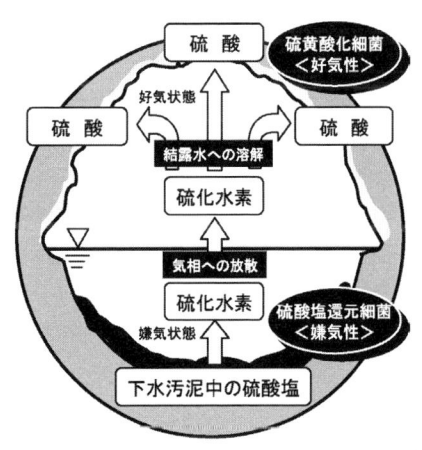

図 5-20　下水道施設における硫酸生成機構[5]

硫酸、塩酸などの強酸は、水和生成物を分解して、コンクリートを著しく侵す。酢酸その他の有機酸の分解作用は、強酸に比べて弱いが、酸に対するコンクリートの抵抗性は低い。

硫酸塩は、水酸化カルシウムおよびセメント中のアルミン酸三カルシウムと反応して、カルシウムサルホアルミネート（エトリンガイト）を生成し、著しい膨張を生じさせてコンクリートを破壊に至らせる。

コンクリート中のカルシウム成分が地下水や海水など周囲の水に溶解することによって、コンクリート組織が多孔質化する現象をカルシウム成分の溶脱という。溶脱は、長期供用後のダム・水

利構造物、浄水施設などで認められるが、溶脱による劣化進行速度は極めて遅いため、通常の構造物では供用期間中に力学的特性が低下することは少ない。

いずれにしても、化学的侵食における劣化の進行は、コンクリートの侵食深さで評価されることが多いが、化学物質の種類、濃度、pH、コンクリートの品質などの要因によっては、侵食深さよりも内部のコンクリートが中性化している場合がある。例えば、水セメント比の異なるモルタルをpHの異なる硫酸溶液に浸せきさせ、侵食深さと中性化深さの経時変化を計測した既往の研究成果を図5-21に示す。溶液のpHが低い場合は、低水セメント比では侵食深さと中性化深さがほぼ等しいが、高水セメント比（図中では70％）では、ほとんど侵食されていない（膨張性化合物の作用によって若干の膨張を示している）が、中性化深さは時間とともに増大していることがわかる。一方、pHが相対的に高い場合は、いずれの水セメント比もほとんど侵食されておらず、中性化深さだけが増大していくのがわかる。コンクリート中の鋼材の近傍まで中性化が進行すれば、pHの低下に伴い不動態皮膜が破壊され、鋼材の腐食速度が増大することとなる。

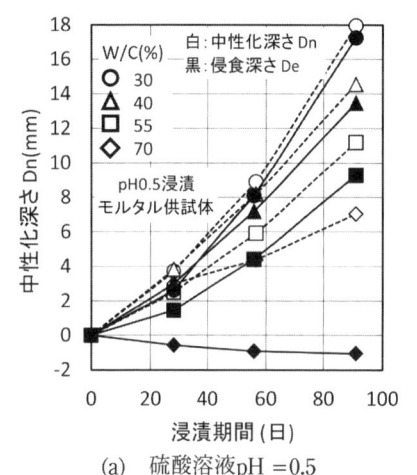

化学的侵食作用が非常に厳しい場合には、コンクリートの抵抗性のみで化学的侵食に関する性能を確保することは一般に難しい。下水道施設や温泉近くの構造物は、このような環境下にあると言える（**写真5-8**参照）。このような場合には、化学的侵食を抑制するためのコンクリート表面被覆、腐食防止処置を施した補強材の使用などの対策を施すのが現実的かつ合理的であることが多い。

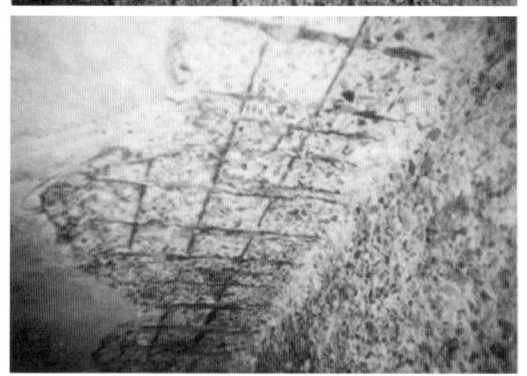

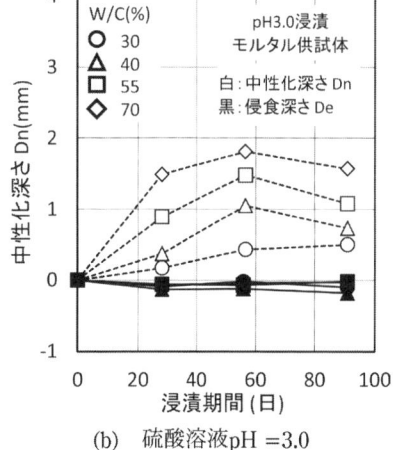

図5-21 侵食深さと中性化深さ[6]

写真5-8 化学的侵食による劣化の例［写真提供：(株)コンステック］

【示方書の耐久性照査】

現状では、未解明な点が多いため、侵食性物質の接触や侵入によるコンクリートの劣化が顕在化しないことや、その影響が鋼材位置まで及ばないことなどを限界状態とするのが妥当である。

種類と程度が異なる劣化外力に対して、コンク

リートの抵抗性を画一的な試験方法によって評価することは困難である。そのため、環境の劣化外力の種類と強さに応じた試験を実施する場合、耐化学的侵食性に関する限界値を試験ごとに定める必要がある。

硫酸塩による劣化の場合は、硫黄侵入深さの特性値を用いて供用期間中に所定の深さまで到達しないことを確認する。

コンクリートの劣化を完全には抑制できないような侵食作用の非常に激しい温泉環境や酸性河川などにおいては、実際の環境にコンクリート供試体を暴露することによってその性能を確認する方法が最も確実である。評価については、暴露期間からコンクリートの侵食速度を求め、供用期間中に構造物の限界深さまでコンクリートの劣化が至らないことを確認する。

化学的侵食に対する照査（示方書より）

化学的侵食に関する照査は、化学的侵食深さの設計値y_{ced}のかぶりc_dに対する比に構造物係数γ_iを乗じた値が、1.0以下であることを確かめることにより行ってよい。ただし、コンクリートが所要の耐化学的侵食性を満足すれば、化学的侵食によって構造物の所要の性能は失われないとし、この照査を行わなくてよい。

$$\gamma_i(y_{ced}/c_d) \leq 1.0$$

y_{ced}：化学的侵食深さの設計値（$=\gamma_c \cdot y_{ce}$）。
y_{ce}：化学的侵食深さの特性値。
γ_c：コンクリートの材料係数。一般に1.0としてよい。ただし、上面の部位に関しては1.3とするのがよい。なお、構造物中のコンクリートと標準養生供試体の間で品質に差が生じない場合は、すべての部位において1.0としてよい。
c_d：耐久性に関する照査に用いるかぶりの設計値（mm）。次式で求めることとする。

$$c_d = c - \Delta c_e$$

c：かぶり（mm）
Δc_e：施工誤差（mm）

コンクリートの化学的侵食を構造物の所要の性能に影響を及ぼさない程度に抑えることが必要な場合には、劣化環境に応じて次表に示す水セメント比以下に設定するのがよい。

劣化環境	W/C（％）
SO_4として0.2％以上の硫酸塩を含む土や水に接する場合	50
凍結防止剤を用いる場合	45

5.6 アルカリ骨材反応

アルカリシリカ反応性鉱物を含有する骨材は、コンクリート中の高いアルカリ性を示す水溶液と反応して、コンクリートに異常な膨張およびそれに伴うひび割れを発生させることがある。アルカリ骨材反応と呼ばれるものには、アルカリシリカ反応（ASR）、アルカリ炭酸塩反応およびアルカリシリケート反応の3種類あるが、わが国ではASRによる被害が主に報告されている。

ASRによって生じる膨張機構については、浸透圧説、電気二重層説、イオン拡散説、骨材膨張説など、いくつかの提案がなされているが、いまだに定説がない。最も一般的に認知されている浸透圧説は、ASRによって生じるASRゲルの吸水膨張によるとした説ではあるが、浸透圧説では十分に説明できない実測値などもあり、定説には至っていない。ただし、ASRは、①高反応性のシリカ鉱物もしくはガラス質物質、②空隙水の高いOH^-濃度、③水、の3つがなければ進行しないと考えられている。

ASRが進行すると、コンクリート構造物にはひび割れ、ゲルの滲出などが生じる。ひび割れの発生は、ASRによる膨張に対するコンクリート構造物の拘束状態によって異なり、拘束の小さな無筋コンクリート構造物などでは亀甲状のひび割れが生じ、鉄筋コンクリート構造物では主筋方向に、部材の両端が強く拘束されている構造物では拘束されている面に直角にひび割れが生じる（写真5-9参照）。ASRによるひび割れは部材内部まで達していないことが多いため、ひび割れが生じてもコンクリート構造物の耐力が直ちに低下することは少ないといわれている。ただし、ひび割れが生じると、その他の劣化（中性化、塩害、凍害、化学的侵食）の進行が進み、結果としてコンクリート構造物の性能低下が助長される危険性がある。また、ASRの膨張力によって、伸び能力の低い鉄筋曲げ加工部や圧接部で鉄筋が破断する事例も報告されている。

【示方書での取扱い】

現状ではアルカリシリカ反応を短時間で適切に照査できる方法は確立されていないため、他の劣化機構とは異なり、ASRについては設計の段階で耐久性照査は実施しない。これは、施工段階

写真 5-9　ASR による劣化の例

で決定する配合選定時に、抑制対策を実施することによって、ASR によってコンクリート構造物の性能低下が生じないことを原則としているためである。次に示す 3 つの抑制対策のうち、いずれか 1 つを講じることによって、ASR に対する耐久性は満足されたものとみなす。

① コンクリート中のアルカリ総量の抑制
　試験成績表等にアルカリ量が明示されたポルトランドセメントを使用し、混和剤のアルカリ分を含めてコンクリート $1m^3$ に含まれるアルカリ総量が Na_2O 換算で 3.0kg 以下となるようにする。

② ASR 抑制効果をもつ混合セメントの使用
　JIS R 5211「高炉セメント」に適合する高炉セメント B 種または C 種、あるいは JIS R 5213「フライアッシュセメント」に適合するフライアッシュセメント B 種または C 種を用いる。

③ ASR 反応性試験で「無害」と判定される骨材の使用
　JIS A 1145「骨材のアルカリシリカ反応性試験方法（化学法）」および JIS A 1146「骨材のアルカリシリカ反応性試験方法（モルタルバー法）」により無害であることが確認された骨材を使用する。

参考・引用文献

1) W. Whitman, R. Russell, V. Altieri, Ind. Eng. Chem., 16,665 (1924)
2) 加藤絵万・岩波光保・横田弘・中村晃史・伊藤始：繰返し荷重を受ける RC はりの構造性能に及ぼす鉄筋腐食の影響、港湾空港技術研究所資料、No.1079、2004.6
3) 佐伯竜彦・大即信明・長滝重義：中性化によるモルタル中の鉄筋腐食の定量的評価、土木学会論文集 No.532 V-30、pp.55-66、1996
4) 長谷川寿夫：コンクリートの凍害危険度算出と水セメント比限界値の提案、セメント技術年報、vol.29、pp.248-253、1975
5) 魚本健人監修：コンクリート構造物のマテリアルデザイン、オーム社、p.188、2007
6) 蔵重勲・魚本健人：硫酸腐食によるセメント硬化体の侵食メカニズム、セメント・コンクリート論文集、No.55、pp458-464、2001

第6章
コンクリートの配合設計

6.1 配合設計の位置づけ

　配合設計とは、施工段階においてコンクリートの具体的な配合を決定することであり、構造物の設計とは異なる。構造物の設計を簡単に説明すると、対象とする構造物が建造される環境条件を考慮し（外力の設定：荷重、環境作用）、設計耐用期間中、構造物の性能が要求性能を満足するように構造物を設計することである。例えば、要求性能として耐久性が設定された場合、**第5章**で学んだコンクリート構造物の劣化に対する抵抗性を照査する。鋼材腐食に対する照査では、設計耐用期間中に、塩害や中性化等に伴って鋼材が腐食しないように設計するのが一般的である。この場合の設計とは、かぶりとコンクリートの品質を決定することである。かぶりが大きければ、塩化物イオンや中性化が鋼材に到達するまでに時間がかかり、コンクリートの品質が良ければ、塩化物イオンの侵入速度や中性化の進行速度が遅くなる。

　コンクリートの品質を具体的に表現すれば、中性化の場合は中性化速度係数、塩害の場合は塩化物イオンに対する拡散係数となり、これらをコンクリートの特性値と呼ぶ。すなわち、構造物の設計段階では、コンクリートの特性値とかぶりを決定し、決定したコンクリートの特性値を実現するための具体的な材料選定、各材料の単位量を配合設計で決定する。なお、コンクリートの特性値のほかに、構造物の設計段階で想定した、粗骨材の最大寸法や、スランプ、水セメント比、単位セメント量およびセメント種類、空気量などが、参考として定められていることもある。この場合は、これらの参考値に基づいて配合条件を設定する。

　配合設計の段階では、構造物の設計で定められたコンクリートの特性値、および問題なく施工が実施できるワーカビリティーを満足し、単位水量をできるだけ少なくするようなコンクリートの配合（使用材料の各単位量）を定める。

　単位水量が多いコンクリートを使用すると、同じ水セメント比とするのに必要な単位セメント量が多くなる。このようなコンクリートは、不経済で材料分離が生じやすいため、均質で欠陥の少ないコンクリートを製造することが困難となる。作業に適する範囲内で単位水量を少なくすれば、所要の品質のコンクリートを得るために必要な単位セメント量は少なくなり、ひび割れ抵抗性を高めるためにも有効である。ただし、単位水量を過度に少なくすると、打込みにおける作業性が著しく低下し、充填不良等の初期不具合を引き起こす可能性が高くなる。

　図6-1に配合設計の位置づけを示す。

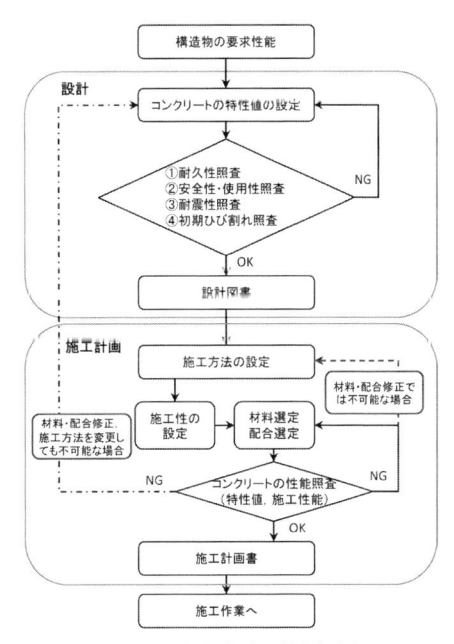

図6-1　配合設計の位置づけ

6.2 配合設計の方法

6.2.1 配合選定の考え方と手順

コンクリートの目標性能であるコンクリートの特性値、およびワーカビリティーを満足するための配合選定の考え方を図6-2に示す。

コンクリートの施工性を表すワーカビリティーは、運搬、打込み、締固め、仕上げ等の一連の作業を円滑かつ確実に実施するために必要な性能である。ここでは、コンクリートが材料分離することなく鋼材間を円滑に通過して、型枠内のかぶり部や隅角部等に密実に充填する性能（充填性）を主体とする（詳細は3.3参照）。

充填性は、流動性と材料分離抵抗性の相互作用によって定まる性能である。流動性と材料分離抵抗性は、単位水量、単位粉体量、水粉体比、使用する粉体の種類や細・粗骨材の粒度や粒形、さらには混和剤の種類の違いによっても影響を受ける。示方書では、実務面での利便性を考慮して、流動性の指標をスランプとし、単位粉体量の増減によって比較的容易に材料分離を制御できることから、単位粉体量を材料分離抵抗性の指標としている。

図6-2において、コンクリートの目標性能を満足する配合は、コンクリートの特性値を満足する水粉体比以下として、水和熱や収縮によるひび割れを考慮した単位粉体量の上限値と、ワーカビリティーを確保するのに必要な単位粉体量の下限値の範囲内で、できるだけ単位水量が少なくなるようにするのが基本である。

図6-3に配合設計の手順を示す。はじめに、構造物の設計で定められた条件に基づきコンクリートの目標性能（ワーカビリティー、設計基準強度、耐久性）を設定し、続いて、粗骨材最大寸法、スランプ、配合強度、水セメント比、空気量の配合条件を設定する。

次に、設定した配合条件に基づいて実際に使用する材料を用いた場合の暫定の配合を設定し、試し練りによって、その配合が所要の性能を満足することを確認する。このように、設定した配合が目標性能を満足することを確認するために行う試験のことを、「試し練り」と呼ぶ。試し練りの結果、所要の性能を満足しない場合には配合を修正し、再度試し練りを行う。配合を修正するだけでは所要の性能を満足できない場合には、使用材料を変更し、所要の性能が得られるまで試し練りを繰り返す。試し練りによって、所定のスランプを確保するのに必要な単位水量が大幅に増加する場合には、使用する骨材を変更する、実積率の大きな骨材を用いる、粒度を調整する等、骨材の物理的性質について見直すことも重要である。また、

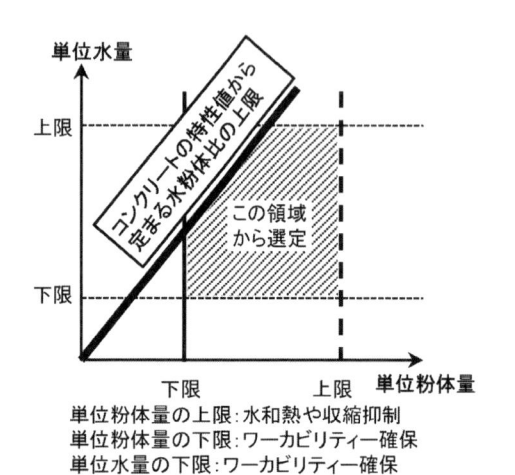

図6-2 配合選定の考え方

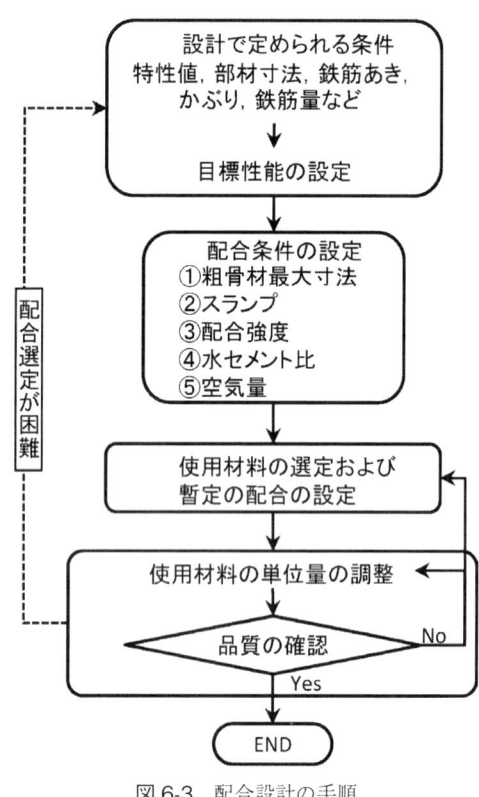

図6-3 配合設計の手順

AE減水剤を使用したコンクリートで単位水量が上限値（175kg/m³、6.2.4（1）参照）を超える場合には、より減水効果の高い高性能AE減水剤に変更するなどして、単位水量を低減する。

6.2.2 目標性能の設定

配合設計で考慮するコンクリートの目標性能は、ワーカビリティーと、特性値である設計基準強度および耐久性とするのが一般的である。

所要の性能を有するコンクリート構造物を建造するためには、運搬、打込み、締固め、仕上げ等の作業に適する充填性が必要となる。作業の条件に応じて必要とされる充填性は異なるため、所要のスランプとそれに対応した単位粉体量は、種々の施工条件を考慮して定める必要がある。

設計基準強度と耐久性の場合は、構造物の設計で定めたコンクリートの特性値がコンクリートの目標性能となる。ただし、アルカリシリカ反応に対しては、コンクリートの特性値ではなく、**第5章**で示した抑制対策を施すことが基本となる。また、材料中に混入している塩化物イオン量に対しては、練混ぜ時のコンクリート中に含まれる塩化物イオンの総量を0.30kg/m³以下とする制限が適用される。

6.2.3 配合条件の設定

（1）粗骨材最大寸法の設定

経済的なコンクリートとするためには、一般に粗骨材の最大寸法を大きくする。しかし、鋼材量が多い場合や鋼材あきが小さい場合では、粗骨材の最大寸法が大きすぎると鋼材間の間隙を通過しにくくなり、施工不良を生じる危険性が高くなる。そのため、従来の実績や経験に基づいて、適切と認められる粗骨材の最大寸法の標準として**表6-1**が示されている。

表6-1　粗骨材最大寸法

構造条件	粗骨材最大寸法
最小断面寸法が1,000mm以上かつ、鋼材の最小あきおよびかぶりの3/4＞40mmの場合	40mm
上記以外の場合	20mmまたは25mm

（2）スランプ

スランプは、製造から現場までの運搬、現場内での運搬、打込みおよび締固め作業までの一連の作業を通して変化する（一般的には低下する）。重要なことは、打込みおよび締固めの段階で適切なスランプが確保されていることである。そのためには、最初に打込みおよび締固めに必要な最小スランプを設定したうえで、このスランプを基準として、一連の作業に伴うスランプの変化を考慮して、製造段階での練上り時の目標スランプを定める必要がある。

打込みの最小スランプ（SL_{min}）の設定は、部材の種類、鋼材量や鋼材あき等の構造条件、および締固め作業高さ（図6-4参照）等の施工条件に応じて、型枠中に確実で密実に充填するために必要な打込みの最小スランプを選定する。**表6-2～表6-5**は、示方書に掲載されている最小スランプの目安であり、構造物条件や施工条件に応じて選定することとなる。

コンクリートの練上りから打込み開始までの間には、コンクリートの製造場所から現場までの運搬、打込み箇所までの現場内での運搬がある。

コンクリートの製造場所から現場までに生じるスランプ低下量（SL_{l1}）については、レディーミクストコンクリートを対象とした実態調査によれば、標準期（春、秋）で運搬時間30分当り1cm程度、冬期は運搬時間60分までで1～1.5cm程度である。夏期は運搬時間30分当り1.5cm程度と、他の時期に比べてスランプ低下量が増大する傾向にあるため、特に留意が必要である。

コンクリートが現場に到着し、荷卸し後の現場内での運搬には、**第4章**で説明したように、ポンプ圧送やバケットによる運搬などがあり、運搬方法によってスランプ低下量（SL_{l2}）は異なる（**表6-6**参照）。さらに、荷卸しから打込みまでの時間経過に伴うスランプの低下（SL_{l3}）も生じる。

前述した3種類のスランプ低下（SL_{l1}、SL_{l2}、SL_{l3}）に及ぼす要因を考慮して、練上り時の目標スランプを定めることになるが、目標としたスランプを有するコンクリートをばらつきなく製造することは、一般に不可能である（コンクリートに限らず、どんな製品でも品質のばらつきは生じる）。製造段階での品質のばらつきは、レディーミクストコンクリートのJIS認証品における許容

図6-4 締固め作業高さの一例[1]

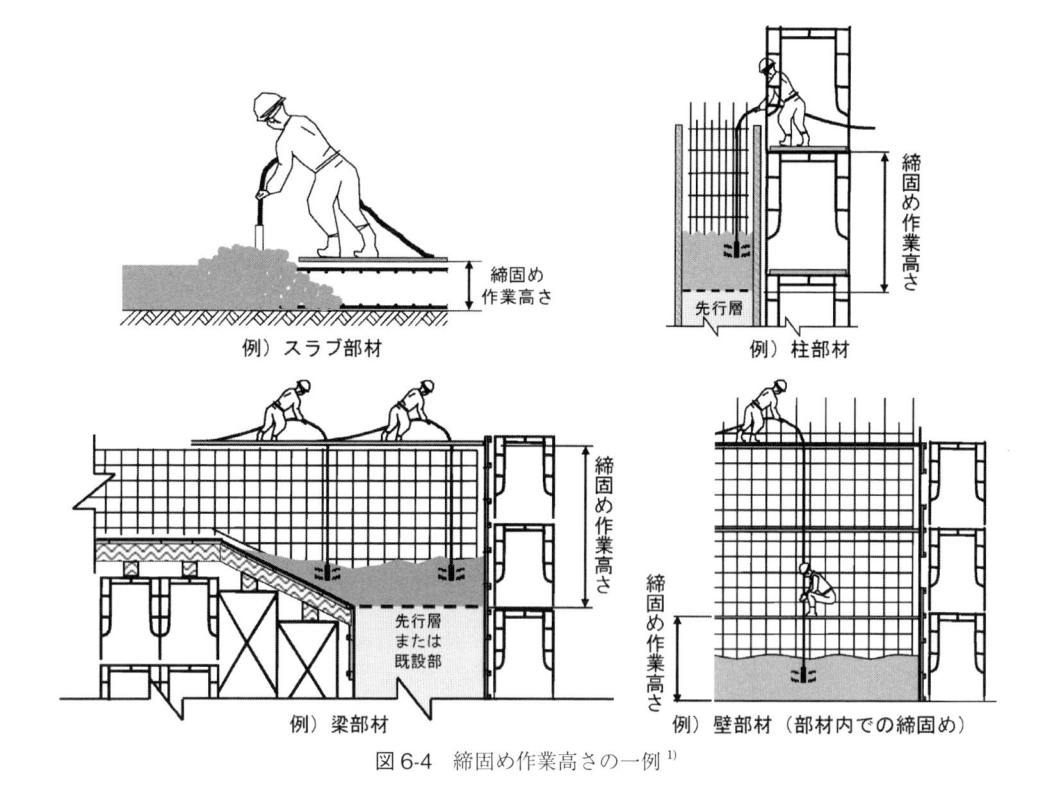

表6-2 スラブ部材における打込みの最小スランプの目安(cm)

鋼材量 (kg/m³)	鋼材の最小あき (mm)	コンクリートの投入間隔	締固め作業高さ		
			0.5m未満	0.5m以上〜1.5m未満	3m以下
100〜150	100〜150	任意の箇所から投入可能	5	7	−
		2〜3m	−	−	10
		3〜4m	−	−	12

表6-3 柱部材における打込みの最小スランプの目安(cm)

かぶり近傍の有効換算鋼材量[1]	鋼材の最小あき	締固め作業高さ		
		3m未満	3m以上〜5m未満	5m以上
700kg/m³未満	50mm以上	5	7	12
	50mm未満	7	9	15
700kg/m³以上	50mm以上	7	9	15
	50mm未満	9	12	15

1) かぶり近傍の有効換算鋼材量は、下図に示す領域内の単位容積当りの鋼材量を表す。

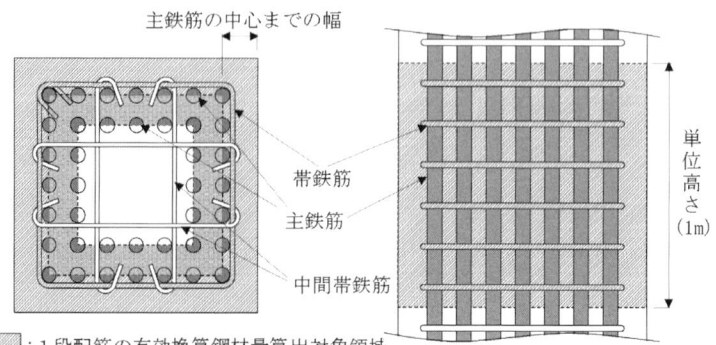

表6-4 梁部材における打込みの最小スランプの目安(cm)

鋼材の最小あき	締固め作業高さ		
	0.5m未満	0.5m以上〜1.5m未満	1.5m以上
150mm以上	5	6	8
100mm以上〜150mm未満	6	8	10
80mm以上〜100mm未満	8	10	12
60mm以上〜80mm未満	10	12	14
60mm未満	12	14	16

表6-5 壁部材における打込みの最小スランプの目安(cm)

鋼材量	鋼材の最小あき	締固め作業高さ		
		3m未満	3m以上〜5m未満	5m以上
200kg/m³未満	100mm以上	8	10	15
	100mm未満	10	12	15
200kg/m³以上 350kg/m³未満	100mm以上	10	12	15
	100mm未満	12	12	15
350kg/m³以上	−	15	15	15

表6-6 施工条件に応じたスランプの低下の目安

施工条件	スランプの低下量	
ポンプ圧送距離 (水平換算距離)	最小スランプが 12cm未満の場合	最小スランプが 12cm以上の場合
150m未満 (バケット運搬を含む)	—	—
150m以上〜300m未満	1cm	—
300m以上〜500m未満	2〜3cm	1cm
500m以上	既往の実績または試験施工の結果に基づき設定する	

差（σ_{SL}）（スランプ8〜18cm：2.5cm）の範囲内で設定する。

以上のすべての要因を考慮して、練上り時の目標スランプ（SL_T）は、次式により設定できる。

$$SL_T = SL_{\min} + SL_{11} + SL_{12} + SL_{13} + \sigma_{SL} \quad (6.1)$$

例えば、梁部材を対象として、鋼材の最小あきが90mm、締固め作業高さが1.0m、現場運搬のポンプ圧送距離が200m、コンクリートの製造場所から現場までの運搬で1.5cm低下、現場運搬中の経時変化で0.5cm低下、コンクリート製造段階のばらつきが±2.5cmの場合を考えてみる。打込みの最小スランプは表6-4より10cm、ポンプ圧送による低下は表6-6より1cmなので、結果として練上り時の目標スランプは、

$$SL_T = 10 + 1.5 + 1 + 0.5 + 2.5 = 15.5\text{cm}$$

となる。製造段階のばらつきが±2.5cmなので、練上り時のスランプが13〜18cm、コンクリートの荷卸し時のスランプが11.5〜16.5cm、打込み時のスランプ（計測することはほとんどないが）が10〜15cmとなることを確認することが必要となる。なお、レディーミクストコンクリートを用いる場合は、荷卸し時のスランプを指定し、その値に基づいて受入れ検査（4.3参照）を行うため、今回の例では、14±2.5cmが基準となる。練上り時の目標スランプの選定方法の概念図を図6-5に示す。

（3）配合強度

現場におけるコンクリートの品質は、骨材、セメント等の品質の変動、計量の誤差、練混ぜ作業の変動等によって、工事期間にわたり変動するのが一般である。構造物のどの部分に用いられたコンクリートの圧縮強度も、設計において基準としたコンクリートの圧縮強度の特性値（設計基準強度、f'_{ck}）を下回らないようにする必要がある。そのため、このばらつきを考慮して設定する強度が配合強度（f'_{cr}）と呼ばれる。

現場練りの一般的なコンクリートの場合には、示方書ではコンクリートの圧縮強度の試験値が、設計基準強度を下回る確率が5％以下となるように定められている。通常の管理状態にあるコンクリートの圧縮強度の変動は、ほぼ正規分布となることが経験的に認められていることから、配合強度と設計基準強度には、次式の関係が成立する。

$$f'_{cr} = \alpha f'_{ck} \quad \alpha = \frac{1}{1 - \frac{1.645V}{100}}$$

ここに、α：割増し係数、V：変動係数（％）

例えば、圧縮強度の変動係数が10％、20％の場合は、割増し係数はそれぞれ1.2、1.5となり、設計基準強度が24N/mm²であれば、配合強度はそれぞれ28.8 N/mm²、36.0 N/mm²となる。

図6-5 練上り時の目標スランプの設定方法

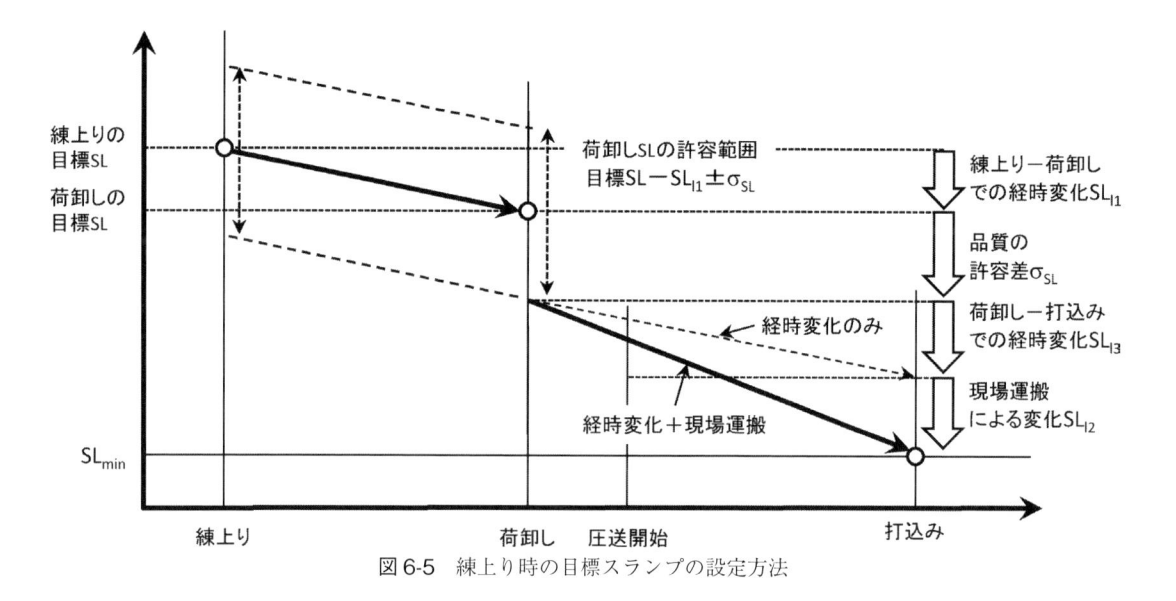

一方、レディーミクストコンクリートの割増し係数は、次の条件によって定められている。

・条件①：1回の試験結果は、購入者が指定した呼び強度（設計基準強度）の強度値の85％以上でなければならない

$$\alpha = \frac{0.85}{1 - \frac{3V}{100}}$$

・条件②：3回の試験結果の平均値は、購入者が指定した呼び強度の強度値以上でなければならない

$$\alpha = \frac{1}{1 - \frac{3V}{100\sqrt{3}}}$$

条件①と②の大きい値を割増し係数として用いる。

図6-6に、示方書で定められている現場練りコンクリートにおける変動係数と割増し係数の関係、およびレディーミクストコンクリートの場合を示す。

(4) 水セメント比

水セメント比は、コンクリートに要求される強度、耐久性、水密性などの性能（コンクリートの特性値）を満足する水セメント比のうち、最小の値を設定する。なお、圧縮強度に関しては配合強度を満足する水セメント比とする。3.4.2で説明したように、一般的には、セメント水比と圧縮強度が線形関係にあることを用いると、配合強度を満足する水セメント比を決定することができる。

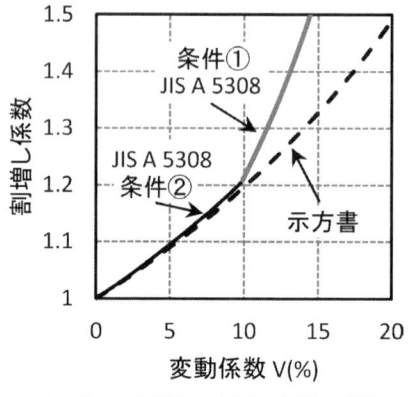

図6-6 変動係数と割増し係数の関係

使用する材料で圧縮試験の結果が全くない場合は、適切と思われる範囲内で3種以上の異なった水セメント比のコンクリートについて試験し、セメント水比と圧縮強度の関係（3.4.2参照）を求めるのが一般的である。このとき、各セメント水比に対する圧縮強度の値は、配合試験における誤差を小さくするため、2バッチ以上のコンクリートから作製した供試体における平均値をとるのがよい。

コンクリートの特性値を満足する水セメント比の選定について、例えば、対象とするコンクリート構造物において、中性化に伴う鋼材腐食による劣化が懸念される場合を考えてみる。この場合、コンクリートの圧縮強度と中性化速度係数の特性値を満足する水セメント比を設定する必要がある。構造物の設計段階で、設計基準強度24N/

mm^2、中性化速度係数 0.93mm/$\sqrt{年}$で要求性能を満足するという結果であったとする。圧縮強度の変動係数を 10％とすると、配合強度は 28.8N/mm^2 となる。ここで、圧縮強度とセメント水比の関係、および中性化速度係数と有効水粉体比の関係（**第5章**参照）を、次式のように仮定して所要の水セメント比 W/C を求める。なお、普通ポルトランドセメントを使用することを前提とする。

$$f'_c = -14.5 + 24.5 C/W \rightarrow W/C = 0.57$$
$$\alpha = -3.57 + 9.0 W/B \rightarrow W/C = 0.50$$

以上の結果より、水セメント比はコンクリートの特性値を満足する水セメント比のうち、最小の値とするため、この場合の水セメント比は 50％となる。

続いて、中性化や塩害に伴う鋼材腐食の危険性はないが、凍害によってコンクリート構造物の劣化が懸念される場合を考えてみる。連続して飽和される薄い断面を対象とすると、相対動弾性係数の最小限界値は 85％となる。試験結果に基づいて、この条件を満足する水セメント比を設定することが必要であるが、ここでは、**第5章**で紹介した相対動弾性係数と水セメント比の関係を用いることとする。この場合、水セメント比は 55％となり、強度を満足する水セメント比（57％）と比較して小さい方を採用するため、水セメント比は 55％となる。

【計算例】
コンクリートに要求される各特性値等の条件

・設計基準強度＝24N/mm^2
・強度の変動係数＝10％
・中性化速度係数の特性値＝1.0mm/$\sqrt{年}$
・中性化速度係数の予測値の精度に関する安全係数＝1.0
・塩化物イオンに対する拡散係数の特性値＝1.0cm^2/年
・塩化物イオンに対する拡散係数の予測値の精度に関する安全係数＝1.0
・水密性
なお、普通ポルトランドセメントを用いる。

強度について
割増し係数を考慮した配合強度＝28.8 N/mm^2
$28.8 = -14.5 + 24.5C/W \rightarrow W/C = 0.566$
中性化に伴う鋼材腐食について
予測値の精度に関する安全係数が 1.0 なので、
$1.0 \geq -3.57 + 9.0 W/B \rightarrow W/C \leq 0.508$

塩害について
予測値の精度に関する安全係数が 1.0 なので、
$1.0 \geq 10^{-3.9(W/C)^2 + 7.2(W/C) - 2.5} \rightarrow W/C \leq 0.464$
水密性について
水密性が必要なので**第3章**より → $W/C \leq 0.55$

以上の4つの特性値を満足する W/C のうち、最小の値は塩害に関する結果である。
したがって、設定する水セメント比の条件は、
$W/C \leq 0.46$

（5）空気量

適当量のエントレインドエアを混入したコンクリートは、凍害に対する耐久性が優れているので、激しい凍害作用を受ける場合には、AEコンクリートを一般的に用いる。標準的な空気量は、練上り時においてコンクリート容積の 4～7％程度である。

6.2.4 暫定の配合
（1）単位水量

単位水量が大きくなると、材料分離抵抗性が低下するとともに、乾燥収縮が増加する等、コンクリートの品質の低下につながる。そのため、作業ができる範囲内でできるだけ単位水量を小さくする必要がある。示方書では、単位水量の上限を 175kg/m^3 とし、それ以下で定めることを標準としている。さらに、コンクリートの単位水量の推奨範囲として、粗骨材最大寸法 20～25mm の場合は 155～175kg/m^3、40mm の場合は 145～165kg/m^3 と示されている。AE剤、AE減水剤、高性能 AE 減水剤等を適切に用いると、単位水量を相当に減らすことができる。減水率は、空気量、混和材料の種類、コンクリートの配合等によって相違するが、JIS A 6204「コンクリート用化学混和剤」に適合する AE 剤の場合 6～10％、AE 減水剤の場合 10～14％、高性能 AE 減水剤の場合 16～20％程度が目安となる。

（2）単位セメント（粉体）量

水セメント比と単位水量が定まれば、単位セメント量は自動的に決定される。ただし、単位セメント量は、水和熱や収縮抑制のために上限が、ワーカビリティー確保のために下限が定められていることがある。良好な充填性およびポンプ圧送性を確保するためには、粗骨材の最大寸法が 20～25mm の場合、少なくとも 270kg/m^3 以上の

単位粉体量を確保し、より望ましくは300kg/m³以上とするのが推奨されている。水セメント比と単位水量から計算された単位セメント量が、これらの上下限の範囲を外れた場合は、使用する材料を変更する必要がある。

(3) 細骨材率

細骨材率とは、コンクリート中の全骨材量に対する細骨材量の絶対容積比を百分率で表した値であり、s/aと表記するのが一般的である（過去の日本の慣例として、大文字は質量を小文字は容積を意味していたが、海外ではこのようなルールはなく、また、最近の日本も慣例に従っていない場合もある）。

一般に、細骨材率が小さいほど、同じスランプのコンクリートを得るのに必要な単位水量は減少する傾向にあり、それに伴い単位セメント量の低減も図れることから、経済的なコンクリートとなる。しかし、細骨材率を過度に小さくするとコンクリートが粗々しくなり、材料分離の傾向も高まるため、ワーカビリティーの低下につながりやすい。使用する細骨材および粗骨材に応じて、所要のワーカビリティーが得られ、かつ、単位水量が最小になるような適切な細骨材率が存在する。適切な細骨材率は、細骨材の粒度、コンクリートの空気量、単位セメント量、混和材料の種類等によって相違するので、細骨材率を変化させた試し練りを行って、単位水量が最小となるように定めるのがよい。一般的には、細骨材率が小さいあるいは大きいとスランプは小さくなり、最適な細骨材率ではスランプが最大となる。そのため、単位水量や水セメント比を固定した条件で細骨材率を変化させ、最大のスランプ値を与える細骨材率を参考にするとよい。

(4) 暫定の配合の設定

さて、ここまでいろいろと説明してきたが、実際に暫定の配合を設定するためには、試験により定める必要があることに気づく。通常、各機関では過去の試験実績を参考として、暫定の配合を設定するのが一般的であるが、初めてコンクリートの試験をする場合は、何も参考とする情報がない。このような場合は、**表6-7**に示す値を出発点とし、使用材料の違いや、細骨材率、単位水量の補正の目安として**表6-8**を用いるとよい。これらの表の使い方は、具体例を用いて説明する。

配合条件の設定で、粗骨材最大寸法が20mm、スランプが11cm、水セメント比が50%、空気量が5%であり、粗粒率が2.7の細骨材を使用し、混和剤としてAE減水剤を用いる場合を想定する（目標値と称す）。粗骨材最大寸法が20mmであり、AE減水剤を用いることから、**表6-7**より、参考とする概略値は、空気量が6%、細骨材率が45%、単位水量が165kg/m³となり、表の前提条件から水セメント比55%、スランプ8cm、細骨材の粗粒率が2.8である（基準値と称す）。基準値の条件から、**表6-8**の補正の目安を用いて、

表6-7　コンクリートの単位粗骨材かさ容積、細骨材率および単位水量の概略値

粗骨材の最大寸法	単位粗骨材かさ容積	空気量	AEコンクリート			
			AE剤を用いる場合		AE減水剤を用いる場合	
			細骨材率 s/a	単位水量 W	細骨材率 s/a	単位水量 W
(mm)	(m³/m³)	(%)	(%)	(kg)	(%)	(kg)
15	0.58	7.0	47	180	48	170
20	0.62	6.0	44	175	45	165
25	0.67	5.0	42	170	43	160
40	0.72	4.5	39	165	40	155

この表に示す値は、全国の生コンクリート工業組合の標準配合等を参考にして決定した平均的な値で、骨材として普通の粒度の砂（粗粒率2.80程度）および砕石を用いたコンクリートに対するもので、水セメント比55%程度，スランプ8cm程度である

表6-8　使用する材料あるいはコンクリートの品質の違いに対する細骨材率、単位水量の補正の目安

区　分	s/aの補正(%)	Wの補正
砂の粗粒率が0.1だけ大きい（小さい）ごとに	0.5だけ大きく（小さく）	補正しない
スランプが1cmだけ大きい（小さい）ごとに	補正しない	1.2%だけ大きく（小さく）
空気量が1%だけ大きい（小さい）ごとに	0.5〜1だけ小さく（大きく）	3%だけ小さく（大きく）する
水セメント比が0.05大きい（小さい）ごとに	1だけ大きく（小さく）	補正しない
s/aが1%大きい（小さい）ごとに	—	1.5kgだけ大きく（小さく）
川砂利を用いる場合	3〜5だけ小さく	9〜15kgだけ小さく

なお、単位粗骨材かさ容積による場合は、砂の粗粒率が0.1だけ大きい（小さい）ごとに単位粗骨材かさ容積を1%だけ小さく（大きく）する

目標値となるように修正する。表 6-9 に示すように、基準値から目標値に修正することを考え、細骨材率と単位水量を補正する。結果として、細骨材率および単位水量は、

$s/a = 45 - 0.75 = 44.3\%$

$W = 165 + 165 \times 6.6\% = 176 \text{kg/m}^3$

となる。単位水量が定まったので、水セメント比から単位セメント量を求めることができる。

$W/C = 0.5 \quad W = 176 \rightarrow C = 352 \text{kg/m}^3$

表 6-9 補正の具体例

	基準	目標	s/aの補正（％）	Wの補正
F.M.	2.8	2.7	$(2.7-2.8) \times 0.5/0.1 = -0.5$	—
スランプ	8cm	11cm	—	$(11-8) \times 1.2/1 = 3.6\%$
空気量	6%	5%	$(5-6) \times (-0.75/1) = 0.75$	$(5-6) \times (-3/1) = 3\%$
W/C	0.55	0.5	$(0.5-0.55) \times 1/0.05 = -1$	—
計			-0.75	6.6%

コンクリートの配合は、計量の容易さからコンクリート 1m^3（1,000L）当りの各材料の質量を記載する。ここで、コンクリートの構成材料の質量および容積割合の概念図を図 6-7 に示す。水（W）、セメント（C）、細骨材（S）、粗骨材（G）、空気（air）としている（容積は小文字、質量は大文字）。空気の質量は 0 であるが、コンクリート 1m^3 当りに占める空気の容積割合は忘れずに考慮する必要がある。よって、コンクリート中の全骨材容積（a）は、コンクリートの容積からセメントペーストの容積と空気量を差し引けば求まる。ここで、セメントの密度を 3.15g/cm^3 とする。

$a = 1,000 - (176/1 + 352/3.15 + 50) = 662\text{L}$

細骨材率と細骨材および粗骨材の密度から、細骨材（S）、粗骨材（G）の単位量も計算できる。前述の例において、細骨材、粗骨材の表乾密度をそれぞれ 2.6g/cm^3、2.7g/cm^3 とすれば、

$S = 662 \times 0.443 \times 2.6 = 762 \text{kg}$

$G = 662 \times (1 - 0.443) \times 2.7 = 996 \text{kg}$

最終的に暫定の配合は、表 6-10 のように定まる。なお、AE 減水剤の使用量はセメント質量の 0.25%としている。

6.2.5 計画配合の決定

暫定の配合は、過去の実績に基づいて設定した配合であるため、暫定の配合を用いてコンクリートを製造しても、目標性能を満足するとは限らない。ここで、目標性能のうち設計基準強度と耐久性は、これまでに定めてきた水セメント比以下とすることで、目標性能を満足している（アルカリシリカ反応抑制対策や塩化物イオンの総量の制限は別途確認する必要がある）。目標性能の残りの1つであるワーカビリティーについては、充填性を主体として考えた場合、スランプと単位セメント（粉体）量が重要となるが、単位セメント（粉体）量については、270kg/m^3 以上用いていることを確認すればよい。すなわち、暫定の配合に基づきコンクリートを製造して、確認すべきコンクリートの性状は、スランプと空気量となる。

試し練りにより、目標性能を満足する配合を決定する。例えば、暫定の配合に基づいて試し練りをした結果、スランプが 10cm、空気量が 4%となった場合を考えてみる。目標は、スランプが 11cm、空気量が 5%なので、スランプを 1cm 増加、空気量を 1%増加させる必要がある。ここで、暫定の配合とその結果が、今使用している材料を用いたときの事実の値であり、この数値を表 6-8 の補正の目安を用いて修正する（表 6-11 参照）。補正の結果、細骨材率を 43.6%（44.3-0.75）、単位水量を 173kg/m^3 ［$176+176 \times (-1.8\%)$］とすればよいことがわかる。これ以降の手順は、暫定の配合を求めたときと同じであり、その結果、表 6-12 に示す配合を得る。再

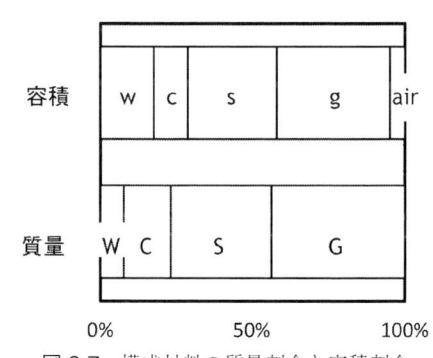

図 6-7 構成材料の質量割合と容積割合

表 6-10 暫定配合の例

粗骨材最大寸法 (mm)	スランプ (cm)	W/C (%)	Air (%)	s/a (%)	単位量 (kg/m³)				AE減水剤
					W	C	S	G	
20	11	50	5	44.3	176	352	762	996	0.88

表6-11　試し練りの結果を用いた補正の例

	試し練り	目標	s/aの補正（％）	Wの補正
スランプ	10cm	11cm	—	$(11-10)\times 1.2/1 = 1.2\%$
空気量	4%	5%	$(5-4)\times(-0.75/1) = -0.75$	$(5-4)\times(-3/1) = -3\%$
計			-0.75	-1.8%

表6-12　試し練りの結果を用いて修正した配合の例

粗骨材最大寸法 (mm)	スランプ (cm)	W/C (%)	Air (%)	s/a (%)	単位量 (kg/m³)				AE減水剤
					W	C	S	G	
20	11	50	5	43.6	173	346	756	1,016	0.865

度試し練りを実施し、目標性能を満足する配合が得られるまで繰り返す。なお、充填性を主体としたワーカビリティーの評価は、その簡便さからスランプと単位セメント（粉体）量を用いている。実際には、試し練りのときに、コンクリートに関する知識と経験を有する技術者（コンクリート技士・主任技士など）が、ワーカビリティーを確認することが重要である。ここでは、表6-12の配合に基づき試し練りをした結果、目標性能を満足したとする。最終的な配合のことを「計画配合」と呼ぶ。

6.2.6　現場配合

現場で実際にコンクリートを製造する際には、計画配合に基づいて、さらに2つの項目を考慮する必要がある。

1つ目は、骨材粒径に関することである。第2章で骨材について説明したが、細骨材は5mmふるいを通過する骨材、粗骨材は5mmふるいにとどまる骨材と定義されていた。ただし、実際に使用される骨材の場合、5mmふるいを用いてすべての骨材をふるい分け、通過する骨材を細骨材、とどまる骨材を粗骨材として、細・粗骨材を保管するのは実用的ではない。そのため、実用的には細骨材は10mmふるいを全通し5mmふるいを質量で85％以上通るもの、粗骨材は5mmふるいに質量で85％以上とどまるもの、とされている。この実用的な運用と細・粗骨材の定義の差を修正する必要がある。計画配合で定めた細・粗骨材量は、5mmをしきい値として区分した定義に従った量である。例えば、5mmより大きく10mm未満の骨材を4％含む細骨材と、5mm以下の骨材を8％含む粗骨材であった場合を考えてみる。骨材は表乾燥状態であり、細骨材量をx、粗骨材量をyとすると、

$0.96x + 0.08y = 756$
$0.04x + 0.92y = 1,016$
$(x+y = 1,772)$

の連立方程式を満たすxとyを求めればよく、この場合、$x = 698\text{kg/m}^3$、$y = 1,074\text{kg/m}^3$となる。

さて、2つ目の修正は、骨材の表面水の状態に関することである。これまでの計算では、細・粗骨材ともに、表乾状態（第2章参照）を前提としていた。しかし、試し練りのときも、現場で製造するときも、表乾状態に骨材を管理するのは難しく、骨材表面が濡れている湿潤状態で管理するのが一般的である。すなわち、実際に使用する骨材の状態は、「表乾状態＋表面水」となっているため、この状態の骨材を計量して使用すると、計画配合に比べて骨材量が少なく、水量が多くなってしまう。例えば、細骨材の表面水率が2％、粗骨材の表面水率が0.5％とすれば、

$x + x\times 2\% = 712\text{kg/m}^3$
$y + y\times 0.5\% = 1,079\text{kg/m}^3$

となる。骨材の表面水量を単位水量から差し引く必要があるので、現場配合の単位水量は、

$W - x\times 2\% - y\times 0.5\% = 154\text{kg/m}^3$

となる。

以上の2つの修正を施した配合を、「現場配合」と呼び、今回の例を表6-13に示す。

参考・引用文献

1) 土木学会：コンクリート標準示方書（2007年版）設計編、2007

表 6-13 計画配合から現場配合への修正の例

粗骨材最大寸法 (mm)	スランプ (cm)	W/C (%)	Air (%)	s/a (%)	単位量 (kg/m³)				AE減水剤
					W	C	S	G	
20	11	50	5	43.6	173	346	756	1,016	0.865
							698	1,074	
					154		712	1,079	

第7章
要求性能を満たす様々なコンクリート

7.1 概説

　コンクリート構造物は多くの長所を有しているが、乾燥収縮、水和熱などによってひび割れが生じやすい。現場で施工するため、品質がばらつきやすいなど避けられない性質がある。また、熟練労働者の不足、高齢化などの社会的環境から、省力化、機械化が求められている。これらの性質を改善し、多様化していく要求性能を満たす目的のために、特殊な性能を有する様々なコンクリートが開発されてきた。このような特殊なコンクリートは、「使用材料が特殊なコンクリート」「要求性能が特殊なコンクリート」「施工方法が特殊なコンクリート」「施工条件が特殊なコンクリート」などに分けることができる。

　本書で取り上げる特殊コンクリートを上記に基づき分類すると、以下のようになる。
① 使用材料が特殊なコンクリート：短繊維補強コンクリート、軽量骨材コンクリート
② 要求性能が特殊なコンクリート：高強度コンクリート、高流動コンクリート、水中不分離性コンクリート、海洋コンクリート、収縮補償コンクリート、ポーラスコンクリート
③ 施工方法が特殊なコンクリート：水中コンクリート、プレパックドコンクリート、吹付けコンクリート、転圧コンクリート

　なお、一般に施工条件が特殊なコンクリートとして考えられてきた寒中コンクリート、暑中コンクリート、マスコンクリートは、特に施工条件に注意を要するコンクリートとして、本書では、**第4章「鉄筋コンクリート構造物の施工」**で記述した。

7.2 使用材料が特殊なコンクリート

7.2.1 短繊維補強コンクリート

　繊維補強コンクリート（FRC：Fiber Reinforced Concrete）は、**写真 7-1** に示すように不連続の短繊維をコンクリートの中に均一に分散混入させることで、ひび割れ抵抗性、じん性、引張強度、せん断強度ならびに耐衝撃性などを向上させたコンクリート系複合材料である。最近では、トンネル覆工や鉄道高架橋において、コンクリート剥落防止の観点から短繊維補強コンクリートを用いる場合が増加している。

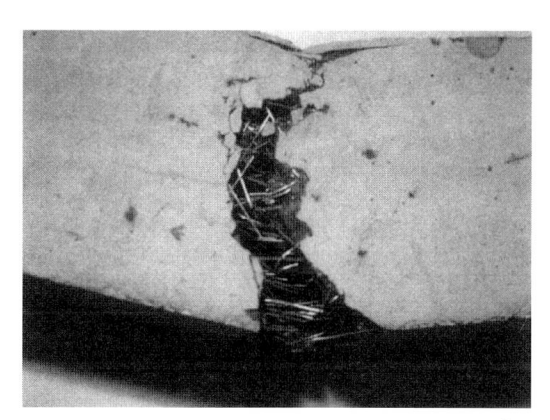

写真 7-1 曲げ試験後の鋼繊維補強コンクリート[1]

　使用する繊維の種類は、以前は鋼あるいはガラスがほとんどであったが、最近では炭素繊維、アラミド繊維やPVA（ポリビニルアルコール）繊維などの有機繊維が用いられている。繊維素材の概要を以下に示す。

(a) 鋼繊維

　繊維状に極細に加工された鋼で、太さ0.2～0.6mm、長さ20～60mmでアスペクト比（繊維長さと繊維径との比）が60～80ある。製造方法に

よって切断ファイバー（カットワイヤー）、せん断ファイバー、切削ファイバー、メルトエクストラクションファイバーの 4 種に大別される。

(b) 炭素繊維

使用する炭素繊維の種類により PAN 系とピッチ系に分かれる。導電性を有する。スキーの板や釣竿、自動車部品、航空機、人工衛星、宇宙船などに CFRP として使用されている。

(c) ガラス繊維

使用する繊維により耐熱アルカリガラスと E ガラスに分かれる。作成形状の自由度から自動車部品、サーフボード・航空機の内装などに GFRP として使用されている。色は透明である。

(d) アラミド繊維

芳香族ポリアミド繊維ナイロンに属する。分子構造を説明すると、ナイロンの分子を芳香環（炭素 C と水素 H の組合せでできた六角形分子構造）により鎖状に結合された分子構造をもっている。有機繊維のなかでも、高度な難燃性能をもっていて、有毒ガスや煙の発生が少ないのが特徴である。

(e) ビニロン繊維

ポリビニルアルコールをアセタール化して得られる合成繊維であり、合成繊維中、唯一親水性で吸湿性であるという特徴をもっており、綿に似た風合いの繊維である。レインコート、ロープ、漁網に使用されている。

コンクリートに繊維を混入することにより、優れた変形特性などのエネルギー吸収能力が向上し、衝撃強度、耐疲労特性、ひび割れ進展抑止性能、コンクリートの引張軟化特性が大きく向上できる。

今までの利用分野としては、鋼繊維ではコンクリート舗装やトンネル・のり面の吹付け等、ガラスやカーボン等の繊維ではカーテンウォール等、ビニロン繊維では、高強度コンクリートの火災時における爆裂防止用として適用されている。いずれも構造的には無筋として取り扱われていた部分のひび割れ抵抗性の向上をねらった使用法が比較的多かった。

最近では、従来のセメントコンクリートには見られない引張応力下でひずみ硬化を示し、ひび割れ幅が微細に抑えられ、大きな引張変形と靭性を有する複数微細ひび割れ型繊維補強セメント複合材料が開発されている（**写真 7-2**）。

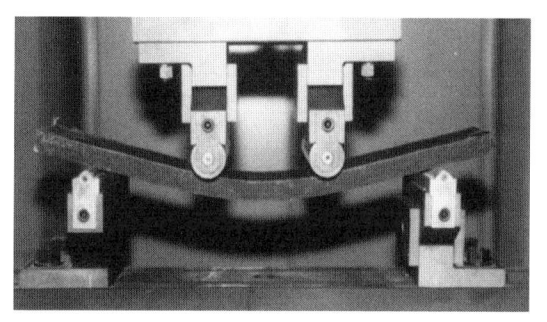

写真 7-2 繊維補強セメント複合材料の曲げ試験例 [2]

今後は、構造物の高層化や巨大化から部材には高じん性が求められることが多くなるため、粘りのある構造部材を目的として、FRC を鉄筋コンクリートに併用するケースも増えるものと思われる。さらに、鋼以外の繊維を用いた場合には塩害に対する腐食の心配がないことから、海洋構造物への応用も期待できる。

7.2.2 軽量骨材コンクリート

軽量骨材コンクリートは、**写真 7-3** に示すような軽量骨材を使用して一般的なコンクリートよりも単位体積質量を軽減させたコンクリートである。軽量骨材は、火山礫などを加工した天然軽量骨材、膨張スラグなどの産業副産物を加工した副産軽量骨材、膨張頁岩、膨張粘土、フライアッシュを原料として造粒加工した人工軽量骨材の 3 種類に分類される。

JIS A 5002 では、軽量骨材を**表 7-1** に示すように軽量骨材の絶乾密度および実積率、軽量骨材を使用したコンクリートのフレッシュ状態の単位体積質量および硬化時の圧縮強度で区分している。

土木学会コンクリート標準示方書では、**表 7-2** に示すように軽量骨材コンクリート 1 種は、気乾単位容積質量が $1.6 \sim 2.1 \times 10^3 \mathrm{kg/m^3}$、2 種は、$1.2 \sim 1.7 \times 10^3 \mathrm{kg/m^3}$ のコンクリートである。このコンクリートに使用される軽量骨材は、主に人工軽量骨材である。

人工軽量骨材は、天然骨材と比較して吸水率が高いため、ポンプ圧送する場合は、骨材の圧力吸水によるスランプ低下や、輸送配管内での閉塞が生じるおそれがあるので、骨材のプレウェッティング（事前吸水）を十分に行う必要がある。また、人工軽量骨材中の水分が原因で凍結融解の抵抗性が劣る場合があるため、その骨材を使用した

コンクリートの過去の実績に基づいて事前確認をする必要がある。

写真 7-3　人工軽量骨材[3]

表 7-1　構造用軽量コンクリート骨材の区分[4]

(a) 骨材の絶乾密度による区分

区分	絶乾密度 (g/cm³)	
	細骨材	粗骨材
L	1.3 未満	1.0 未満
M	1.3 以上 1.8 未満	1.0 以上 1.5 未満
H	1.8 以上 2.3 未満	1.5 以上 2.0 未満

(b) 骨材の実積率による区分

区分	モルタル中の細骨材の実積率 (%)	粗骨材の実積率 (%)
A	50.0 以上	60.0 以上
B	45.0 以上 50.0 未満	50.0 以上 60.0 未満

(c) コンクリートの圧縮強度による区分

区分	絶乾密度 (N/mm²)
4	40 以上
3	30 以上 40 未満
2	20 以上 30 未満
1	10 以上 20 未満

(d) フレッシュコンクリートの単位容積質量による区分

区分	単位容積質量 (kg/m³)
15	1,600 未満
16	1,600 以上 1,800 未満
17	1,800 以上 2,000 未満
18	2,000 以上

表 7-2　軽量コンクリートの種類と単位容積の範囲[5]

種類	単位容積質量 (kg/m³)	使用する骨材	
		粗骨材	細骨材
1種	1,600 ~ 2,100	軽量骨材または一部普通骨材	普通骨材
2種	1,200 ~ 1,700	軽量骨材または一部普通骨材	軽量骨材または一部普通骨材

7.3　要求性能が特殊なコンクリート

7.3.1　高強度コンクリート

土木学会コンクリート標準示方書では設計基準強度 $f_{ck}' = 60 \sim 100\text{N/mm}^2$ 程度を高強度コンクリートとして扱っており、その性能の照査および検査の方法を示している。日本建築学会のJASS 5では、設計基準強度 $f_{ck}' = 36\text{N/mm}^2$ を超えるコンクリートとして規定されており、36N/mm² 超え以下の60N/mm² 範囲を念頭において記述されている。建築基準法第37条1号では、コンクリートはJISに適合するものとしており、JIS A 5308の範囲外となる呼び強度60N/mm² を超えるコンクリートについては、国土交通大臣の認定を受ける必要がある。

最近では100N/mm² を超す高強度コンクリートの施工例も見られ、これらを超高強度コンクリートと呼び、区別することがある。また、コンクリートの高強度化に伴い鉄筋の高強度化の開発も進められている。

最近のコンクリート技術の進歩から、100N/mm² レベルのコンクリートを現場でポンプ打ちすることもそう難しいことではなくなった。このような技術は、1972年に始まった北海の石油掘削のためのコンクリートプラットホームの建設に関連して開発されたものである。

わが国でもPC橋梁には一部で75~80N/mm² のものが用いられており、PC斜張橋の主塔や高層建築物では60N/mm² レベルの高強度コンクリートも大量に使用されるようになってきた。

コンクリートは、セメント・骨材・水よりなる複合材料であり、高強度コンクリートを得るためには、

① セメントペーストの強度改善
② 良質な骨材の利用
③ 骨材とセメントペーストとの付着性の改善

が考えられる。

このうち、セメントペーストの強度を大きくすることが一番重要である。強度はペースト中に存在する空隙をできるだけ少なくすることにより大きくなり、それには以下の4つの方法が考えられる。

① 水セメント比の減少（余剰水を減少し、ペースト濃度を高める）
② セメント水和反応の促進（高性能AE減水

剤の利用、養生方法）
③ 機械的な圧密（振動・加圧・遠心力利用締固め）
④ 空隙を高強度の充填材や無機質の微粉末で埋める方法（高分子系樹脂の含浸、シリカフュームの利用）

このうち、水セメント比を減少させる方法については、1960年代に減水能力の特に大きい高性能減水剤が開発され普及するようになると、単位セメント量を増加させずに単位水量を減水させる方向へ向かった。

しかし、コンクリートの水セメント比を小さくする必要があるが、単位水量を少なくしすぎるとコンクリートのワーカビリティーが著しく悪くなるため、現場での施工性が確保できなくなる。セメント量を多くして高強度を得ることを考えた場合には、コンクリートが硬化する際の水和発熱による温度上昇が高くなり、温度ひび割れの考慮が必要になる。また、ブリーディングがほとんどなく、コンクリート表面に乾燥収縮ひび割れが生じやすくなり、硬化後の自己収縮やクリープ等も大きくなるなどの欠点が生じる。そこで、セメントの水和発熱の抑制については、中庸熱ポルトランドセメントが使用されてきたが、最近ではさらに水和発熱量を抑制させることができる低発熱セメントも高強度コンクリートに使用され始めている。

現状では、現場打ちで $f_{ck}' = 60\text{N/mm}^2$ 程度までの高強度コンクリートは、水セメント比の減少（35〜25％）と高性能AE減水剤などの混和剤の組合せで達成できるが、さらに、高強度を得るためには、低水セメント比とした場合でもまだコンクリート内に残る空隙を減らすことが必要であり、そのためにはセメント粒子より小さい超微細粒子を用い、セメント等の粒子間の空隙を埋めることが行われている。

超微細粒子としては、金属シリコン等の製造過程で副産される煙草の煙の粒子と同程度の大きさのシリカフュームが用いられており、これをセメント量の10〜20％混入して使用することで、コンクリートの強度は10〜35％程度増加する。

また、シリカフュームは強度の増進ばかりでなく、高性能減水剤を組み合わせた場合コンクリートのワーカビリティーを改善するほか、コンクリートのマトリックスを緻密にすることにより

透水性を小さくし、化学抵抗性や耐久性を向上するなどの利点を有しており、北海の石油プラットホームでも1982年以降に建造されたものにはシリカフュームが用いられている。

現在、高層建築に使用されるコンクリートでは 150N/mm^2 レベルの高強度コンクリートの実績が増えつつある。しかし、強度が高くなると一軸圧縮強度の応力-ひずみの関係曲線は、図7-1に示すように圧縮応力のピークまでの挙動は弾性的になり、ピーク後の破壊が脆性的となる。そのため、柱部材に使用した場合、地震国である日本では柱部材の復元力特性（地震力などによる繰返し載荷力に対する粘り）の改善、また、梁構造部材のスレンダー化（高強度化による部材断面高さの縮小化）に伴うたわみの増大などの課題もある。

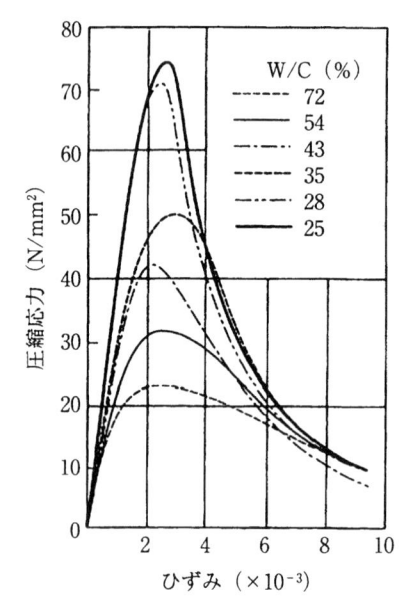

図7-1 圧縮応力とひずみの関係曲線に及ぼす水セメント比（W/C）の影響[6]

7.3.2 高流動コンクリート

高流動コンクリートとは、フレッシュ時の材料分離抵抗性を損なうことなくコンクリート打込み時に振動締固め作業を行わなくても、型枠の隅々まで充填されるコンクリートである。

最近では建設工事に携わる労働力が質的にも量的にも不足し、高いレベルでの施工品質を確保することが極めて難しいことから、施工品質の良否がコンクリート構造物の最終品質に及ぼす影響をできるだけ少なくすることが必要と

なってきた。

このような社会的要求を背景として、スランプロス低減型の高性能減水剤が開発されたことも相まって、振動締固めを行わなくても十分充填する自己充填性を有するコンクリートが開発された。

高流動コンクリートを用いることにより、以下のような効用が期待できる。

① 施工の良否の影響を受けないので、コンクリートの信頼性が向上する。
② 非常に充填性が良いという材料特性を活かして、施工システムの合理化が図れる。
③ バイブレータが不要なので、現場の省力化が図れる。
④ バイブレータが不要なので、打込み、締固め作業に伴う騒音を小さくできる。

自己充填性を得るためには、高い流動性(変形性)と優れた材料分離抵抗性を同時に満足させる必要がある。一般に流動性が大きいと材料分離抵抗性は小さくなる。

ここでいう材料分離抵抗性とは、流動途上にあるコンクリート中の粗骨材とモルタルとの分離しにくさの程度を表し、これが小さいと、鉄筋などの障害物周辺で粗骨材が分離し、充填性を低下させることになる。

硬化コンクリートの特性に悪い影響を与えることなく自己充填性を確保するために、高性能減水剤を用いて流動性を付与させるとともに、セメントのほかに多量の粉体や増粘剤(分離低減剤)を使用することによって粘性を高め、材料分離抵抗性を確保する方法が採られている。

粉体の種類としては、単に、セメント量を増加する方法も考えられるが、水和熱の増大等によりひび割れが発生しやすくなることから、できるだけ化学的な反応活性の少ない粉末の利用が望ましく、石灰石微粉末、フライアッシュ、高炉スラグ微粉末等が用いられている。また、増粘剤としては、セルロース系、アクリル系、バイオポリマーなどが使用されている。

粉体のみで粘性を高めた粉体系、同じく増粘剤のみで確保した増粘剤系、粉体と増粘剤を併用した併用系の各種高流動コンクリートの配合を表7-3に示す。

高流動コンクリートは自己充填性を有することが大きな特徴であるが、コンクリートが打ち込まれる条件(打込み方法、配筋、型枠の形状など)によって充填性は異なり、鉄筋量が多い部材や複雑な形状の部材では、より高い充填性が要求される。材料分離抵抗性を低下させることなく、高い流動性を得ることが、優れた充填性を確保することにつながる。土木学会コンクリート標準示方書では、高流動コンクリートの自己充填性を図7-2に示す充填装置を用いた間隙通過性試験装置による検査から1～3のランクに定めている。表7-4のように下記に示すような自己充填性のランクに応じて、使用材料および配合を定めなければならないように規定している。

① ランク1:鋼材の最小あきが35～60mm程度で、複雑な断面形状、断面寸法の小さい部材または箇所で自己充填性を有する性能。
② ランク2:鋼材の最小あきが60～200mm程度の鉄筋コンクリート構造または部材において自己充填性を有する性能。
③ ランク3:鋼材の最小あきが200mm以上で断面寸法が大きく配筋量の少ない部材または箇所、無筋の構造において、自己充填性を有する性能。

表7-3 高流動コンクリートの配合例[7]

種類	粗骨材の最大寸法 (mm)	自己充填性のランク	目標スランプフロー (mm)	目標V漏斗流下時間 (秒)	水結合材比 (%)	水粉体容積比 (%)	空気量 (%)	単位粗骨材絶対容積 (m³/m³)	単位量 (kg/m³)					混和剤	
									水 W	セメント C	混和材 F	細骨材 S	粗骨材 G	高性能(AE)減水剤	増粘剤
粉体系	20	2	650±50	7～13	27.5	88.9	5.5	0.315	175	636[*1]	—	675	828	4.96	—
増粘剤系	20	2	600	10	48.0	146	4.5	0.305	185	385	—	872	820	11.6	0.56[*2]
併用系	20	2	600	13	33.0	93.0	4.5	0.313	170	360	155[*3]	758	825	9.01	1.0[*4]

*1:低熱ポルトランドセメント *2:セルロース系 *3:フライアッシュ *4:多糖類ポリマー

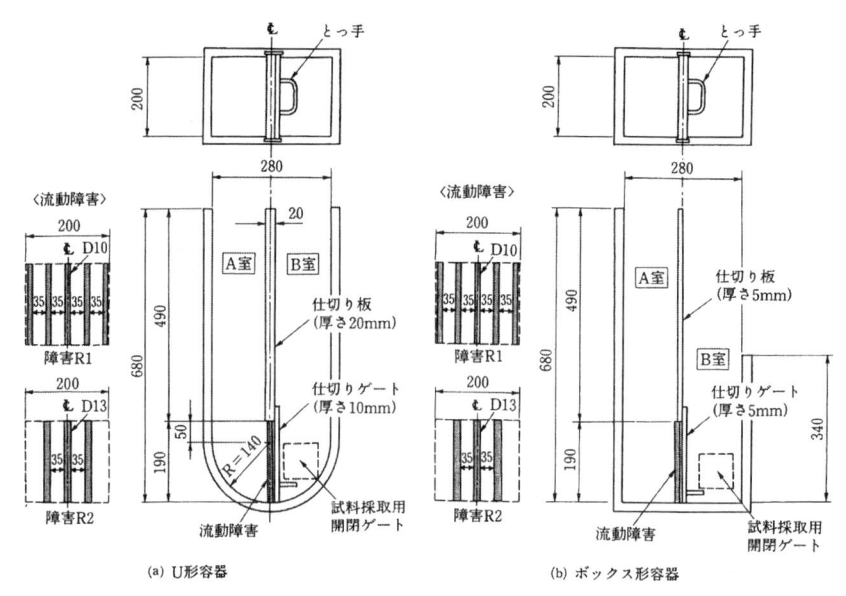

図7-2 充填装置を用いた間隙通過性試験装置[8]

表7-4 自己充填性のランクと各評価試験値[8]

	自己充填性ランク		1	2	3
構造条件	鋼材の最小あき	(mm)	35～60	60～200	200以上
	鋼材量	(kg/m^3)	350以上	100～350	100以下
U形またはボックス形充填高さ		(mm)	300以上(障害R1)	300以上(障害R2)	300以上(障害なし)
単位粗骨材絶対容積		(m^3/m^3)	0.28～0.30	0.30～0.33	0.32～0.35
流動性	スランプフロー	(mm)	600～700	600～700	500～650
材料分離抵抗性	$V_{7.5}$漏斗の流下時間	(秒)	9～20	7～13	4～11
	500mmフロー到達時間	(秒)	5～20	3～15	3～15

7.3.3 水中不分離性コンクリート

水中コンクリートの一般的な工法として、トレミー工法（7.4.1を参照）がある。しかし、コンクリートは、水中に自由落下させると著しく分離して大幅に品質が低下する。そのため、トレミー工法では、新しく打ち込まれるコンクリートが直接水にさらされないよう、トレミー管の先端等を常にコンクリート中に突っ込んだ状態で施工される。しかし、施工管理方法が難しく、さらに施工管理方法の良否が品質へ及ぼす影響が大きいことなどから品質的にはあまり高い信頼をおけないのが実状である。したがって、トレミー工法は、海峡部に建設される長大橋の主塔基礎となるケーソン内に打設する海中コンクリートのように多量なコンクリートを水中に連続打設するには適していない。

このような課題を解決するため、水中不分離性コンクリートは1970年代前半に西ドイツで開発され、水中不分離性混和剤によりコンクリートに高い粘性を与えることで、水中で落下させても分離しないような性質を付与したものである。その一例として、図7-3に水中不分離性コンクリートと通常のコンクリートを水中自由落下させた場合のセメント分の流出の分析をした結果を示す。

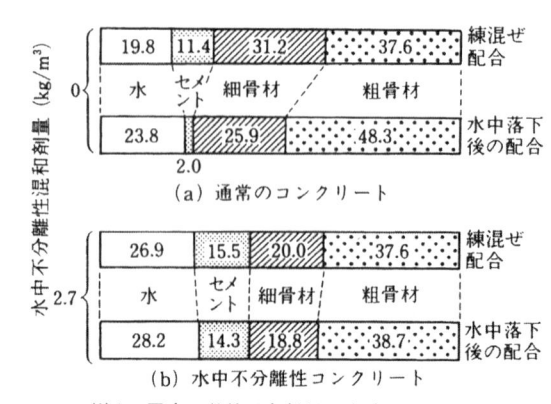

図7-3 水中不分離性コンクリートと通常のコンクリートを水中落下させた場合のセメント分の流出分析[7]

(注) 図中の数値は各材料の容積百分率を示す。

このコンクリートは、1979（昭和54）年に日本に技術導入されて以来、各建設会社で技術開発、実用化が進められ、1991（平成3）年には土木学会で水中不分離性コンクリートの設計施工指針（案）が制定された。

大規模工事としては、関西新空港連絡橋の基礎14万 m^3 および本州四国連絡橋明石海峡大橋橋脚約50万 m^3 がある。

フレッシュコンクリートの性状は、普通コンクリートと著しく異なっている。その主な性質は次のとおりである。

① 水の洗い作用に対する分離抵抗性が大きく、ブリーディングがほとんど生じない。
② 流動性が高く、充填性やセルフレベリング性に優れている。
③ 凝結時間がかなり遅延する傾向にある。

これらの性質は、水中不分離性混和剤の種類および添加量によって異なってくるが、一般に添加量が増加するに従ってこれらの特徴が顕著になる。したがって、水中不分離性混和剤を添加すると、コンクリートの粘性が増加するために施工性が低下する。そこで、所要の施工性を確保するためには、単位水量を増加させる必要があり、単位水量をある限度以下にして高性能減水剤を使用するのが一般的である。

これらの特徴を踏まえて、水中不分離性コンクリートの施工上の留意点としては、次のことが挙げられる。

① 打込みは静水中で、水中落下高さは50cm以下として行うことを標準とする。
② 水平流動距離は5m以下を標準とする。
③ 打込みはトレミーかコンクリートポンプを使用するが、コンクリートポンプで圧送する場合、通常のコンクリートと比較して、その圧送圧力は通常のコンクリートの2〜3倍になり、打込み速度も1/2〜1/3となるので注意を要する。

これまでの実績では、その特性を活かして、次のような利用例が多い。

① 流動性を主眼とした間隙充填
② 材料分離防止を特に配慮した高品質の水中コンクリート
③ 水中での鉄筋コンクリート構造物
④ 工事現場周囲の水質汚濁防止に特に配慮した施工
⑤ 鋼管杭や鋼矢板の補修および防食ライニング
⑥ 張石固結や捨石マウンドの固結
⑦ 災害復旧、コンクリート構造物の補修・補強

7.3.4 海洋コンクリート

海水に接するコンクリートおよび波浪、海水飛沫あるいは潮風の作用を受けるコンクリートを土木学会コンクリート標準示方書では、海洋コンクリートとして、その施工方法が示されている。海水による劣化現象は、海水中の塩化物イオンの浸透によるコンクリート内部の鉄筋の腐食、海水成分の化学作用によるセメント硬化体組織の劣化、波浪・凍結融解作用によるコンクリート表面の劣化が挙げられる。

特に、海水成分の中でコンクリートに対して有害な成分は、硫酸マグネシウム（$MgSO_4$）と塩化マグネシウム（$MgCl_2$）である。硫酸マグネシウムは、セメント水和物である水酸化カルシウムと反応して、石こうと水酸化マグネシウムを生成する。さらに、生成した石こうとセメント中のアルミネート相（$3CaO \cdot Al_2O_3$）が反応しエトリンガイト（$3CaO \cdot Al_2O_3 \cdot 3CaSO_4 \cdot 32H_2O$）を生成する。これらの生成は体積膨張を伴うため、その膨張圧によって、コンクリートにひび割れが発生する。塩化マグネシウムはセメント中の水酸化カルシウムと反応し、塩化カルシウムを形成することで、セメント硬化体組織からカルシウムを溶脱し組織をポーラスにする。

以上のような劣化要因を考慮に入れた耐久的なコンクリートを製造するためには以下のような対策が考えられる。

① 硫酸塩に対しては、アルミネート相（C_3A）の少ない中庸熱ポルトランドセメントや低熱ポルトランドセメントの使用。ただし、C_3A の少ないセメントは、耐硫酸塩性が向上しても、塩化物イオンの浸透抑制効果が低下し、鋼材の腐食防止の観点からは逆効果になる場合もあるので注意が必要である。
② 塩化物イオンに対しては、その浸透抑制効果が大きく水酸化カルシウムの生成量が少ない高炉セメントやフライアッシュセメントの使用。

③ 水セメント比を一般コンクリートより小さい45％以下にする。

7.3.5 収縮補償コンクリート

一般的なコンクリートは乾燥収縮によるひび割れの発生が、高強度コンクリートのように低水セメント比のコンクリートは、乾燥させなくても、凝結終結直後より、大きな収縮（自己収縮）によるひび割れの発生が懸念される。ひび割れが発生するとその箇所から水や大気中の酸素が浸入しやすくなり、コンクリート内部の鉄筋の腐食を促進し、コンクリート構造物の耐久性の低下の原因や美観なども著しく損ねることになる。

乾燥収縮や自己収縮を低減させ、ひび割れ発生を抑制させたコンクリートを収縮補償コンクリートと呼ぶ。乾燥収縮や自己収縮を低減し、ひび割れを抑制、制御する方法としては、膨張材を添加する方法、収縮低減剤を添加する方法、また、その両方を添加する方法がある。

膨張材を添加したコンクリートを「膨張コンクリート」、収縮低減剤を添加したコンクリートを「収縮低減コンクリート」として、以下に解説をする。

（1）膨張コンクリート

膨張コンクリートは、セメントおよび水とともにエトリンガイト、水酸化カルシウムといった水和物を生成させる混和材（膨張材）を混和して練り混ぜ、それらの水和物の成長あるいは生成量の増大により、コンクリートを膨張させたコンクリートである。膨張コンクリートは、さらに「収縮補償コンクリート」と「ケミカルプレストレストコンクリート」に分類される。乾燥収縮や自己収縮を低減させコンクリートのひび割れの抑制、制御を目的としたものを「収縮補償コンクリート」、膨張材を多量に混和してコンクリートに生じる膨張力をコンクリート内部鉄筋で拘束し、圧縮応力（ケミカルプレストレス）を導入し、曲げひび割れ発生荷重を増大させたコンクリートを「ケミカルプレストレストコンクリート」という。

膨張材には、膨張力を発生させる生成物の違いにより、エトリンガイト（$3CaO \cdot Al_2O_3 \cdot 3CaSO_4 \cdot 32H_2O$）を積極的に生成させるエトリンガイト系、水酸化カルシウム（$Ca(OH)_2$）を生成させる石灰系、両者を複合させたエトリンガイト・石灰複合型に分類される。膨張材の水和反応過程で生成されるエトリンガイトや水酸化カルシウムには、十分な水分補給が必要であり、膨張コンクリートの初期養生には特に湿潤養生が重要である。

（2）収縮低減コンクリート

収縮低減コンクリートに使用される収縮低減剤は、1970年代に開発され、1980年代になると、毛細管張力説を乾燥収縮のメカニズムとする考えに基づいた収縮低減剤の開発が進められた。その結果、非イオン系界面活性剤であるアルキレンオキサイド重合物を主成分とする有機系の収縮低減剤が、セメントの水和反応に悪影響を及ぼすことなく乾燥収縮を低減させることが明らかとなり、多岐にわたる収縮低減剤が製造されている。

収縮低減剤を使用した場合、その使用量が多くなると収縮低減効果は大きくなるが、凝結遅延が起こり、圧縮強度は初期材齢の強度が低くなる傾向がある。また、凍結融解に対する抵抗性も低下するものもあるので、事前確認が必要である。

7.3.6 ポーラスコンクリート

近年、多様化する目的の中に、環境問題への対応が重要な社会的要請として取り上げられるようになり、材料の分野においても環境調和が重要なテーマとなっている。コンクリート分野においても、特に動物の生息や植栽などの生態系に適合したポーラスコンクリートがある（写真7-4）。

写真7-4 ポーラスコンクリート

植物生育用コンクリートとして要求される性質は、まず根の伸長を容易にする空間が必要であり、このための十分な空隙がなければならない。また根の呼吸を可能にするために連続空隙を設けて 10^{-3}cm/s 以上の透水性を確保する必要がある。また、水や養分の吸収を可能にするために、土壌中に固定・確保できる養分（肥料）の量（保肥性）を示す数値である陽イオン交換容量（CEC）を、35meq/100g まで確保する必要がある。さらに土壌中の塩分濃度が高いと浸透圧の関係で植物の根は水分を吸収できなくなるので pH や電気伝導度（EC：0.8～1.5ms/cm 以下）を適正化しなければならない。これらのためには高 CEC 物質の添加、低アルカリセメントの使用、中和、緩衝物質の添加、吸着物質の添加、樹脂コーティングなどが必要になる。植物遺体の分解には小動物や微生物が重要な役割を果たすが、容気量を 20～30% 以上とし、酸素を供給して、こうした動物の生活空間をも確保しなければならない。

このような目的に適合するコンクリートとして、現在はポーラスコンクリートが考えられている。製造方法としては、いわゆる「まぶしコンクリート」の方法である。すなわち、表 7-5 に示すように通常のコンクリートの配合に対してセメントと細骨材を少なくし、コンクリート組織の構造としては、粗骨材の一部分をモルタルで結合した状態としたものである。そのため、強度や凍結融解の繰り返し作用に対する耐久性は著しく低くなっており、圧縮強度は $10N/mm^2$ 程度以下である。構造用コンクリートの性質からは大きく離れており、風化した岩石あるいは硬い土に近い性質となっている。当然のことであるが、生物への対応としては優れた特性を持っている。

ポーラスコンクリートのその他の使用目的としては、①水収支の制御、②水質の浄化、③防音吸音制御、④生物生育環境の創出（ビオトープ、漁礁）などがある。

7.4 施工方法が特殊なコンクリート

7.4.1 水中コンクリート

水中コンクリートとは、海中の橋梁基礎や場所打ち杭、連続地中壁のように淡水中あるいは海水中で施工するコンクリートを指す。水中のコンクリート作業においては、以下のことに留意する必要がある。

① 水が混入し分離しやすい。
② 打込み箇所の細かな移動や締固めが困難である。

このため気中コンクリートよりも粘性が高く、かつ流動性の良いコンクリートを分離させずに打ち込むことが重要である。

水中に打設するコンクリートでは、以下のことに留意する必要がある。

① 一般に水中コンクリートは、水が混入し、分離しやすく、その品質の均一性、打継目の信頼性、鉄筋との付着等について、これを確認する適当な方法がないので施工に対して十分な注意が必要である。
② 打込み箇所の細かな移動や締固めが困難である。このため粘性が高く、かつ流動性の良いコンクリートを落下させずに連続して打設する。
③ 水中でコンクリートを施工する場合には、水中での洗いによる単位セメント量の減少を考慮して、配合設計では単位セメント量を増加させる必要がある。または、水中での洗いによる単位セメント量の減少を想定し、設計基準強度を小さくする等の配慮をすることが望ましい。
④ 水中で施工されるコンクリートの品質は、特に施工の良否に左右されるので、適切な施工方法の選定が重要である。水中コンクリートの施工方法には以下の工法が挙げられる。

・箱（袋）詰めコンクリート工法
・底開き箱（袋）コンクリート工法
・コンクリートマット工法

表 7-5 ポーラスコンクリートの配合例[9]

W/P (%)	V_m/V_g (%)	使用砕石	単位量 (kg/m³)				
			早強セメント	混和材	水	細骨材	粗骨材
22	40	5号	200	40	53	240	1,476

W/P＝水結合材比　（P = HC + AD）
V_m/V_g＝モルタル粗骨材容積比

使用材料		密度 (g/m³)
・セメント (HC)	：早強ポルトランドセメント	3.14
・混和材 (AD)	：高性能ポーラスコンクリート用特殊混和剤	2.68
・粗骨材 (G)	：砕石（5号 20～13mm）	2.65
・細骨材 (S)	：珪砂（7号 0.3mm 以下）	2.62
・水 (W)	：水道水	1.00

・コンクリートポンプ工法
・トレミー工法

（1）場所打ちコンクリート杭工法に使用されるトレミー工法による水中コンクリート

場所打ちコンクリート杭工法を施工方法から分類すると図7-4のようになる。

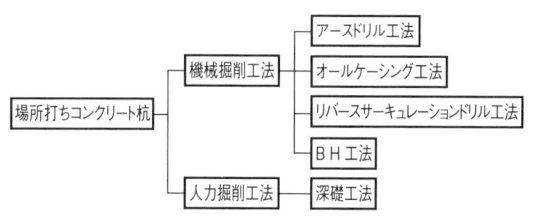

図7-4 場所打ちコンクリート杭の分類

リバースサーキュレーションドリル工法（以下リバース工法）は、掘削ビットを回転させ地盤掘削し、その掘削した土砂を掘削孔内水とともにサクションポンプまたはエアリフト方式などにより吸い上げ、孔内から排出しながら掘削する方法である。

孔壁の保護は、表層部はスタンドパイプ（図7-7の②参照）を使用し、スタンドパイプ以下では、孔壁内の泥水を常に地下水位よりも2m以上高くして孔壁のいかなる部分にも$20kN/m^2$以上の水圧をかけるとともに、図7-5に示すように孔壁にマッドケーキ（孔内の安定液が形成する不透水膜）を形成して行う。

図7-5 安定液の孔壁安定作用 [10]

一般的なリバース工法で使用する機械・機械配置を図7-6に示す。掘削土は中空のドリルパイプで孔内水とともに吸い上げ、これをスラッシュタンクにより土砂を沈殿させ、その水を再び循環使用する。

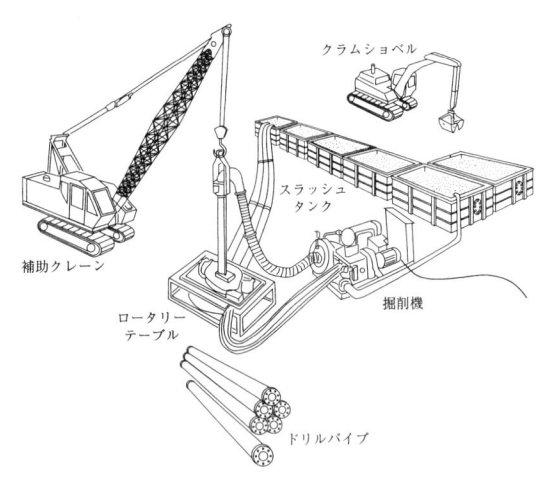

図7-6 リバース工法の使用機械と機械配置 [10]

一般的なリバース工法の施工を図7-7に基づいて説明すると以下のような施工順序になる。

① 油圧ジャッキを杭心に合わせて設置し、スタンドパイプを建て込む。
② スタンドパイプを油圧ジャッキで押し込み、その際、計画深度まで建て込めるようにスタンドパイプの内側を掘削する。
③ 掘削ビットを回転させるロータリーテーブルは架台を介して水平に据え付け、ビットで掘削を開始する。
④ 支持層確認後、根入れ掘削する。掘削完了後は、ビットを若干引き上げ空回しさせなが

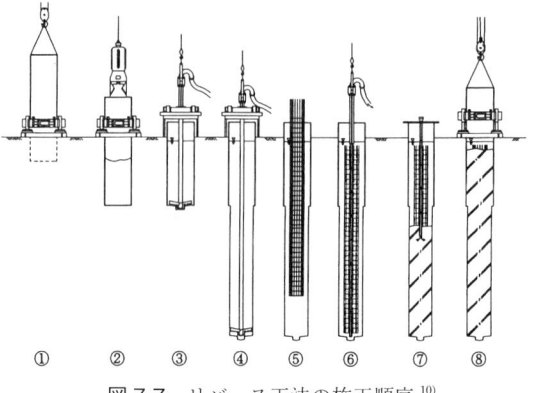

図7-7 リバース工法の施工順序 [10]

ら泥水を循環させ、一次孔底処理を行う。
⑤　鉄筋かごを孔内中央に鉛直に建て込む。
⑥　トレミー菅を挿入し、その頭部にケリーバを接続しサクションポンプ等により二次孔底処理を行う。
⑦　コンクリートを所定の高さまで打ち込む。
⑧　スタンドパイプを引き抜く。引抜き後、空掘り部分を埋め戻す。

掘削後のコンクリートの打設には、トレミー管もしくはコンクリートポンプを用いる。

図7-8に場所打ちコンクリートを打設するためのトレミー管の挿入状態を示す。トレミー管は、水中でのコンクリートの打込みを考慮して水密性が保て、コンクリートがスムーズに落下でき、かつ、プランジャの通過に支障がないものを準備する。

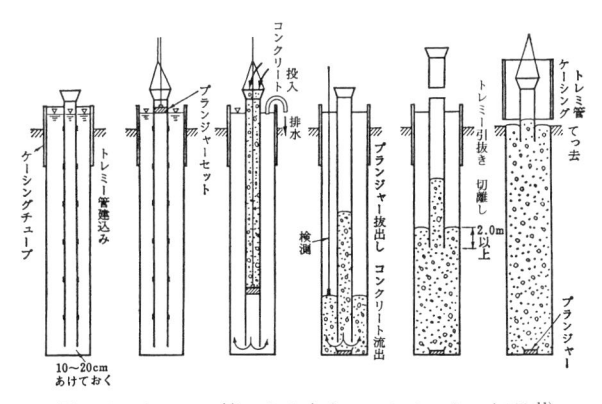

図7-8　トレミー管による水中コンクリートの打設[11]

図7-9に示すようにコンクリートは、トラックアジテータのシュートから直接またはコンクリートポンプ車を介してトレミー管上部に装着したホッパーへ打設する。

その際、コンクリートが管内の泥水と接触して材料分離することを防ぐため、プランジャを投入する方式か底ぶたを装着する。プランジャを使用する場合は、トレミー管内での転倒を防ぐためプランジャを針金などで吊り下げ、この上にコンクリートを少しずつ投入し、プランジャの上に載ったコンクリートの重さでトレミー管内の水を押し出し、コンクリートと水の接触を防止する。コンクリート打設中は、打設コンクリートにレイタンスや孔内水が混入するのを防止するためトレミー管先端は常にコンクリート内に2m程度挿入しておく。

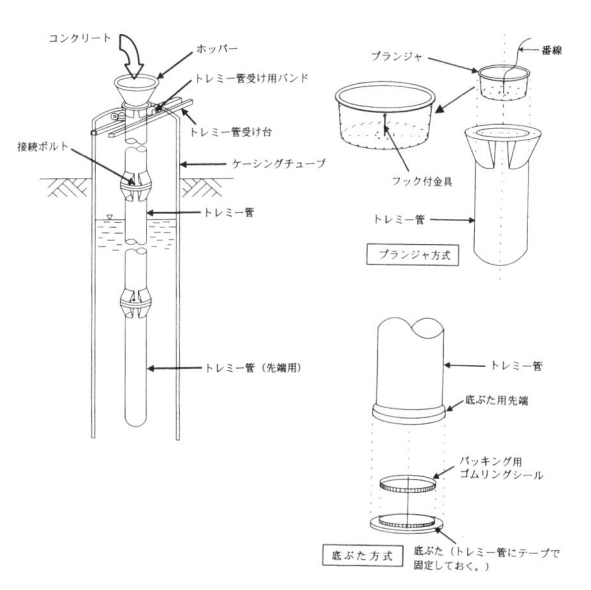

図7-9　トレミー管挿入例とプランジャまたは底ぶたの装着[10]

コンクリートの打込み完了天端は、杭頭部付近のコンクリートが泥水や安定液との接触によって劣化するため、設計天端より高くする必要がある。これを余盛りといい、その高さは孔内水がある場合は0.8m、ない場合は0.5m以上としている。

コンクリート硬化後、余盛り部分を撤去して杭頭高さを設計位置にし、フーチングなどの構造物と場所打ちコンクリートを一体化するための配筋作業を行う。この作業を杭頭処理という。余盛り部分の撤去は、コンクリートブレーカなどによるはつりで行うが、余盛りコンクリートと杭の主鉄筋が付着していると、はつり時に有害なひび割れが発生するおそれや、ブレーカの使用時間が長いと騒音・振動が問題になる。そのため最近は、図7-10に示すように杭の鉄筋かご組立て時に、余盛り部分の主鉄筋に付着防止材を取り付け、くさ

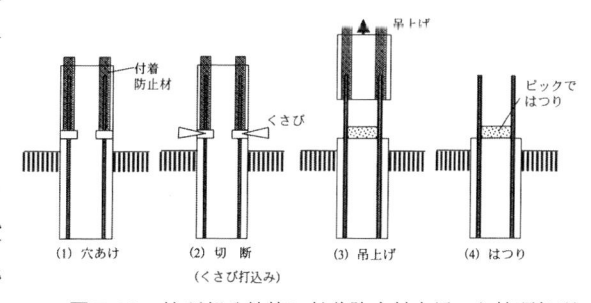

図7-10　杭頭部分鉄筋に付着防止材を用いた杭頭処理方法[10]

びにより杭頭位置から切断引抜き除去する方法や、図7-11に示すように膨張剤を充填できる特殊パイプと水平切管を杭の天端位置の鉄筋かごの内外に取り付け、余盛り部分を除去する際に特殊パイプに膨張剤を充填し、その膨張圧でコンクリートを破砕する方法がある。

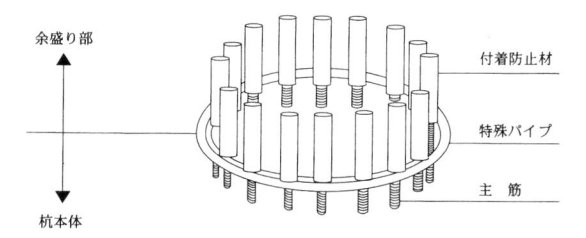

図7-11 付着防止材と膨張性破砕材を用いた杭頭処理方法[10]

場所打ちコンクリート杭のコンクリートは、締固めが不可能であるため、適度な流動性の確保と水中でのセメント分の流出を考慮して配合を決定する必要がある。スランプは、コンクリート標準示方書では、18〜21cmを標準としており、JASS 5では調合管理強度が33N/mm²未満の場合では21cm以下、それ以上の場合では23cm以下としている。水セメント比はコンクリート標準示方書では55%以下を標準としており、JASS 5では場所打ちコンクリート杭の場合60%、地中連続壁の場合は55%以下としている。単位セメント量はコンクリート標準示方書では350kg/m³を標準としている。JASS 5では、場所打ちコンクリート杭は、330kg/m³以上、地中連続壁の場合は360kg/m³以上としている。確実な施工を行うために、精度の管理、掘削孔内のベントナイトなどの安定液の管理、安定液やスライムなどがコンクリートに混入するため品質管理などの高度の施工管理が必要である。

7.4.2 プレパックドコンクリート

プレパックドコンクリートとは、図7-12に示すように、特定の粒度を持つ粗骨材を型枠に詰め、その空隙に特殊なモルタルを適当な圧力で注入するコンクリートのことである。プレパックドコンクリート工法は、1953年に米国から技術導入されて以来、わが国では港湾工事、防波堤工事、ダムの洗掘改良工事など多岐にわたる河海工事に利用されてきた。

特殊なモルタルというのは流動性が大きく、材料の分離が少なく、かつ適度の膨張性を有する注入モルタルのことである。

大量かつ急速に施工する大規模水中プレパックドコンクリートは、1957年に完成をみた米国のヒューロン湖とミシガン湖の間に架橋されたマキナ橋の下部工に約30万m³施工され、わが国でも1988(平成元)年に開通した本四連絡橋児島・坂出ルートの下部工に約50万m³の打設実績がある。また、高性能減水剤を用いた注入モルタルによる高強度のプレパックドコンクリートが開発されて実用化されている。

プレパックドコンクリートは水中で施工される場合が多いが、空気中で施工される場合もある。また、プレパックドコンクリートが応用される構造物は、その種類、重要度、規模の大きさ等多岐にわたっている。また、水中施工のプレパックドコンクリートは、普通コンクリートに比較してコンクリートの品質が施工の条件に影響されやすく、普通コンクリートのような方法で配合を定めることができにくい場合もある。このため、プレパックドコンクリートの施工にあたっては、既往の工事の実績を十分考慮して、所要の品質のコンクリートが確実に得られるようにモルタルの配合を定め、安全な施工方法を採用することが特に大切である。

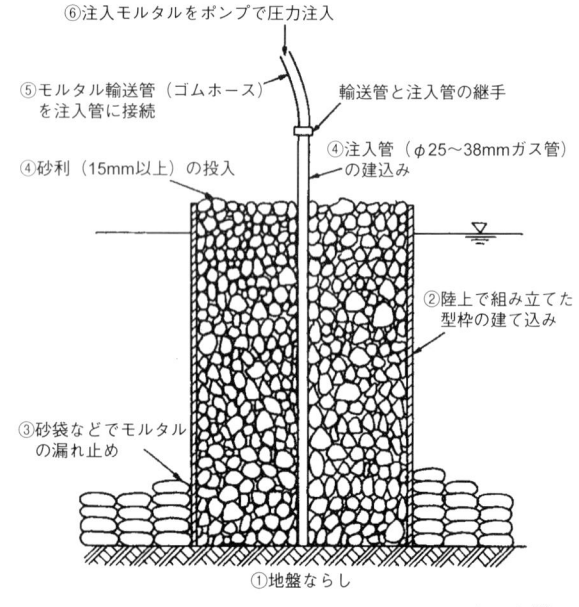

図7-12 プレパックドコンクリートの一般的施工法[12]

7.4.3 吹付けコンクリート

吹付けコンクリートは、圧縮空気を利用してコンクリートを施工箇所に吹き付けて施工する工法である。

吹付けコンクリートは、トンネルの一次覆工用コンクリートやのり面の風化、浸食防止等の役割を果たす。コンクリート構造物の断面の修復や補強としての吹付けコンクリートは、耐久性、美観、景観等の不具合の回復もしくは向上に使用されている。

図7-13に示すように、吹付けコンクリートの吹付け方法は、湿式吹付け方式と乾式吹付け方式に大別される。湿式はミキサで練り混ぜたフレッシュコンクリートを吹付け機に投入し、コンプレッサからの圧縮空気またはポンプで搬送し、噴射ノズル手前で急結剤を添加し、噴射ノズルから吹き付ける方法である。湿式は、乾式と比較して粉じんやリバウンドが少なく作業環境への影響の観点から施工の大半を占めるようになっている。

乾式吹付け方式は、セメント、細骨材、粗骨材をミキサでドライミックスし、吹付け機に投入し、圧縮空気によって噴射ノズルまで搬送し、ノズル手前で水を加え吹き付ける方法である。この場合の急結剤の添加は、粉体の場合はドライミックス時、液体の場合は水と一緒に添加する。急結剤は、トンネル覆工用に使用されるが、のり面用では使用されない場合が多い。吹付けコンクリートの品質は、施工条件の影響を受けやすく、ばらつきが大きくなることから、コンクリート配合は、吹付け方法に応じて信頼できる資料や施工実績を参考にして定めるのが一般的である。

湿式方式のコンクリートのスランプは、コンクリートの圧送時に閉塞が発生しないように12〜14cmを目安にする場合が多い。一般に湿式吹付け方式の場合の水セメント比は、50〜65％程度、乾式吹付け方式の場合は45〜55％程度である。一般に設計基準強度は18N/mm^2 であり、その場合の単位セメント量は両方式とも360kg/m^3 として設定している場合が多い。最近、独立行政法人鉄道建設・運輸施設整備支援機構では、NATM工法用の吹付けコンクリートのリバウンド量の低減と高強度化を目的として、表7-6に示すようなシリカフュームと石灰石微粉末を用いた高品質吹付けコンクリートを開発して、東北新幹線および九州新幹線のトンネル工事で成果を上げている。

7.4.4 転圧コンクリート

転圧コンクリートは、単位水量が少ない超硬練りコンクリートをダンプトラックで運搬し、振動ローラで締固めを行うコンクリートである。重力式コンクリートダムの構築に使用されるRCD（Roller Compacted Concrete Dam）工法は、ブルドーザーで転圧コンクリートをまき出し、振動ローラで転圧して締め固める工法である（写真7-5）。表7-7にRCD工法用コンクリートの配合例を示す。RCD工法の特徴は、コンクリートの運搬手段が可動式ケーブルクレーンなどの空中輸送方式

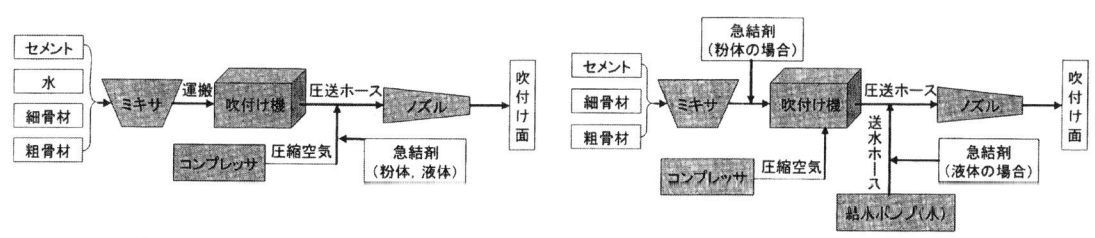

(a) 湿式吹付け方式の系統図　　(b) 乾式吹付け方式の系統図

図7-13　吹付けコンクリートの方式 [5]

表7-6　高品質吹付けコンクリートの配合例 [13]

粗骨材の最大寸法 (mm)	スランプの範囲 (cm)	水結合材比 $W/(C+SF)$ (％)	細骨材率 s/a (％)	単位セメント量 C (kg)	石灰石微粉末 L ($S×％$)	混和材料 急結剤 $\{(C+SF)×％\}$	混和材料 シリカフューム SF $\{(C+SF)^{*2}×％\}$	減水材
10〜15	8±2	55〜60	60〜65	342	概ね15[*1]	4〜7	5	必要量

*1：石灰石微粉末は細骨材の一部置換とし、細骨材の0.15mm以下の含有量を加えて細骨材量の概ね15％となるような単位量とする。
*2：単位結合材量 $(C+SF)$ で360kg/m^3 とする。

写真 7-5(a)　RCD 工法で構築中の重力式ダム

写真 7-5(b)　ダンプトラックからの転圧コンクリートの搬出

写真 7-5(c)　ブルドーザーによる転圧コンクリートのまき出し

写真 7-5(d)　振動ローラーによる転圧コンクリートの転圧

写真 7-5(e)　RCD 工法に使用される振動ローラー

第7章 要求性能を満たす様々なコンクリート

に限定されず、工事場所の地形等に応じて比較的自由に選択できること、ならびに堤体全体において、リフト差を設けずに平面的に施工する全面層打設方式であるため、広い作業空間を利用した効率的な機械化施工が可能で、かつ、作業中の死角がないため安全性が向上することなどである。道路舗装として使用される転圧コンクリート舗装RCCP（Roller Compacted Concrete Pavement）工法は、図7-14に示すように、アスファルトコンクリート舗装と同様にアスファルトフィニッシャで敷き均し、振動ローラとタイヤローラによって締固めをして強度の高いコンクリート舗装版を施工するものである。表7-8にRCCP工法用コンクリートの配合例を示す。

転圧舗装用コンクリートの特徴は、

① アスファルト舗装用の施工機械を使用し、施工方法も類似であるため、従来のコンクリート舗装に比較して施工速度が早い。
② 初期の耐荷力が大きいため早期に供用が可能である。
③ 乗り心地を阻害する横目地間隔を延長もしくは省略できる。
④ 型枠を使用しないで任意の版厚のコンクリート版の施工が可能である。

などである。

超硬練りコンクリートの転圧施工は、ダムおよび舗装のいずれの場合も、ローラなどの汎用性の高い施工機械によって機械化施工を行い、省力化や施工の急速化などの合理化を目的としたものである。

表7-8 RCCP用コンクリートの配合例[7]

区分	粗骨材の最大寸法(mm)	コンシステンシーの目標値	空気量(%)	W/C(%)	s/a(%)	単位量 (kg/m³)			
						W	F	S	G
RCCP	20	96%[*1]	—	37.2	40.0	99	266	815	1,234
通常の舗装用	25	8cm[*2]	4.0	52.0	44.0	166	320	781	997

＊1：マーシャル試験締固め率　＊2：スランプ

表7-7 各種ダムコンクリートの配合例[7]

ダムの種類または施工法		区分	細骨材の最大寸法(mm)	スランプ(cm)またはVC値(秒)の範囲	空気量(%)	水結合材比W/(C+F)(%)	混和材率F/(C+F)(%)	細骨材率s/a(%)	単位量 (kg/m³)								混和剤
									水 W	セメント C	混和材 F	細骨材 S	粗骨材				増粘剤
													G1 150~80	G2 80~40	G3 40~20	G4 20~5	粗骨材合計	
重力式ダム	拡張レヤー工法	外部	150	3±1	3.0±1	52	30	27	115	154	66	556	384	384	384	384	1,536	0.55
		内部	150	3±1	3.0±1	84	30	29	117	98	42	617	387	386	386	386	1,545	0.35
		構造	80	5±1	3.0±1	55	30	30	133	168	72	593	—	495	425	495	1,415	0.60
	柱状工法	内部	150	4±1	3.0±1	69	—	25	104	150[*1]	—	519	489	406	403	322	1,620	0.53
	RCD工法	内部	80	20±10[*2]	1.5±1	78	30	30	93	84	36	746	—	581	651	528	1,760	0.30
アーチ式ダム		本体	150	3±1	4.5±1	50	20	25	99	160	40	517	484	452	354	321	1,611	0.50

＊1：高炉セメントB種使用　＊2：VC値

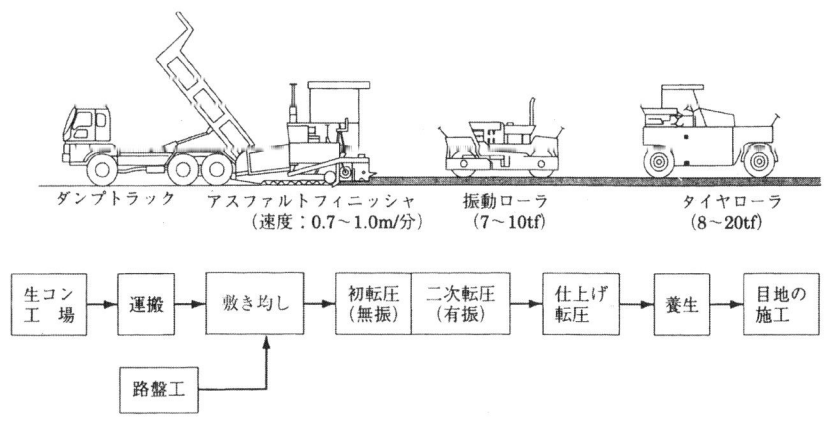

ダンプトラック　アスファルトフィニッシャ（速度：0.7～1.0m/分）　振動ローラ（7～10tf）　タイヤローラ（8～20tf）

生コン工場 → 運搬 → 敷き均し → 初転圧（無振）→ 二次転圧（有振）→ 仕上げ転圧 → 養生 → 目地の施工
　　　　　　　　　　　↑
　　　　　　　　　路盤工

図7-14 転圧コンクリートの施工方法[14]

参考・引用文献

1) 土木学会：超高強度繊維補強コンクリートの設計・施工指針(案)、コンクリートライブラリー113、2004
2) 日本コンクリート工学協会：高靭性セメント複合材料の性能評価と構造利用研究委員会報告書、2002
3) 九州電力ホームページ：
http://www.kyuden.co.jp/environment_booklet_Action-Report98_ear010.html
4) JISハンドブック：土木Ⅰ、JIS A 5002、p.844、2010
5) 土木学会：コンクリート標準示方書［施工編］、特殊コンクリート、2007
6) 宮川豊章・六郷恵哲：土木材料学、朝倉書店、p.197、2012
7) 日本コンクリート工学会：コンクリート技術の要点、2011
8) 土木学会：高流動コンクリート施工指針、コンクリートライブラリー93、2004
9) 日本コンクリート工学会北海道支部：コンクリート用混和材料の最新技術に関する研究委員会報告書、2011
10) 日本建設基礎協会：場所打ちコンクリート杭の施工と管理、2009
11) 桜井紀朗・壺阪祐三・宮坂慶男：特殊コンクリートの施工、共立出版、p.256、1978
12) 赤塚雄三・関 博：水中コンクリートの施工方法、鹿島出版会、p.256、1975
13) (独)鉄道建設・運輸施設整備支援機構：高品質吹付けコンクリート設計施工指針(案)、1997
14) 国府勝郎：転圧コンクリート舗装、コンクリート工学、Vol.31, No.3、1993

第8章
維持管理の基礎

8.1 維持管理の必要性

　高度経済成長期を契機に、急速に整備された社会基盤施設のストック量は膨大となり、国土交通省によれば、当初予定されていた耐用年数を迎える施設を同一機能で更新すると仮定した場合、維持管理・更新費は急増し、2030年頃には2010年と比べ約2倍になると予測されている（図8-1）。

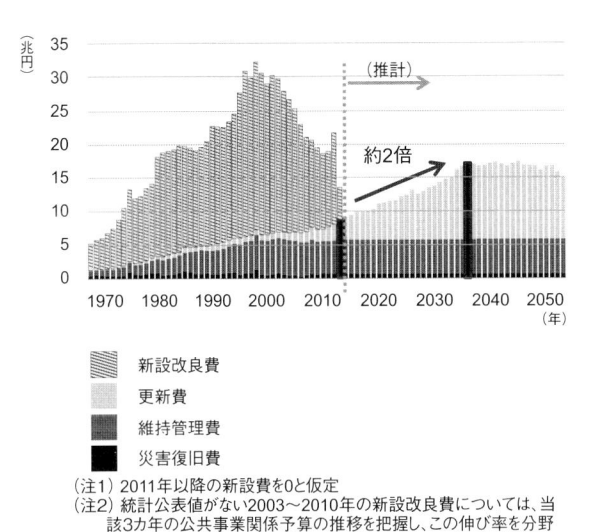

図8-1　社会基盤施設の維持管理費の推移予測[1]

　社会基盤施設は、第1章でも概説したように、人が安全・安心で豊かな生活を営み、社会の持続可能な発展を支えるための施設である。そのため、常時使用されているのが普通であり、一時的に使用を制限し更新することは容易なことではない。特に、施設の解体および新設にかかる時間が長期に及ぶため、単純に更新することは難しい。更新時は、施設の使用中に近隣に新たな施設を建造し、新たな施設の使用が可能となった時点で旧施設の解体を行う場合や、簡易な仮の施設を一時的に使用し、その間に解体・更新を実施するなどの対応が必要になる。一般道路のように面として施設の代替が可能な場合は、このような対応も可能であるが、高速道路や鉄道などのように線として施設が存在している場合、代替施設の確保が極めて難しい。加えて、更新すれば、解体に伴う多量な廃棄物の発生や、新設に伴う資源消費量の増大なども生じ、環境影響も大きくなる。以上のようなことを考えれば、施設の使用中に適切に管理し、施設の利用ニーズなども踏まえ、可能な限り長期間、施設を使用可能な状態に維持することが重要となる。

　また、定期的に費用をかけて管理することが、最終的には経済的な方法であることは、人の健康管理などに置き換えて考えるとわかりやすい。年に一度の健康診断や、数カ月に一度の歯の定期検診などが推奨されているのは、重篤な健康被害となり膨大な医療費がかかることを避けるために、常日頃から健康管理することが重要であることによる。寿命が長い社会基盤施設も、同様な考え方ができるのである。

8.2　コンクリート構造物の維持管理とは

8.2.1　合理的な維持管理計画に向けて

　維持管理は、コンクリート構造物の供用期間中に、構造物の性能を、要求水準以上に保持するためのすべての行為を意味している。合理的な維持管理のためには、あらかじめ維持管理計画を策定し、点検、診断、対策、記録に至る一連の維持管理行為を適切に遂行することが重要である。

　これまでにも説明してきたように、供用中の構造物は、様々な要因によって劣化し、結果として

構造物の性能が時間とともに低下する。ただし、その低下の程度は、構造物あるいはその部位・部材を構成するコンクリートや鋼材の品質、あるいはこれらの置かれている環境によって異なる。したがって、まず、対象となる構造物の状況を考慮して、安全性、使用性、第三者影響度あるいは美観・景観といった性能の経時的な変化を適切に予測し、予測結果に基づいて、予定供用期間中、構造物が所要の性能を維持するための維持管理計画を策定する必要がある。このとき、要求性能を満足することは大前提であるが、経済性や環境性、維持管理を実施する体制なども考慮して、最も合理的な維持管理計画となるように検討するのが重要である。そのためには、要求性能に基づいた性能水準ではなく、合理的な維持管理を実施するための維持管理上の管理水準（管理限界）の設定が重要となる。

例えば、**第5章**で解説した塩害を例に考えてみる。対象構造物の要求性能に基づいた性能水準（限界状態）が、鋼材の腐食に伴うかぶりの剥離が発生しない状態とする。管理限界を限界状態とした場合、管理限界を下回った瞬間に要求性能を満足しなくなることとなり、極めて危険な維持管理方法といえる。また、鋼材の腐食が開始する前に対処する方が、供用期間中に必要となる費用が低減できる場合もあり、合理的な維持管理のための管理限界と、要求性能に基づいて設定される限界状態が異なる場合がある。

8.2.2 管理体制の重要性

構造物の維持管理は長期にわたって実施するものであり、その過程では、社会情勢や環境に予想以上の変化が生じる可能性がある。例えば、構造物そのものに対する利用価値や重要度が当初の想定とは異なってくる状況や、維持管理に要する予算や要員の確保などの点で、当初の維持管理計画を見直さざるを得なくなるような状況も予想される。このような状況にも、適切かつ柔軟に対応できる維持管理体制を構築することも重要である。

社会基盤施設の場合、施設の主たる管理者は国あるいは地方の公共団体であることが多い（一部は、民間事業主が管理している）。現在の維持管理業務は、個別の施設を対象に単年度決済で実施していることから、規模が小さく、点検・診断、対策などの維持管理を構成する要素ごとに専門業者が対応することが多い。構造物の施工も、様々な分野の専門業者が携わるが、これらを統括して工事全体をマネジメントする業者（いわゆるゼネコン）が存在する。一方で、維持管理の場合はこのような取組みはほとんどない。最近では、英国の道路庁が管轄する高速道路と主要国道を14のエリアに分けて、各エリアを5年契約で民間に委託するような事例もある。結果として、維持管理費を25％削減しており、ある程度の構造物群を複数年で管理することの効果が、このような事例からも伺える。

8.2.3 設計と維持管理の関係

さて、**第5章**の耐久性照査では、ほとんどの劣化現象に対して、劣化が顕在化しない（例えば、塩害の場合は、構造物の供用期間中、鋼材表面の全塩化物濃度が鋼材腐食発生限界濃度を超えない）ことを前提としており、設計に従って適切に施工されれば、コンクリートや鋼材の劣化が顕在化する可能性は極めて小さい。この場合、構造物の維持管理を実施する必要はあるのか？　と疑問が生じる。

設計において実施する耐久性照査では、いまだ、構造物に想定されるすべての環境作用に対して、耐久性を定量的に照査できるまでには至っていない。そのため、想定される状況を超える過酷な条件が作用するような場合は、照査の信頼性は必ずしも高いとは言えない。また、気候変動などにより、想定よりも苛酷な条件に環境が変化する場合や、例えば橋梁における通行車両の大型化に伴う輪荷重の増大等、社会情勢の変化に応じて想定すべき外力作用が変化する場合もある。構造物によっては、当初想定した期間よりも長く構造物を使用するように変更することなどもあり得る。さらに、過去の規準類に基づいて建造された既設構造物の中には、耐久性に関する認識不足から、不適切な材料の使用、設計や施工における配慮が十分でないものや、初期欠陥が見過ごされている場合もあり、それほど厳しくない環境においても劣化が顕在化する場合もある。このようなことを考えれば、構造物の維持管理を実施する必要があることが理解できる。

8.3 維持管理の方法

8.3.1 維持管理の流れ

構造物の維持管理は、図8-2に示すように、点検、劣化機構の推定、劣化予測、構造物の性能評価および対策の要否判定からなる診断、診断結果に基づき必要に応じて実施される対策、ならびにそれらの記録からなる。

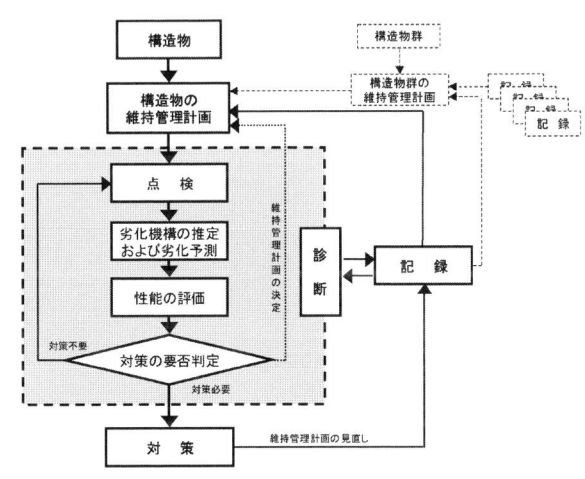

図8-2 コンクリート構造物の維持管理の流れ[2]

8.3.2 維持管理計画

構造物は、それぞれに重要度、予定供用期間、環境条件などが異なるため、異なる条件の構造物をすべて同様の条件で維持することは、合理的な管理ではない。このため、構造物の状況に応じた維持管理の方針を定めることが重要である。示方書では、これを維持管理区分と称し、次の3種類の方法を規定している。

(a) 予防維持管理
① 劣化が顕在化した後では維持管理が困難なため、劣化を生じさせないもの。
② 劣化がコンクリート表面へ現れることによって障害が生じるもの。
③ 第三者に対する安全性が特に重要となるもの。
④ 設計耐用期間が長いもの。

この区分のものは一般に重要度の高いものが多く、構造物の表面や内部にセンサを取り付けて、部材に発生する応力や変形、腐食、温度などを計測すること（モニタリング）を必要とする場合がある。

(b) 事後維持管理
① 劣化が顕在化した後でも容易に対策がとれるもの。
② 劣化が外へ現れても困らないもの。

(c) 観察維持管理
① 設計耐用期間の設定がなく、使用できる限り使用するもの。
② 直接点検を行うのが非常に困難なものについて、間接的な点検（測量、地盤沈下、漏水の有無など）から評価および判定を行うもの。

維持管理の期間および維持管理区分を設定し、劣化機構を推定した後、維持管理計画を作成する。その中で、診断の目的に応じて、点検で実施する調査の内容、劣化予測方法や劣化した構造物の性能評価方法、あるいは対策の要否の判定基準など、診断の具体的な方法を設定する。さらに、予想される劣化状況に見合った対策の方法、規模、実施時期あるいは順序などの案を作成する。

8.3.3 診 断

診断とは、点検、劣化機構の推定、劣化予測、評価および判定で構成され、維持管理の中で構造物や部材の変状の有無を調べて状況を判断するための一連の行為の総称である。

構造物に対して適切な維持管理を行うためには、まず、点検を行ってその時点での構造物の状況を見極める。その結果から、構造物に発生している、あるいは発生する可能性のある劣化機構を推定し、劣化予測を行う。点検および予測の結果を基に、現在および将来の構造物の性能と、管理限界あるいは限界状態を比較し、対策の要否の判定を行う。ここで、「劣化」は時間の経過に伴って進行する変状であり、施工時に発生するひび割れや豆板、コールドジョイントなどの「初期欠陥」、あるいは、地震や衝突等によるひび割れなどのように短時間のうちに発生し、その後はその状況が大きく変化しないような「損傷」とは区別する。

診断には、維持管理を実施するにあたって最初に実施する初期の診断、維持管理の実施期間中、日常的あるいは定期的に実施する定期の診断、ならびに地震などの偶発荷重が作用した場合に実施する臨時の診断がある。それぞれの目的に応じて点検の内容および、劣化予測や評価・判定方法が異なる。図8-3に、診断の種類と点検の種類の関係を示す。

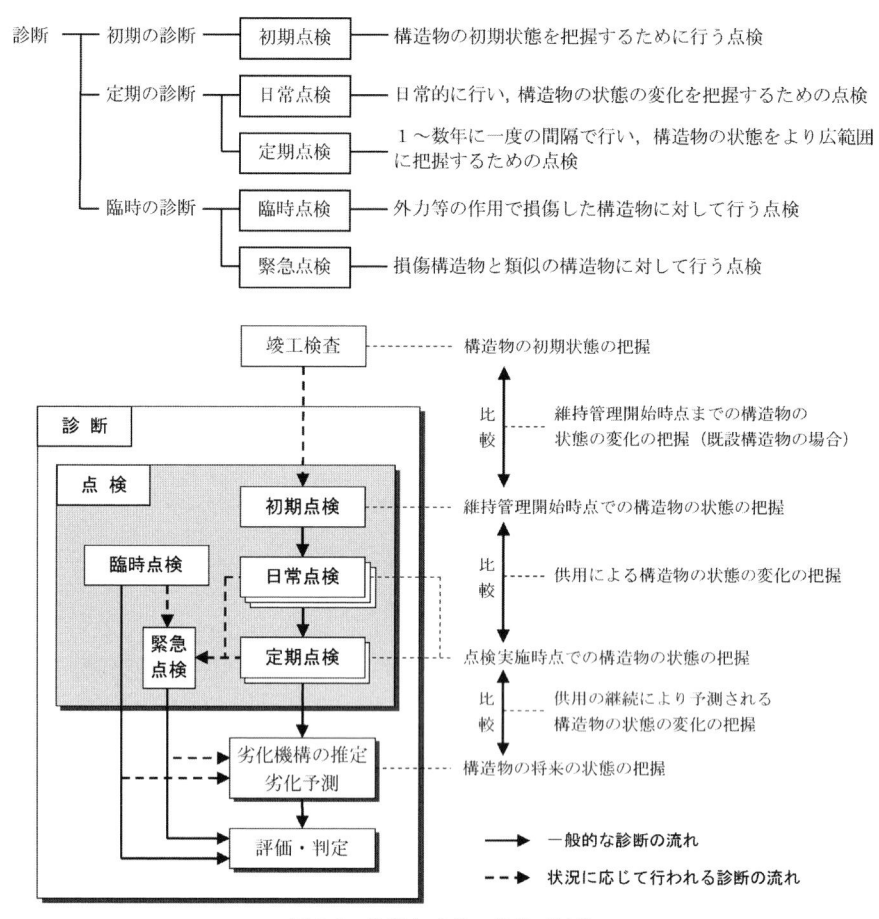

```
診 ─┬─ 初期の診断 ─── 初期点検 ─── 構造物の初期状態を把握するために行う点検
    ├─ 定期の診断 ─┬─ 日常点検 ─── 日常的に行い，構造物の状態の変化を把握するための点検
    │              └─ 定期点検 ─── 1～数年に一度の間隔で行い，構造物の状態をより広範囲
    │                              に把握するための点検
    └─ 臨時の診断 ─┬─ 臨時点検 ─── 外力等の作用で損傷した構造物に対して行う点検
                   └─ 緊急点検 ─── 損傷構造物と類似の構造物に対して行う点検
```

図8-3 診断と点検の位置づけ[2]

（1）初期の診断

初期の診断とは、新設構造物では供用開始直後に行う診断のことである。また、これまでに維持管理されてこなかった既設構造物では、新たに維持管理計画を策定するために実施した最初の診断、あるいは大規模な補修、補強を行った後などに初めて行う診断である。初期の診断の目的は、次の3つに大別される。

① 初期の診断前に策定された維持管理計画の妥当性を確認するため。
② 構造物の維持管理を始めるにあたっての基本となる初期値を集めるため。
③ 初期欠陥、損傷あるいは劣化など、今後維持管理を行うにあたって問題となる箇所を発見し、初期段階で処置を施すため。

初期の診断で実施する点検が初期点検であり、新設構造物、あるいは大規模な補修、補強後の構造物であれば、適切に施工されたものであるかを調べることと、構造物の初期値を収集することが主な目的となる。

初期の診断では、初期点検結果を基に構造物で生じる可能性のある劣化機構を推定するとともに、劣化予測を行う。初期点検では、構造物に初期欠陥、損傷が存在しないことが確認できれば、構造物は要求性能を満足していると考えられる。これまでに維持管理されてこなかった既設構造物の場合には、劣化も存在しないことを確認する必要がある。初期点検結果に基づいた劣化予測結果から、予定供用期間終了時での構造物の健全性を評価する。

（2）定期の診断

定期的に診断すれば、供用中の構造物の状態変化を早期に発見し、補修等の対策を計画的に準備することが可能となる。定期の診断は、数日から1カ月程度の間隔で行う日常点検と、数年ごとの比較的間隔をあけて行う定期点検に基づき、構造

物の性能を評価し、必要に応じて対策の要否を判定する。日常点検では主に変状の有無を明らかとし、定期点検では主に変状を定量的に把握することが重要となる。

日常点検の標準的な調査方法は、目視やたたきによる調査と、車上感覚による調査などがある。目視調査は調査対象部位全体に実施するが、たたきによる調査はハンマーによる打撃が可能な部位について実施する。また、車上感覚による調査は、伸縮継手の不良、異常なたわみや振動の有無などを把握するものであり、使用性に関する直接的な調査となる。

定期点検では、基本的には日常点検の場合と同様に、目視やたたきによる調査を行うが、日常点検では確認が困難な箇所や、劣化や損傷などが生じやすいと推定される部位・部材などは、入念に点検することが重要である。定期点検のために足場を設置する場合には、構造物に接近できるので、必要に応じて非破壊試験や、コアの採取などの項目を組み合わせることも効果的である。また、スケールなどを用いて、ひび割れの幅や長さ、浮きの範囲などを測定し、コンクリート表面の変状を定量的に把握するとよい。

定期の診断で実施する点検で構造物に変状が存在しないことが確認できれば、構造物はその時点で要求性能を満足していると考えられる。また、点検結果を基に予定供用期間が終了する時点の構造物の性能を予測し、構造物の健全性を評価する。

日常点検や定期点検によって構造物に変状が認められた場合には、詳細な調査を実施して、変状が劣化、損傷あるいは初期欠陥のいずれであるかを明確にする。変状が劣化である場合には、その劣化機構を推定するとともに、点検結果を適切に反映させた劣化予測を行うことが必要である。劣化予測後は、その結果を基に予定供用期間中の構造物の性能を評価し、対策の要否を判定する。

(3) 臨時の診断

臨時の診断は、災害や事故などを受けた構造物に問題が生じていないかを確認する場合や、被災した構造物と類似の構造物で、今後同様の変状の可能性があるか否かを確認するために実施する診断である。

災害や事故などを受けた構造物の診断において、被災状況や損傷の程度などを把握するために実施される点検が、臨時点検である。

臨時の診断は緊急性を要することが多いが、災害中に点検すると二次災害につながる可能性もある。そのため、災害や事故などが収まった後に、可能な限り早急に臨時点検を行うのがよい。また、構造物の周囲を立入禁止としたり、供用を制限したり、などの処置を講じることも必要となる。

(4) 劣化機構の推定

中性化、塩害、凍害、アルカリシリカ反応といった構造物に劣化を生じさせる現象のことを劣化機構と呼ぶ。構造物で劣化が生じる要因を大別すると、外的要因と内的要因に分類される。このうち外的要因は、構造物の立地環境の環境条件、気象条件、外力条件などである。一方、内的要因には、部位、部材の形状寸法、かぶり、鋼材配置、設計基準強度、配合、材料の品質などの設計に関わるものと、フレッシュコンクリートの状態、打込み方法、養生方法などの施工に関わるものがある。同一環境条件にある構造物でも、構造物の内的要因が異なることによって劣化機構が異なることもある。

目視やたたきを主体とする調査で構造物に顕著な劣化が発生していない場合には、その結果のみから将来起こりうる劣化を推定することは困難である。ただし、その調査において外的要因を特定できた場合は、外的要因と劣化機構との関係を示した**表 8-1** を目安として、劣化機構をある程度推定することができる。

表 8-1 外的要因から推定される劣化機構

	外的要因	推定される劣化機構
地域区分	海岸地域	塩害
	寒冷地域	凍害、塩害
	温泉地域	化学的侵食
環境条件および使用条件	乾湿繰返し	アルカリシリカ反応、塩害、凍害
	凍結防止剤使用	塩害、アルカリシリカ反応
	繰返し荷重	疲労、すりへり
	二酸化炭素	中性化
	酸性水	化学的侵食
	流水、車両など	すりへり

構造物の耐久性が広く認識されていない時代に建設された構造物では、内的要因が劣化の発生に大きな影響を及ぼす可能性がある。例えば、アルカリ反応性骨材の使用や、海砂の除塩に関する規定が現在と異なっていた年代には、不適切な材料が使用されていた可能性がある。したがって、

既設構造物では、使用材料が内的要因となって、アルカリシリカ反応や塩害などによる劣化が生じることもある。また、使用材料の他に不適切な施工が原因となって、コンクリートの品質が目標性能を満足していない場合や、鋼材のかぶりが確保されていない場合には、これらが内的要因となって構造物に劣化が生じたり、劣化を促進させたりすることになる。内的要因は一般に、構造物中の鋼材の腐食を促進させる塩害、中性化、化学的侵食等の劣化機構との関連性が大きい。

点検によって変状が顕在化していることが確認された場合には、その中で劣化によるものを特定する必要がある。その場合、検出されたひび割れ、浮き、はく離・はく落、コンクリートの汚れ・変色、鉄筋露出などの変状から、初期欠陥と損傷に関連する変状を取り除くと、劣化現象だけが残ることになる。劣化による変状を特定した後は、外的要因でスクリーニングし、内的要因も考慮して、点検で把握した変状の特徴と劣化現象の特徴を比較して、劣化機構を推定する。なお、劣化機構と外観上の特徴を簡単にまとめると**表 8-2**のようになる。

表 8-2 外観上の特徴と劣化機構の関係

外観上の特徴	劣化機構
鉄筋軸方向のひび割れ、コンクリート剥離	中性化
鉄筋軸方向のひび割れ、錆汁、コンクリートや鉄筋の断面欠損	塩害
微細ひび割れ、スケーリング、ポップアウト、変形	凍害
変色、コンクリート剥離	化学的侵食
膨張ひび割れ（拘束方向、亀甲状）、ゲル、変色	アルカリシリカ反応

(5) 診断で活用する各種試験方法

点検では目視やたたきによる調査が主な方法であるが、これだけでは、劣化の程度や劣化の範囲などが明確にわからないことが多い。そのため、様々な試験方法が適用され、現在も開発が進められている。詳細は、各種の専門書を参照されたいが、ここでは、広く用いられている方法を概説する。

点検方法は、非破壊試験と破壊試験に大別できる。

非破壊試験（**表 8-3** 参照）とは、文字どおり構造物を破壊することなく試験できる方法の総称であり、構造物に損傷を与えることなく、繰返し（定期的に）試験できることが最大の長所といえる。ただし、得られる情報は限定されるとともに、測定精度が低いこともある。

一方破壊試験は、構造物から直接サンプルを採取（コア採取）し、採取時の特性（主に強度）を活用するとともに、採取したコアを分析する方法である。非破壊試験と比べて、詳細な情報が得られるが、構造物に損傷を与えるため、構造物の重要な箇所からの採取は難しい。さらに、繰返し試験して経時的な変化を把握することができない。

そのため、両者の長所をうまく活用することが重要であり、例えば、定期的に構造物の広い範囲を対象として非破壊試験を行い、これらの結果の精度向上のために破壊試験を併用するなどが考えられる。当然、非破壊試験あるいは破壊試験でしか得られない情報もあるので、把握したい情報を整理した上で、適用する方法を検討することが重要となる。

表 8-3 主な非破壊計測手法と測定対象

測定対象	計測手法
内部欠陥	赤外線法、超音波法、衝撃弾性波法、打音法、電磁波レーダ法など
ひび割れ	超音波法、衝撃弾性波法、打音法など
鉄筋探査	電磁波レーダ法、電磁誘導法など
内部観察	X線法
鋼材腐食	自然電位、分極抵抗など

8.3.4 対　策

構造物の現在または将来の性能が、管理限界あるいは要求性能を下回る可能性があると評価された場合、何らかの対策を講じる必要がある。その場合には、対策後の目標とする性能を定め、適切な種類の対策を選定し実施する。対策の種類には、点検強化、補修、補強、機能向上、供用制限、解体・撤去がある。構造物の重要度、維持管理区分、残存予定供用期間、劣化や構造物の性能低下の状態などを総合的に考慮して、目標とする性能を定め、対策後の維持管理のしやすさやライフサイクルコスト等も検討した上で、いずれかの対策を選択する。

目標とする性能のレベルの考え方には、①建設時と現状の中間の性能への回復もしくは現状の性能の維持、②建設時の性能への回復、③建設時よりも高い性能への向上、の3つが考えられ（**図 8-4** 参照）、具体的な対策方法としては**表 8-4**となる。

第8章 維持管理の基礎　159

①建設時と現状の中間の性能への回復もしくは現状の性能の維持（目標とする性能＜建設時の性能）

②建設時の性能への回復（目標とする性能≒建設時の性能）

③建設時よりも高い性能への向上（目標とする性能＞建設時の性能）

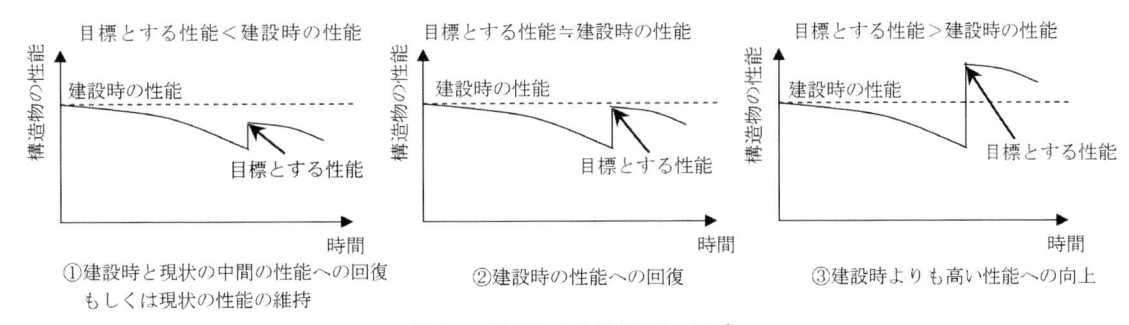

図 8-4　目標とする性能のレベル[2]

表 8-4　構造物の性能と対策後に目標とする性能のレベルに応じた対策の種類

構造物の性能	目標とする性能のレベルと対策の種類		
	①建設時と現状の中間性能	②建設時の性能	③建設時よりも高い性能
耐久性	点検強化、補修、供用制限	補修	補修
安全性	点検強化、補修、供用制限	補修	補強
使用性	点検強化、補修、供用制限	補修	機能性向上・補強
第三者影響度	点検強化、補修、供用制限	補修	－
美観・景観	点検強化、補修	補修	補修

（1）補修工法の基礎

コンクリート構造物の補修工法は、物理的手法と電気化学的手法に大別される。物理的手法の主なものには、断面修復工、表面被覆工、ひび割れ注入工などがあり、電気化学的手法の主なものには、電気防食工、脱塩工、再アルカリ化工などがある。表 8-5 に劣化機構ごとの一般的な補修対策の関係を示す。

断面修復工法は、コンクリート構造物に劣化や損傷、施工不良などが生じた場合、対象となる欠陥部位を取り除き、断面修復材料によって断面寸法および初期の性能を復元させる工法である。

表面被覆工法は、劣化因子の侵入やコンクリートの剥落を抑制または防止する効果を有する被覆を、コンクリート構造物の表面に形成させる工法である。大きく分けて、エポキシ樹脂やアクリル樹脂などを主成分とする有機系と、ポリマーセメント系材料を主に使用する無機系の2つがある。表面被覆工法は、①表面に保護層を形成する場合、②劣化部を除去して断面修復した後に表面に保護層を形成する場合、さらに、③メッシュと呼ばれている連続繊維シートやアンカーピンを併用して適用されることがある。

ひび割れ注入工法は、ひび割れに樹脂系（有

表 8-5　劣化機構と補修工法

劣化機構	補修方針	補修工の構成	補修水準を満たすために考慮すべき要因
①中性化	中性化したコンクリートの除去 補修後のCO_2、水分の侵入抑制	断面修復工 表面被覆 再アルカリ化	中性化部除去の程度 鉄筋の防錆処理 断面修復材の材質 表面被覆の材質と厚さ コンクリートのアルカリ性のレベル
②塩害	侵入したCl^-の除去 補修後のCl^-、水分、酸素の侵入抑制	断面修復工 表面被覆 脱塩	侵入部除去の程度 鉄筋の防錆処理 断面修復材の材質 表面被覆の材質と厚さ Cl^-量の除去程度
	鉄筋の電位制御	電気防食工	陽極材の品質 分極量
③凍害	劣化したコンクリートの除去 補修後の水分侵入抑制 コンクリートの凍結融解抵抗性の向上	断面修復工 ひび割れ注入工 表面被覆	断面修復材の凍結融解抵抗性 ひび割れ注入材の材質と施工法 表面被覆の材質と厚さ
④化学的侵食	劣化したコンクリートの除去 有害化学物質の侵入抑制	断面修復工 表面被覆	断面修復工の材質 表面被覆の材質と厚さ
⑤アルカリ骨材反応	水分供給抑制 内部水分の散逸促進 アルカリ供給抑制	ひび割れ注入工 表面被覆	ひび割れ注入材の材質と施工法 表面被覆の材質と厚さ

機系）あるいはセメント系（無機系）の材料を注入して、防水性、耐久性等を向上させる工法である。注入工法には、手動式、機械式、自動式があり、また、注入圧力の違いによって低圧注入工法と高圧注入工法に分けられる。それぞれの特徴を**表8-6**に示す。

表8-6　低圧注入工法と高圧注入工法の特長

低圧注入工法	高圧注入工法
・注入管理が容易である ・自動式注入により作業熟練度に左右されない ・ひび割れ幅が0.05mm程度の狭い場合でも確実に注入できる ・施工実績が多い	・短時間で注入できる ・注入管理が難しい ・作業者の熟練度に左右される ・材料ロスが生じやすい

電気防食工法は、継続的な通電を行うことによって、コンクリート中の鋼材の腐食反応を電気化学的に制御する工法である。脱塩工法および再アルカリ化工法は、イオンの電気泳動を活用した工法であり、前者はコンクリート内部の塩化物イオンを構造物の表面方向に移動させ、後者は、構造物表面に設置したアルカリ性溶液をコンクリート中に移動させるものである。

（2）補強工法の基礎

コンクリート構造物の性能が低下している場合や、設計基準の変更などの理由により設計当初の性能では要求性能を満足しなくなった場合には、その性能を目標とする水準にまで回復させる必要がある。特に安全性や使用性を回復させる場合には、補強が必要となる。**表8-7**に道路橋の事例に基づく、工法の特徴と補強の目的を示す。

8.3.5　記　録

記録は、合理的な維持管理のためには必要不可欠であり、当該構造物の維持管理の資料としてだけではなく、類似構造物の維持管理の参考になる。したがって、点検、劣化機構の推定および劣化予測、性能の評価および対策の要否判定など、診断によって得られる一連の結果、および対策の内容等、維持管理に必要な内容は、参照しやすい形で記録し保管する。

表8-7　補強工法の分類（主に道路橋における事例）

補強工法	工法の特徴	補強の目的	適用事例
床版上面増厚工法	RC床版の上面の厚さを増すことで耐力を増加	曲げ耐力の向上 せん断耐力の向上	活荷重の増加に伴うRC床版の補強
主桁増設工法	RC床版を支える桁の床版支間を狭めてRC床版の耐力を増加	曲げ耐力の向上 せん断耐力の向上	活荷重の増加に伴うRC床版の補強
床版打ち換え工法	劣化の著しいRC床版を新たな床版に打ち換え	曲げ耐力の向上 せん断耐力の向上	活荷重の増加に伴うRC床版の補強
鋼板接着工法	桁下面に鋼板を接着することにより曲げ耐力を増加	曲げ耐力の向上	活荷重の増加に伴うコンクリート桁に曲げひび割れ発生
CFRP接着工法	桁下面に軽量の炭素繊維シートを接着することにより曲げ耐力を増加	曲げ耐力の向上	活荷重の増加に伴うコンクリート桁の補強
プレストレス導入工法	既設桁に外ケーブルでプレストレスを導入することにより耐力を増加	曲げ耐力の向上 せん断耐力の向上	活荷重の増加に伴うコンクリート桁の補強
コンクリート巻立工法	RC橋脚をコンクリートで巻き立てるが、その結果、断面増加が無視できなくなる	曲げ耐力の向上 せん断耐力の向上 靭性の向上	耐荷力が不足するRC橋脚の（耐震）補強
	鋼桁端部をコンクリートで巻き立てることで鋼桁の振動を抑制	剛性向上	騒音・振動低減のための鋼橋の端対傾構・端横桁のコンクリート巻立
鋼板巻立工法	RC橋脚を鋼板で巻き立て、その拘束効果で靭性、耐力を増加	曲げ耐力の向上 せん断耐力の向上 靭性の向上	耐荷力が不足するRC橋脚の（耐震）補強
炭素繊維シート巻立工法	RC橋脚を炭素繊維シートで巻き立て、その拘束効果で靭性、耐力を増加	曲げ耐力の向上 せん断耐力の向上 靭性の向上	耐荷力が不足するRC橋脚の（耐震）補強
免震支承取り替え工法	支承を免震構造にすることで、地震力による上部構造から下部構造に伝達される慣性力を減少	地震力の低減	耐荷力が不足するRC橋脚の（耐震）補強
主桁連結工法	桁を連結してジョイントをなくすことにより衝撃音を抑制	剛性向上	騒音・振動低減のためのノージョイント化

参考・引用文献

1)　国土審議会政策部会長期展望委員会：「国土の長期展望」中間とりまとめ、国土交通省、2011
2)　土木学会：コンクリート標準示方書（2007年版）維持管理編、2007

付録
土木材料実験の手引き

I．鉄筋の引張試験

1. 試験の目的と用語の定義

鉄筋として用いる鋼材の引張強さ、降伏点などは、JISに適合した値でなければならないため、試験による検査が必要である。引張試験とは、試験機を用いて試験片を徐々に引張り、降伏点、耐力、引張強さ、破断伸び、絞りのすべて、またはその一部を測定することである。

鉄筋の引張試験は「金属材料引張試験方法（JIS Z 2241-1998）」に、引張試験片は「金属材料引張試験片（JIS Z 2201-1998）」に、それぞれ規定されている。また、鉄筋の品質については「鉄筋コンクリート用棒鋼（JIS G 3112-2004）」に規定されている。

この引張試験によって得られる特性値は、以下のものがある。

- 降伏点：引張試験時に試験片平行部が荷重の増加がなく延伸を始める以前の最大荷重（N）を、平行部の原断面積（mm^2）で除した値（N/mm^2）をいう。降伏点は、上降伏点と下降伏点に区別する。ただし、まぎらわしくないときには、上降伏点を単に降伏点と呼ぶ。
- 引張強さ：最大引張荷重（N）を平行部の原断面積（mm^2）で除した値（N/mm^2）をいう。
- 破断伸び（以下、伸びという）：引張試験において、試験片の破断後における伸びた標点間の長さと元の標点距離との差の、標点距離に対する百分率をいう。

2. 実験要領

① 試験片をVブロックの上に載せ、試験片の軸に対して平行に、けがき作業をする。

② 試験片の呼び径（または対辺距離）に応じて、標点距離 l_0（mm）を測定規定寸法の＋0.5〜－0.4％の精度で測定し、けがき線上にポンチで印を付けた後、標点間を5〜10mm程度の長さに等分して、目盛をつける。

③ 平行部の原断面積 A_0 は、標点距離の両端部および中央部の3カ所において、直交する2方向で原直径を測定し、その平均値（全体平均値）を用いて求める。なお、異形棒鋼については、公称直径と公称断面積を用いる。

④ 試験片上部を試験機上部のつかみ装置に、試験片下部を下部のつかみ装置に取り付ける。

⑤ 試験機を作動させ、荷重と変形の測定が正確に行えるような速度で徐々に荷重を加える。

⑥ 試験機の荷重指針が停止または逆行するまでの最大荷重 P_S（N）を、その大きさの0.5％まで目視により読み取る。

⑦ 試験経過中に試験片の耐えた最大荷重である最大引張荷重 P_{max}（N）を、その大きさの0.5％まで読み取る。

⑧ 破断した試験片（上下の切断片）をVブロックの上に載せ、試験片の中心線が一直線上になるように両切断片を突き合わせて、伸びた標点間の長さ l（mm）を、標点距離の±0.5％の精度で測定する。

⑨ 降伏点 σ_s、引張強さ σ_E、伸び δ は、次の式によって計算する。なお、数値は「数値の丸め方（JIS Z 8401-1999）」に基づいて整数に丸める。

　降伏点 σ_s （N/mm^2） $= P_S/A_0$　　　(1)
　引張強さ σ_E （N/mm^2） $= P_{max}/A_0$　　　(2)
　伸び δ （％） $= (l - l_0)/l_0 \times 100$　　　(3)

⑩ 図-1に示す試験片の破断位置によって、

それぞれの場合の試験片の伸びの値を求める（O_1-O_2 を標点距離とする）。

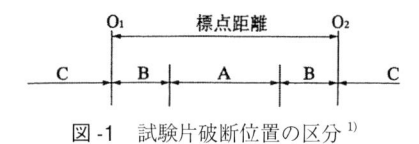

図-1　試験片破断位置の区分[1]

(a) A部（標点間の中心から標点距離の1/4以内）で破断した場合
　　前記の式(1)によって、伸びを求める。
(b) B部（標点間の中心から標点距離の1/4を超え、標点以内）で破断した場合
　　試験片が標点間の中心で破断したと仮定した場合の伸びの値を推定（以下、推定値という）するには、次の方法による（図-2参照）。

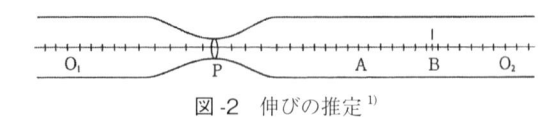

図-2　伸びの推定[1]

・破断面を突き合わせて、短い方の破断片上の標点（O_1）の破断位置（P）に対する対称点に最も近い目盛（A）を求め、O_1-A間の長さを測定する。
・長い方の破断片上の標点（O_2）の等数分を n とし、n が偶数のときはAからO_2の方向に $n/2$ 番目の目盛、n が奇数のときは $(n-1)/2$ 番目の目盛と $(n+1)/2$ 番目の目盛との中心をBとして、A-Bの長さを測定する。
・推定値は、次の式によって計算し、（推定値）と付記する。
　推定値（w）
　　＝（破断位置－標点距離）/標点距離×100
　ここに、標点距離：原標点距離（mm）
(c) C部（標点外）で破断した場合
　　伸びの値を記録しない。
⑪　得られた試験結果をもとに、鉄筋がJISに適合していたかをチェックする。

鉄筋の引張試験

		1	2
呼び径	(mm)		
断面積	(mm^2)		
標点距離	(mm)		
降伏点荷重	(N)		
降伏点	(N/mm^2)		
引張荷重	(N)		
引張強さ	(N/mm^2)		
破断荷重	(N)		
伸び	(mm)		
	(％)		
判　　定			

Ⅱ．セメントの強さ試験

1. 試験の目的

セメントの強さ試験は、セメントの強度を知り、品質規格に適合しているかを確認すると同時に、同じセメントを用いて作られるコンクリートの強度をある程度推測するために行う。

この試験は、「セメントの物理試験方法（JIS R 5201-1997）」に規定されており、セメントペーストに標準砂を混ぜたモルタルによって行われる。本質的にはセメントペーストでの強さ試験が望ましいが、様々なバラツキやブリーディングなどの影響が大きくなるため、コンクリートと密接な関連性を保つために、モルタルでの試験とされている。なお、試験条件を一定にするため、モルタルに標準砂を用い、使用する砂の差異による影響は除かれ、その配合は規定されているので、モルタル供試体の強さは、主にセメントの種類によって左右されることとなる。

2. 実験要領

(a) モルタルの作り方

モルタルの配合は、質量比でセメント1、標準砂3、水0.50とする。供試体3個分のモルタルを練り混ぜる場合、セメント、標準砂、水の採取量は次のとおりである。

- セメント 450 ± 2g
- 標準砂 1,350 ± 5g
- 水 225 ± 1g

モルタルの練混ぜは練混ぜ機を使用し、機械練りにより行う。

【モルタルの練混ぜ方法のイラスト参照】

① 練り鉢およびパドルを混合位置に固定し、225 ± 1gの水を入れる。
② 450 ± 2gのセメントを入れる。
③ 練混ぜ機を低速（自動速度：毎分140 ± 5回転、公転速度：毎分 ± 5回転）で始動させる。
④ 作動30秒後に、1,350 ± 5gの標準砂を30秒間で入れる。
⑤ 引き続いて、高速（自動回転：毎分285 ± 10回転、公転速度：毎分62 ± 5回転）にして30秒間練混ぜを続ける。
⑥ その後、90秒間練混ぜを休止し、休止の最初の15秒間に、かき落としを行う。
⑦ 休止が終わったら再び高速で始動させ、60秒間練混ぜる。練混ぜ時間は、休止時間も含めて4分である。

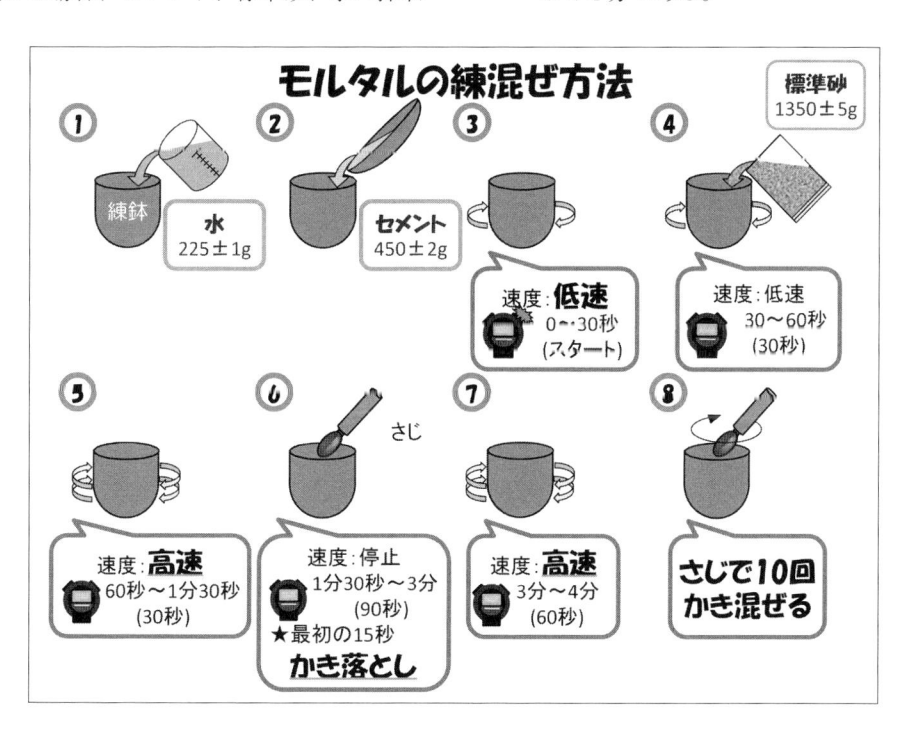

⑧ 練混ぜが終わったら練り鉢を取り外し、さじで10回かき混ぜる。

(b) 供試体の作り方

供試体の寸法は、断面40mm平方、長さ160mmの角柱とする。

【供試体の作製方法のイラスト参照】

① 型枠を分解し、布でグリースを薄く塗る（漏水を防ぐために、両端型枠および仕切枠の下面やはめ込み部分にはグリースを多めに塗る）。その後、型枠を緩く組み立ててから木づちで軽くたたきながら十分に締め付ける。各部にはみ出したグリースはスクレーパなどできれいに取り除く。

② モルタル供試体成形用型は添え枠を載せて、テーブルバイブレータに固定しておく。

③ テーブルバイブレータの振動時間は全部で120±1秒である。モルタルは成形用型に2層に詰める。1層目のモルタルは振動時間から15秒間で成形用型の高さの1/2までさじで詰める。次の15秒間は詰める作業を休止する。

④ さじで鉢のモルタルを集めながら、次の15秒間に残りのモルタルを1層目と同じ順序で詰める。さらに引き続き75秒間振動をかける。

⑤ 振動終了後、テーブルバイブレータに載せた成形用型を静かに外す。すぐに成形用型から添え枠を外して、成形用型の上のモルタルの盛り上げを削り取り、上面を平滑にする。削り取りは、金属製のストレートエッジを鉛直に保ち、それぞれの方向に一度ずつ鋸引きを行う。最後に、ストレートエッジをなでる方向に傾け、押し付けないで一度軽くなでることにより上面を平滑にする。削り取りが終わったら、ガラス板を成形用型の上に置く。

(c) 脱型・養生

① モルタルを詰めてから脱型までは湿気箱に入れておく。1日より長い材齢の試験の場合は、成形後20時間から24時間の間に、供試体に番号や試験月日等の必要事項を記入して、供試体を型枠から取り外す。なお、1日材齢の試験では、試験前の20分以内に脱型を行い、試験まで湿布で覆っておく。

② 供試体の質量をはかり、水温20±1℃の恒温水槽に完全に浸して水中養生をする。

③ 供試体の強さ試験は、成形後1日（湿気箱中24時間）、3日（湿気箱中24時間、水中2日間）、7日（湿気箱中24時間、水中6日間）、28日（湿気箱中24時間、水中27日間）および91日（湿気箱中24時間、水中90日間）が経過したのちに行う。

曲げ試験は材齢ごとに3個の供試体につい

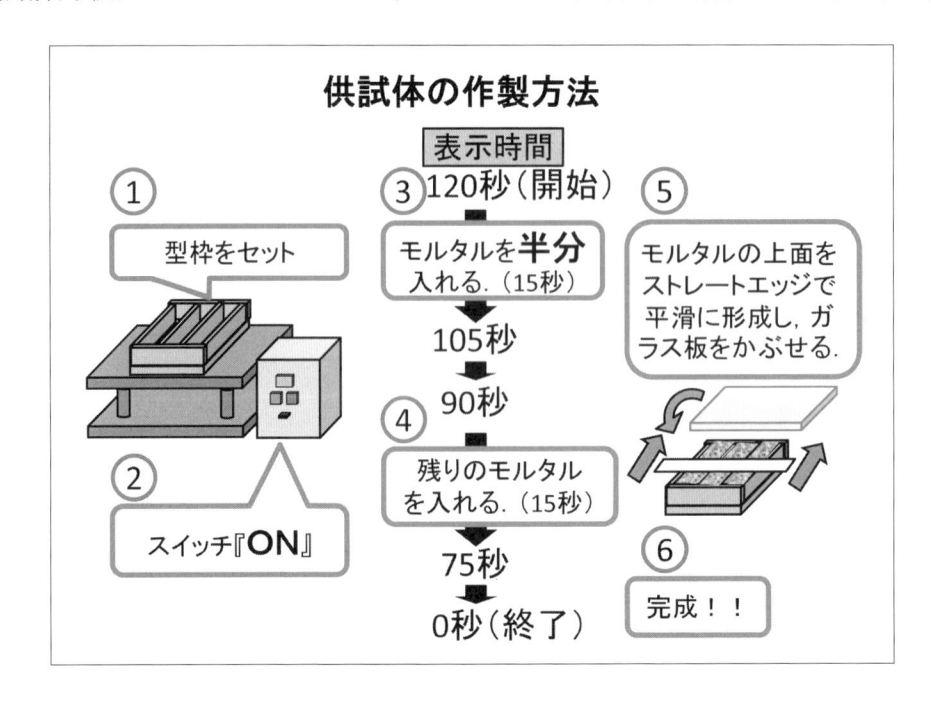

て行い、圧縮試験は各材齢とも、曲げ試験によって切断された 6 個の供試体の折片について行う。

(d) 曲げ試験
① 曲げ試験は試験用治具を用い、圧縮強さ試験機によって行う。
② 供試体を水槽から取り出し、布で水分を拭き取り、質量をはかり、供試体を成形したときの側面が正しく支点間上に載るように試験機に挿入する。
③ 支点間の距離を 100mm とし、供試体を成形したときの側面の中央に、毎秒 50 ± 10N の均一速度で荷重をかけて最大荷重を求める。
④ 曲げ強さは次式によって計算し、小数点以下 1 桁に丸める。

$$B = \frac{M}{I}y = \frac{3}{2} \times \frac{P \times 100}{40 \times 40^2} = P \times 0.00234$$

$$M = \frac{Pl}{1}, \quad I = \frac{bh^3}{12}, \quad y = \frac{h}{2} \qquad (1)$$

ここに、B：曲げ強さ（N/mm²）
　　　　M：支間中央の曲げモーメント（N・mm）
　　　　I：断面二次モーメント（mm⁴）
　　　　y：断面中央から下縁までの距離（mm）
　　　　P：最大荷重（N）
　　　　l：支点間距離（100mm）
　　　　b：断面の幅（40mm）
　　　　h：断面の高さ（40mm）

(e) 圧縮試験
① 圧縮試験は曲げ試験の直後に行い、供試体は曲げ試験に用いた試験片の両折片を用いる。供試体を成形したときの両側面を加工面とする。
② 40mm 平方の加工板を用いて、供試体中央部に毎秒 2,400 ± 200N の割合で載荷し、圧縮機の指針が止まったときの荷重を最大荷重 P とする。
③ 圧縮強さは次式によって計算し、小数点以下 1 桁に丸める。

$$C = \frac{P}{A} = \frac{P}{1,600} \qquad (2)$$

ここに、C：圧縮強さ（N/mm²）
　　　　P：最大荷重（N）
　　　　A：加工板の断面積（mm²）

なお、最後に試験結果が JIS を満足するかをチェックする。

セメントの強さ試験

	試　験　日				
	材　齢（日）				
	供試体質量（g）	1			
		2			
		3			
曲げ試験	最大荷重（N）	1			
		2			
		3			
	曲げ強さ（N/mm²）	1			
		2			
		3			
	平均値（N/mm²）				
圧縮強さ	最大荷重（N）	1			
		2			
		3			
		4			
		5			
		6			
	圧縮強さ（N/mm²）	1			
		2			
		3			
		4			
		5			
		6			
	平均値（N/mm²）				
	供試体作製日				

Ⅲ. 骨材の物性試験

[骨材のふるい分け試験]

1. 試験の目的と用語の定義

骨材のふるい分け試験は、骨材の粒度を求めて、コンクリート用骨材としての適否を判断するために行うもので、試験方法は、「骨材のふるい分け試験方法（JIS A 1102-2006）」に規定されている。

骨材の粒度とは、骨材の粒の大きさの分布状態を示すもので、粒度が適当であれば、骨材の単位容積質量が大きくなるため、セメントペーストが節約でき、高密度のコンクリートを作ることが可能となり経済的である。また、骨材の粒度は、コンクリートのワーカビリティーに大きな影響を及ぼす（特に細骨材の場合には影響が大きい）。

2. 実験要領

(a) 試料の準備

【ふるい分け試験(準備)のイラスト参照】

① 試料を四分法または試料分取器により、③に示した必要量となるまで縮分する。

② 採取した試料を、105 ± 5℃で一定質量となるまで乾燥させる。乾燥後、試料は室温まで冷却させる。

③ 試料の最小乾燥質量は、次のようにする。ただし、構造用軽量骨材では、下記の最小乾燥質量の1/2とする。

・細骨材：1.2mmふるいを95％（質量比）以上通過するもの　100g
　　　　　1.2mmふるいに5％（質量比）以上とどまるもの　500g

・粗骨材：使用する骨材の最大寸法（mm表示）の0.2倍をkg表示した量

(b) 試験方法

【ふるい分け試験のイラスト参照】

① 準備した試料の質量を、細骨材の場合は0.1gまで、粗骨材の場合は1gまで測定する。

② 試験の目的に合った組合せの網ふるいを用いて、ふるい目の大きいものから順にふるい分ける。また、機械を用いてふるい分ける

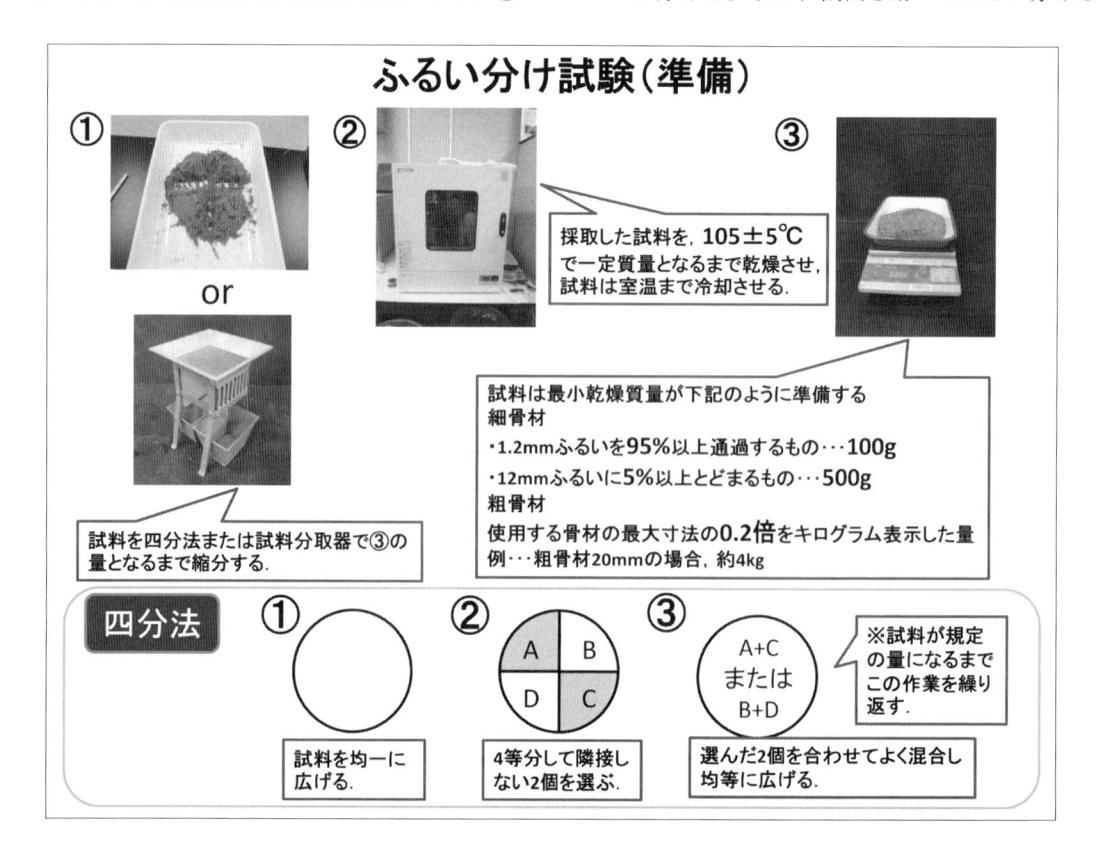

場合は、受け皿の上にふるい目の小さいものから順に積み重ね、最上部に試料を置き、必要に応じてふたをしてふるい分ける。

ふるい分け作業は、ふるいに上下動および水平動を与えて試料を揺り動かし、試料が絶えずふるい面を均等に転がるようにし、1分間に各ふるいを通過する量が、全試料質量の0.1％以下となるまで作業を行う（機械を用いてふるい分けた場合は、さらに手でふるい分け、1分間の各ふるい通過量が0.1％以下になったことを確かめる）。

ふるい目に詰まった粒は、破砕しないように注意しながら押し戻し、ふるいにとどまった試料と見なす。

③ 5mmより小さいふるいでは、ふるい作業が終わった時点で、各ふるいにとどまる質量について超えてはならない値がある。

④ 連続する各ふるいの間にとどまった試料の質量を、細骨材の場合は0.1g、粗骨材の場合は1gまで測定する。連続する各ふるいの間にとどまった試料の質量と受皿中の試料の質量の総和は、ふるい分け前に測定した試料の質量と1％以上異なってはならない。

(c) 試験結果の整理

① 連続する各ふるいの間にとどまる試料の質量分率は、ふるい分け後の全試料質量に対する質量分率（％）を計算し、四捨五入して整数に丸めて求める。

② 各ふるいにとどまる試料の質量分率は、対象とするふるいとそれよりふるい目が大きいふるいの連続する各ふるいの間にとどまる試料の質量分率（％）を累計して求める。

③ 各ふるいを通過する試料の質量分率は、100％から各ふるいにとどまる試料の質量分率（％）を減じた値とする。

④ 粗骨材の最大寸法および粗粒率（F.M.）を求める。

⑤ 試験結果については数値のみの結果だけでなく、横軸にふるいの呼び寸法を対数目盛でとり、縦軸にふるいを通過するものの質量分率（％）あるいはふるいにとどまる試料の質量分率（％）をとって、粒度曲線を描いて図示する。

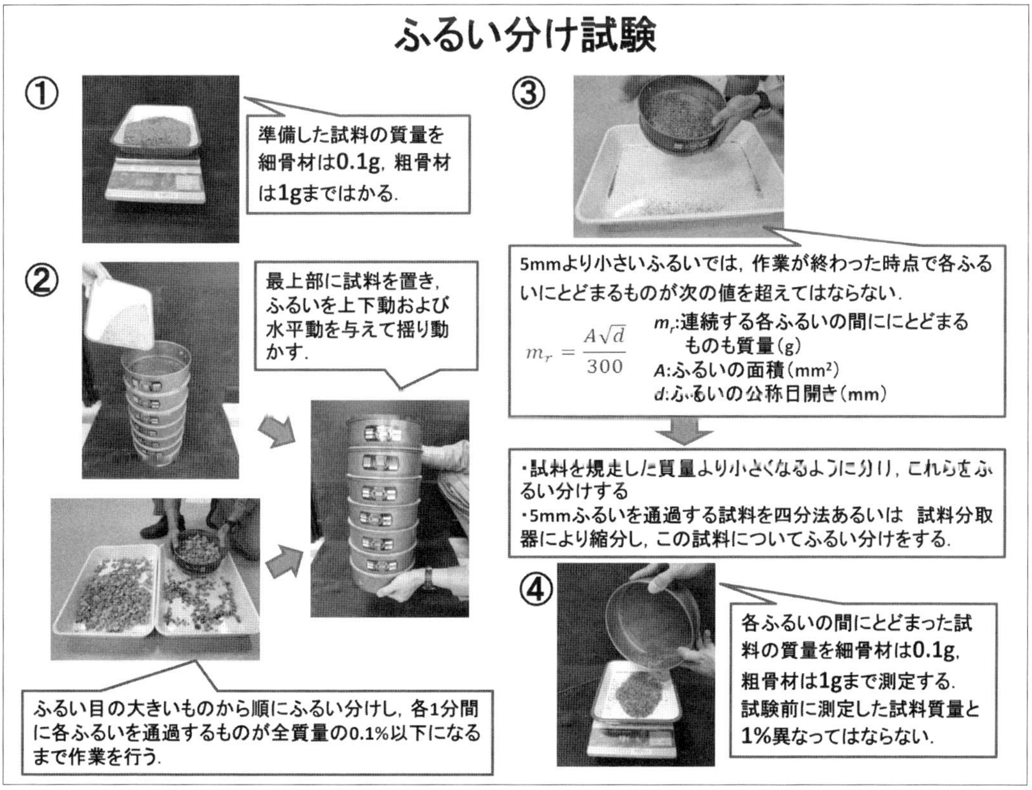

粗骨材ふるい分け試験

実験日		
環境	室温（℃）	湿度（％）

5-12mm：12-20mm　　　　　　　　　　：

ふるい呼び寸法	各ふるいにとどまる質量の累計		各ふるいにとどまる質量		ふるいを通る質量	土木学会の標準	
(mm)	(g)	(%)	(g)	(%)	(%)	下限	上限
25							
20						90.0	100.0
15							
10						20.0	55.0
5						0	10.0
受け皿							
粗粒率							

細骨材ふるい分け試験

実験日		
環境	室温（℃）	湿度（％）

ふるい呼び寸法	各ふるいにとどまる質量の累計		各ふるいにとどまる質量		ふるいを通る質量	土木学会の標準	
(mm)	(g)	(%)	(g)	(%)	(%)	下限	上限
10						100.0	100.0
5						90.0	100.0
2.5						80.0	100.0
1.2						50.0	90.0
0.6						25.0	65.0
0.3						10.0	35.0
0.15						2.0	10.0
0.075							
受け皿							
粗粒率							

［細骨材の密度および吸水率試験］

1. 試験の目的と用語の定義

細骨材の密度および吸水率試験は、細骨材の一般的性質を理解するとともに、コンクリートの配合設計における細骨材の絶対容積を知るために行うもので、試験方法は、「細骨材の密度及び吸水率試験方法（JIS A 1109-2006）」に規定されている。

細骨材の密度とは、表面乾燥飽水状態における骨材粒の密度（表乾状態）のことで、密度が大きなものは一般に強度は大であり、吸水率は少なく、凍害に対する耐久性は大となる。表面乾燥飽水状態とは、骨材の表面水がなく、骨材粒の内部の空隙が水で満たされている状態をいう。

細骨材の採取箇所および風化の程度により、密度および吸水率に差異が生じる。このため、細骨材粒の空隙を把握し、コンクリートの配合計算において使用水量を調節する。

2. 試験方法

(a) 試料の準備（表面水率状態の確認）

【細骨材の表面水率状態の確認のイラスト参照】

① フローコーンと突き棒を準備する。

② 代表的な試料を採取して、四分法または試料分取器により約2kgに縮分し、それを四分法または試料分取器によって約1kgずつに二分する。試料は水中で24時間吸水させ、水温は少なくとも20時間は20±5℃に保つ。

③ 吸水させた細骨材を平らな面の上に薄く広げ、温風を送りながら静かにかき回す。細骨材の表面に水分が残る程度まで乾燥させた後、細骨材をフローコーンに緩く詰める。

④ 上面を平らにならした後、力を加えず突き棒だけで25回軽く突く（突き固めた後、残った空間を再度満たしてはならない）。次にフローコーンを静かに鉛直に引き上げる。このとき表面水があれば、細骨材はコーンの形をそのまま保つので、再び③と④の方法を繰り返す。

⑤ フローコーンを引き上げたときに、細骨材

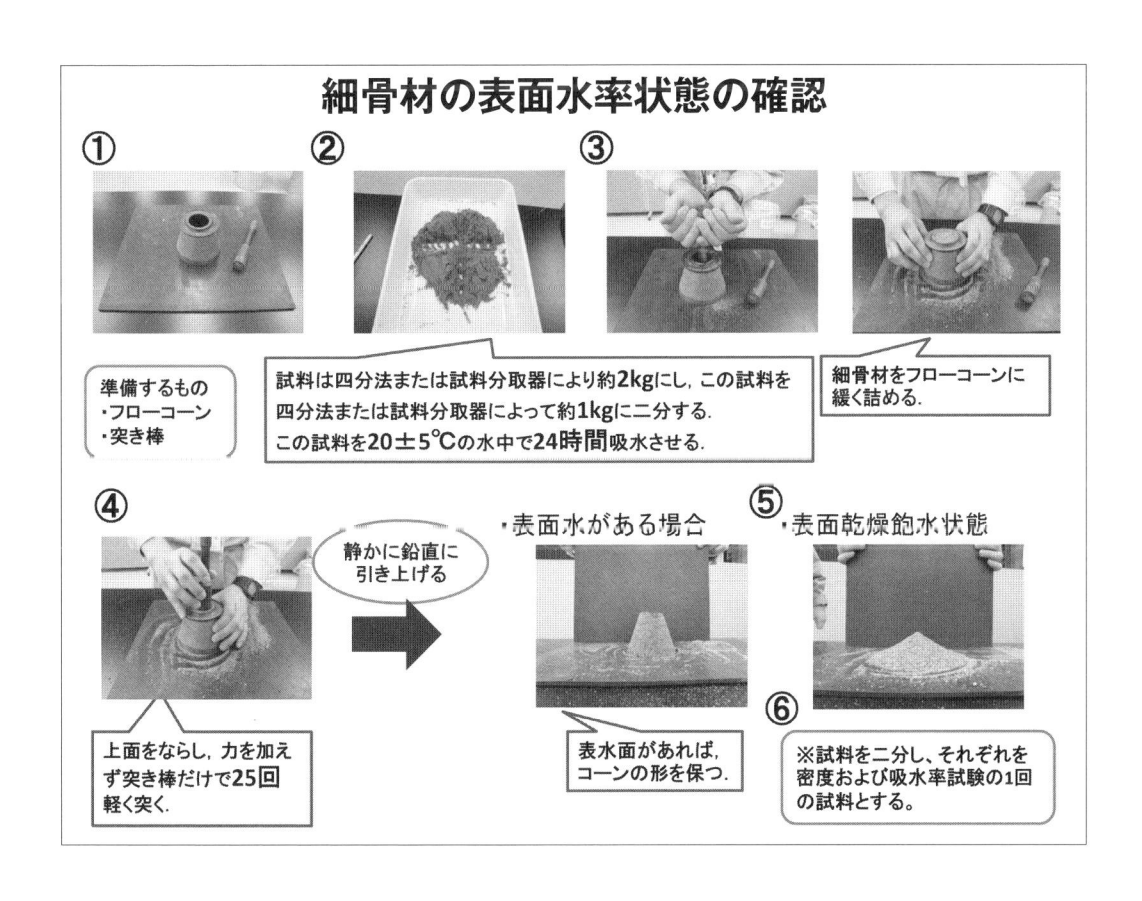

のコーンがスランプした（崩れる）とき、表面乾燥飽水状態であるものとする。
⑥　⑤の試料を約500gずつ二分し、それぞれを密度および吸水率試験の各1回分の試料とする。

(b)　密度、吸水率試験方法と試験結果の整理

【細骨材の密度および吸水率試験のイラスト参照】

①　ピクノメータに水をキャリブレーションされた容量を示す印まで加え、そのときの質量（m_1）を0.1gまではかり、また水温（t_1）をはかる。

②　ピクノメータの水を空けて、(a)で準備した⑥の表乾密度試験用試料の質量（m_2）を0.1gまではかる。

③　試料をピクノメータに入れ、水をキャリブレーションされた容量を示す印まで加える。ピクノメータを平らな板の上で転がし、泡を追い出す。

④　ピクノメータを、20±5℃の水槽に約1時間つけてから、さらにキャリブレーションされた容量を示す印まで水を加え、その時の質量（m_3）を0.1gまではかり、また水温（t_2）をはかる。なお、水槽につける前後のピクノメータ内の水温の差（t_1とt_2の差）は1℃を超えてはいけない。

細骨材の表面乾燥飽水状態における密度（表乾密度）および絶対乾燥状態における密度（絶乾密度）は、次式によって算出し、四捨五入し、小数点以下2桁に丸める。

$$d_s = \frac{m_2 \times \rho_w}{m_1 + m_2 - m_3}$$

ここに、d_s：表面乾燥飽水状態における密度（g/cm³）
　　　　m_1：キャリブレーションされた容量を示す印まで水を満たしたピクノメータの全質量（g）
　　　　m_2：表面乾燥飽水状態における密度試験用試料の質量（g）
　　　　m_3：試料と水でキャリブレーションされた容量を示す印まで満たしたピクノメータの質量（g）
　　　ρ_w：試験温度における水の密度（g/cm³）

$$d_d = d_s \times \frac{m_5}{m_4}$$

ここに、d_d：絶対乾燥状態における密度（g/cm³）
　　　　m_4：表面乾燥飽水状態の吸水率試験用試料の質量（g）
　　　　m_5：乾燥後の吸水率試験用試料の質量（g）

試験は2回行い、その平均値をとる。平均値からの差は、0.01g/cm³以下でなければならない。

⑤　(a)で準備した⑥の吸水率試験用試料の質量（m_4）を0.1gまではかる。

⑥　試料を採取した後、105±5℃で一定質量となるまで乾燥し、デシケーター内で室温になるまで冷やし、その質量（m_5）を0.1gまではかる。

吸水率は次式で計算し、四捨五入して、2桁までに丸める。

$$Q = \frac{m_4 - m_5}{m_5} \times 100$$

ここに、Q：吸水率（質量百分率：%）

試験は2回行い、その平均値をとる。平均値からの差は0.05%以下でなければならない。

細骨材の密度および吸水率試験

① 容器に水を500mlの印まで加え，質量（m_1）を0.1gまではかり，水温もはかる．

② 表乾密度試験用試料の質量（m_2）を0.1gまではかる

③ 容器に試料を入れ，印まで水を加える．平らな板の上で転がし，泡を追い出す．

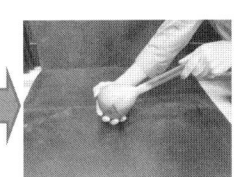

表面乾燥飽水状態における密度の算出

$$d_s = \frac{m_2 \times \rho_w}{m_1 + m_2 - m_3}$$

d_s：表面乾燥飽水状態における密度（g/cm³）
m_1：印まで水を満たした容器の全質量（g）
m_2：試料の質量（g）
m_3：試料と水で印まで満たした容器の質量（g）
ρ_w：試験温度における水の密度（g/cm³）

④ 20±5℃の水槽に1時間つける．つけた後，水を加えて，印に合わし，その時の質量（m_3）をはかる．

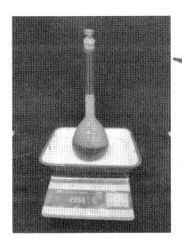

⑤ 吸水率試験用の質量（m_4）を0.1gまではかる．

⑥ 試料を採取した後，105±5℃で一定質量が得られるまで乾燥し，室温まで冷やし，乾燥質量（m_5）を0.1gはかる．

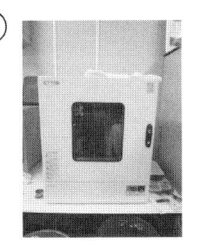

試験は2回行い，平均値をとる．平均値からの差は，密度の場合は0.01g/cm³以下，吸水率の場合は，0.05％以下でなければならない．

絶乾乾燥状態における密度，吸水率の算出

$$d_d = d_s \frac{m_5}{m_4}$$

D_d：絶対乾燥状態における密度（g/cm³）
m_4：表面乾燥飽水状態の吸水率試験用試料の質量（g）
m_5：乾燥後の吸水率試験用試料の質量（g）

$$Q = \frac{m_4 - m_5}{m_5} \times 100$$

Q：吸水率（％）

細骨材の密度・吸水率試験

		1	2
① ピクノメータの番号			
② 500mlの目盛りまで水を満たした時のピクノメータの質量	m_1 (g)		
③ 500mlの目盛りまで水を満たした時のピクノメータ内の水温	t_1 (℃)		
④ 試料の質量	m_2 (g)		
⑤ 試料と水で500mlの目盛りまで満たした時のピクノメータの質量	m_3 (g)		
⑥ 試料と水で500mlの目盛りまで満たした時のピクノメータ内の水温	t_2 (℃)		
⑦ 表乾密度　（④×ρ_w）/（②+④-⑤）	d_s (g/cm³)		
⑧ 平均値	(g/cm³)		
⑨ 平均値からの差	(g/cm³)		
⑩ 試料の質量	m_4 (g)		
⑪ 試料の乾燥質量	m_5 (g)		
⑫ 絶乾密度　⑦×⑪/⑩	d_d (g/cm³)		
⑬ 平均値	(g/cm³)		
⑭ 平均値からの差	(g/cm³)		
⑮ 吸水率　（⑩-⑪）/⑪×100	Q (%)		
⑯ 平均値	(%)		
⑰ 平均値からの差	(%)		

［粗骨材の密度および吸水率試験］

1. 試験の目的と用語の定義

粗骨材の密度および吸水率試験は、粗骨材の一般的性質を理解するとともに、コンクリートの配合設計における粗骨材の絶対容積を知るために行うもので、試験方法は、「粗骨材の密度及び吸水率試験方法（JIS A 1110-2006）」に規定されている。

粗骨材の密度とは、表面乾燥飽水状態あるいは絶対乾燥状態における骨材粒の密度のことで、密度が大きなものは一般に強度は大であり、吸水率は少なく、凍結に対する耐久性は大となる。表面乾燥飽水状態とは、骨材の表面水がなく、骨材粒の内部の空隙が水で満たされている状態をいう。

粗骨材の採取箇所および風化の程度により、密度および吸水率に差異が生じる。このため、粗骨材粒の空隙を把握し、コンクリートの配合計算において使用水量を調節する。

2. 実験要領

(a) 試料の準備と試験方法

【粗骨材の密度および吸水率試験のイラスト参照】

① 公称目開き 4.75mm の金属製網ふるいにとどまる粗骨材を、四分法または試料分取器によって、ほぼ所定量となるまで縮分する。

　普通骨材の1回の試験に使用する試料の最小質量は、粗骨材の最大寸法（ミリメール表示）の 0.1 倍をキログラム表示した量とする。軽量骨材については、次式により、おおよその試料質量を定める。

$$M_{min} = \frac{d_{max} \times D_e}{25}$$

ここに、M_{min}：試料の最小質量（kg）
　　　　d_{max}：粗骨材の最大寸法（mm）
　　　　D_e：粗骨材の推定密度（g/cm^3）

　次に、試料を水で洗って、粒の表面についているごみ等を取り除き、20 ± 5℃の水中で 24 時間吸水させる。

② 試料を水中から取り出して水切り後、ウエス等の吸水性の布の上にあけ、試料を転がして、目で見える表面の水分を取り去り、表面乾燥飽水状態とする。

③ 試料を二分し、それぞれを密度および吸水率試験の各1回分の試料とする。

　準備した試料の質量（m_1）を 0.02％まではかる。

④ 試料を金網かごに入れ、水中で振動を与え、粒子表面と粒子間の付着空気を排除した後、20 ± 5℃の水中で試料と金網かごの見掛けの質量（m_2）をはかり、また水温をはかる。

⑤ 金網かごの水中における見掛けの質量（m_3）をはかる。

⑥ 水中から取りだした試料を 105 ± 5℃で一定質量が得られるまで乾燥し、室温まで冷やし、その乾燥質量（m_4）をはかる。

　密度および吸水率の試験は、③で準備（二分）した試料について1回ずつ行う。

(b) 試験結果の整理

① 粗骨材の表面乾燥飽水状態における密度（表乾密度）、絶対乾燥状態における密度（絶乾密度）および吸水率は、それぞれ次の式により算出し、四捨五入して小数点以下2桁以下に丸める。

② 2回の試験の平均値を、四捨五入によって小数点以下2桁に丸め、密度および吸水率の値とする。平均値からの差は、密度の場合は 0.01g/cm^3 以下、吸水率の場合は 0.03％ 以下でなければならない。

粗骨材の密度および吸水率試験

① 試料を洗い，20±5℃の水中で**24時間**吸水させる．粗骨材の最大寸法の**0.1倍**をキログラム表示した量とする．

② ウエスの上で転がして，表面の水分を取る（**表面乾燥状態**にする）．

③ 試料の質量（m_1）を測る．試料を二分し，試験の試料とする．

④ 金網かごに試料を入れ，試料と金網かごの水中の見掛けの質量（m_2）を測る．また，水温をはかる．

⑤ 金網かごの水中の見掛けの質量（m_3）を測る．

⑥ 水中から取りだした試料を105±5℃で一定質量が得られるまで乾燥し，室温まで冷やし，乾燥質量をはかる（m_4）．

表面乾燥飽水状態における密度の算出

$$D_s = \frac{m_1 \times \rho_w}{m_1 - (m_2 - m_3)}$$

D_s:表面乾燥状態における密度（g/cm³）
m_1:表面乾燥状態における試料の質量（g）
m_2:試料と金網カゴ金網カゴの水中の見掛けの拡散の質量（g）
m_3:金網かごの水中の見掛けの質量（g）
ρ_w:試験温度における水の密度（g/cm³）

絶乾乾燥状態における密度，吸水率の算出

$$D_d = \frac{m_4 - \rho_w}{m_1 - (m_2 - m_3)}$$

D_d:絶乾乾燥状態における密度（g/cm³）
m_4:絶乾乾燥状態の試料の質量（g）

$$Q = \frac{m_1 - m_4}{m_4} \times 100$$

Q:吸水率（%）

試験は2回行い，平均値をとる。平均値からの差は，密度の場合は0.01g/cm³以下，吸水率の場合は，0.03%以下でなければならない．

粗骨材の密度・吸水率試験

		1	2
① 試料の質量	m_1 (g)		
② 水中の試料とかごの見掛けの質量	m_2 (g)		
③ 水中のかごの見掛けの質量	m_3 (g)		
④ 水中の試料の見掛けの質量 ②－③	$m_2 - m_3$ (g)		
⑤ 水温	(℃)		
⑥ 表乾密度 ①×ρ_w/（①－④）	D_s (g/cm³)		
⑦ 平均値	(g/cm³)		
⑧ 平均値からの差	(g/cm³)		
⑨ 乾燥後の試料の質量	m_4 (g)		
⑩ 絶乾密度 ⑨×ρ_w/（①－④）	D_d (g/cm³)		
⑪ 平均値	(g/cm³)		
⑫ 平均値からの差	(g/cm³)		
⑬ 吸水率 （①－⑨）/⑨×100	Q (%)		
⑭ 平均値	(%)		
⑮ 平均値からの差	(%)		

[細骨材の表面水率試験]

1. 試験の目的と用語の定義

細骨材の表面水率試験は、細骨材の表面水がモルタルやコンクリートの練混ぜ水に及ぼす影響を把握し、これを調整するために行うもので、試験方法については、「細骨材の表面水率試験方法（JIS A 1111-2007）」に規定されている。

細骨材の表面水とは、細骨材の表面についている水で、細骨材に含まれる水から骨材粒子の内部に吸収されている水を差し引いた水のことであり、細骨材の表面水率は、表面乾燥飽水状態（表乾状態）の細骨材の質量に対する百分率である。

2. 実験要領

(a) 試料の準備

代表的な試料を400g以上（試験2回分の量）採取して二分する。2回目の試験に用いる試料については、試験を行うまでの間に含水率が変化しないように注意する。

(b) 試験方法

試験は、質量法または容積法のいずれかの方法により（同時に採取した試料について2回）行う。試験中は、容器とその内容物の温度を15～25℃の範囲内で、できるだけ一定に保つように注意する。

・質量法……試験にはピクノメータ等の容器を用いる。ここではピクノメータを用いた方法を解説する。

【細骨材の表面水率試験（質量法）のイラスト参照】

① 試料の質量（m_1）を0.1gまではかる。
② 水を入れた容器の質量（m_2）を0.1gまではかる（容器のマークまで水を入れた後、空気が混入しないように注意しながら平らなガラス板等でふたをして質量をはかる）。
③ 容器を空にして、試料を覆うのに十分な水を入れた後、試料を入れ、試料と水をゆり動かして、空気を十分に追い出す。
④ マークまで水を入れ、試料と水および容器

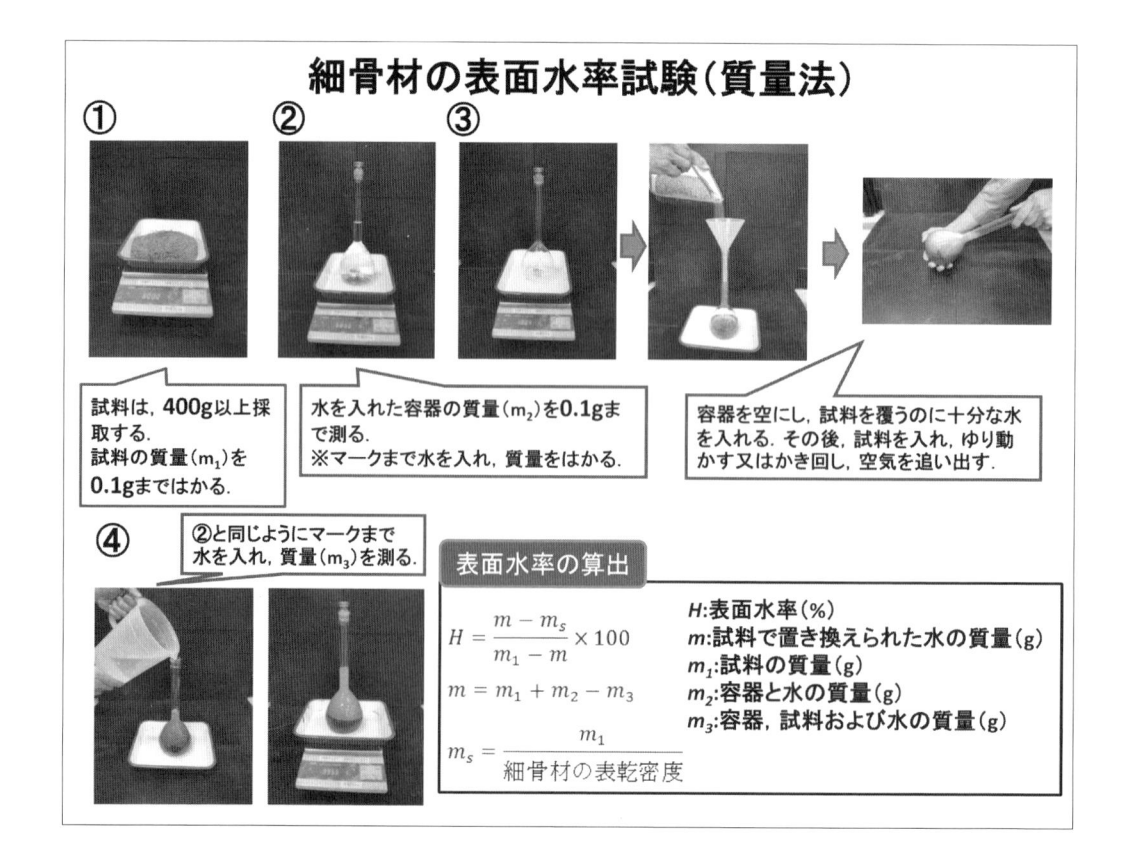

細骨材の表面水率試験（質量法）

① 試料は、400g以上採取する。試料の質量（m_1）を0.1gまではかる.

② 水を入れた容器の質量（m_2）を0.1gまで測る.
※マークまで水を入れ、質量をはかる.

③ 容器を空にし、試料を覆うのに十分な水を入れる．その後、試料を入れ、ゆり動かす又はかき回し、空気を追い出す.

④ ②と同じようにマークまで水を入れ、質量（m_3）を測る.

表面水率の算出

$$H = \frac{m - m_s}{m_1 - m} \times 100$$

$$m = m_1 + m_2 - m_3$$

$$m_s = \frac{m_1}{\text{細骨材の表乾密度}}$$

H：表面水率（%）
m：試料で置き換えられた水の質量（g）
m_1：試料の質量（g）
m_2：容器と水の質量（g）
m_3：容器、試料および水の質量（g）

の合計質量（m_3）をはかる。
⑤ 試料で置き換えられた水の質量は、次式で計算する。

$$m = m_1 + m_2 - m_3$$

ここに、m：試料で置き換えられた水の質量（g）
　　　m_1：試料の質量（g）
　　　m_2：容器と水の質量（g）
　　　m_3：容器、試料および水の合計質量（g）

・容積法……試験には500〜1,000mLの容量をもつ容器で一定の容量を示すマークがあるガラス容器または目盛があるガラス容器を用いる。

【細骨材の表面水率試験（容積法）のイラスト参照】

① 試料を覆うのに十分な水量（V_1）を0.5mLまではかって容器に入れる。
② 試料の質量（m_1）を0.1gまではかる。
③ 試料を水の入った容器に入れる。
④ 試料と水をゆり動かすかまたはかきまわして、空気を十分に追い出す。
⑤ 目盛がある容器を用いるときは、試料と水との容積の和（V_2）の目盛りを0.5mLまで読み取る。マークがある容器を用いるときは、試料と水の容積の和（V_2）は、入った量がわかるようにして水をマークまで満たし、この水の容積を容器の容量から差し引いて求める。
⑥ 試料で置き換えられた水量は、次式で計算する。

$$V = V_2 - V_1$$

ここに、V：試料で置き換えられた水の量（mL）
　　　V_2：試料と水との容積の和（mL）
　　　V_1：試料を覆うために最初に入れた水の量（mL）

(c) 試験結果の整理

① 表面乾燥飽水状態に対する試料の表面水率は次式で計算し、小数点以下1桁まで四捨五入して求める。

$$H = \frac{(m - m_S)}{(m_1 - m)} \times 100$$

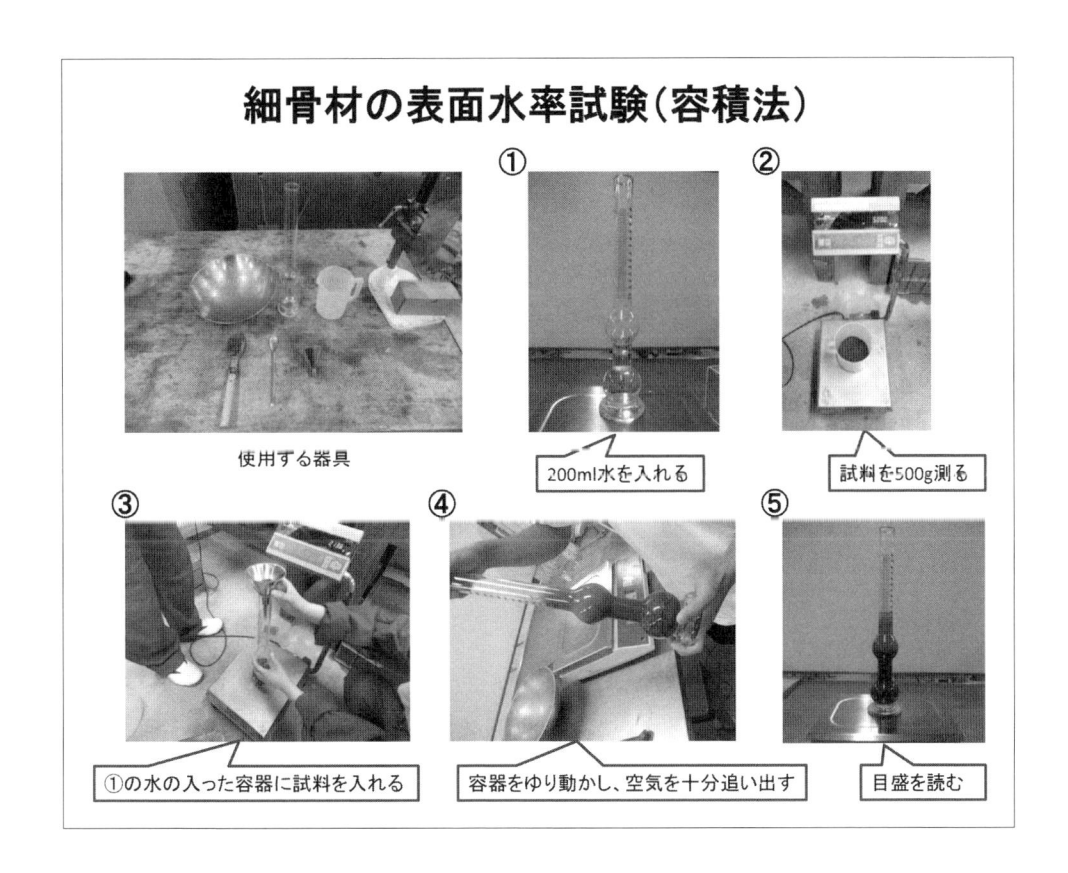

細骨材の表面水率試験（容積法）

使用する器具
① 200ml水を入れる
② 試料を500g測る
③ ①の水の入った容器に試料を入れる
④ 容器をゆり動かし、空気を十分追い出す
⑤ 目盛を読む

ここに、H：表面水率（%）
　　　　m_S：（m_1／細骨材の表乾密度）
② 2回の試験の平均値を表面水率の値とする。それぞれの測定値は、平均値との偏差が0.3%以下でなければならない。

③ 結果の計算は、小数点以下1桁まで四捨五入して求める。

細骨材の表面水率

水の密度　　　　1.0 g/m³

$m = m_1 + m_2 - m_3$

m	試料で置き換えられた水の質量	g
m_1	試料の質量	g
m_2	容器と水の質量	g
m_3	容器、試料および水の質量	g

$V = V_2 - V_1$

V	試料で置き換えられた水の量	ml
V_2	資料と水との容積の和	ml
V_1	試料を覆うように入れられた水の量	ml

$m_s = m_1$／細骨材の表乾密度

細骨材の表乾密度	g/m³
$m_s =$	

表面水率　$H = (m - m_s)/(m_1 - m) \times 100$

　　　　$H = \qquad$ %

＊上記の式の $m =$ 水の密度 $\times V$

[骨材の含水率試験および含水率に基づく表面水率の試験]

1. 試験の目的

骨材の乾燥前後の質量差により骨材の含水率を求め、その含水率によって骨材の表面水率を求めるもので、試験方法は、「骨材の含水率試験方法及び含水率に基づく表面水率の試験方法（JIS A 1125-2007）」に規定されている。この試験は、構造用軽量骨材にも適用されるが、加熱によって変質するおそれのある骨材には適用できない。

2. 実験要領

(a) 試料の準備
① 代表的な試料（試験2回分の量）を採取して二分する。2回目の試験に用いる試料については、試験を行うまでの間に含水率が変化しないように注意する。1回の試験に使用する試料の最小質量は、粗骨材の場合は最大寸法（ミリメートル表示）の0.1倍をキログラム表示した量とし、細骨材の場合は400g以上とする（軽量骨材の場合は、この量の約1/2とする）。

(b) 試験方法
① 試料の質量（m）をそれぞれに対応する目量まではかる。
② 乾燥機またはランプやヒータで試料を乾燥させる（試験の間に骨材の粒子が失われないように十分注意する）。乾燥機を用いる場合は、槽内の温度を105±5℃に保ち、一定質量となるまで乾燥させる。ランプやヒータを用いる場合は、試料が均一に熱せられて乾燥するように、耐熱性のさじやへらでかき混ぜながら、一定質量となるまで乾燥させる。
③ 乾燥した試料は、室温になるまで静置した後、その質量（m_D）をそれぞれに対応する目量まではかる。
④ 含水率および含水率に基づく表面水率の試験は、同時に採取した試料について2回行う。

(c) 試験結果の整理
① 含水率は次式で計算し、小数点以下2桁まで四捨五入して求める。

$$Z = \frac{m_D}{m}$$

ここに、Z：含水率（％）
m：乾燥前の試料の質量（g）
m_D：乾燥後の試料の質量（g）

② 含水率に基づく骨材の表面水率は、次式で計算し、小数点以下1桁まで四捨五入して求める。

$$H = \frac{Q}{Z}$$

ここに、H：表面水率（％）
Z：①で求めた含水率（％）
Q：吸水率（％）

③ 2回の試験の平均値を、含水率および含水率に基づく表面水率の値とする。

含水率および表面水率の測定値は、平均値との偏差が0.3％以下でなければならない。

[骨材の単位容積質量および実積率試験]

1. 試験の目的と用語の解説

コンクリートの製造、配合の選定、現場における骨材の計量などのために行う試験で、試験方法については、「骨材の単位容積質量及び実積率試験方法（JIS A 1104-2006）」に規定されている。

単位容積質量とは、絶乾状態における $1m^3$ 当りの質量をいう。単位容積質量は、骨材の密度、粒度、空隙率および含水の程度などにより変化する。

実積率とは、容器に満たした骨材の絶対容積の容器容積に対する百分率をいう。実積率は、骨材の粒径判定に用いられる。

空隙率（％）は、次式で表される。

$$\frac{（個体単位容積質量 - 単位容積質量）}{個体単位容積質量}$$

$= 100 - 実積率（％）$

2. 実験要領

(a) 試料の準備

代表的な試料を採取し、四分法または試料分取器によってほぼ所定量（使用する容器の容積の2倍以上）となるまで縮分する。この試料を二分し、それぞれを1回の試験に用いる試料とする。なお、試料は絶乾状態とする（粗骨材の場合は気乾状態でもよい）。

(b) 試料の詰め方

単位容積質量の測定は、棒突きによる場合とジッキングによる場合とも、容器に試料を入れ、骨材の表面をならした後、容器の中の試料の質量をはかる。粗骨材の寸法が大きくて棒突き作業が困難なときや、試料を損傷するおそれのあるときにはジッキングにて行う。

1) 棒突きの場合
① 容器の1/3まで試料を入れ、上面を指で平らにならし、突き棒で均等に所要の回数（表-1参照）を突く（突き棒の先端が容器の底に強く当たらないように注意する）。

表-1 単位容積質量測定容器と突き回数

粗骨材の最大寸法	容積（L）	内高/内径	1層当りの突き回数
5以下（細骨材）	1〜2	0.8〜1.5	20
10以下	2〜3		20
20を超え40以下	10		30
40を超え80以下	30		50

② 容器の2/3まで試料を入れ、同様に突く。
③ 容器から溢れるまで試料を入れ、同様に突く。
④ 細骨材の場合は、突き棒を定規として上部の余分な試料をかきとり、容器の上面に沿って平らにならす。粗骨材の場合は、骨材の表面を指または定規でならし、容器の上面からの粗骨材粒の突起が、上面からの凹みと同じくらいになるように平らにする。
⑤ 容器中の試料の質量（m_1）をはかる。

2) ジッキングの場合
① 強固で水平な床の上に容器を置き、容器の1/3まで試料を入れる。
② 容器の片側を約5cm持ち上げて床を叩くように落下させる。次に、反対側を約5cm持ち上げて落下させ、各側を交互に25回、全体で50回落下させる。
③ 容器の2/3まで試料を入れ、同様に締める。
④ 容器から溢れるまで試料を入れ、同様に締める。
⑤ 骨材の表面をならし（棒突き試験の場合と同様）、容器中の試料の質量（m_1）をはかる。

(c) 試料の密度、吸水率および含水率の測定
① 質量を測定した試料について、［細骨材の密度および吸水率試験］、［粗骨材の密度および吸水率試験］と同様にして、四分法または試料分取器によって、密度、吸水率および含水率を測定するための試料を採取する。
② 試料の密度、吸水率および含水率に関しては、JIS A 1109、JIS A 1110、JIS A 1125、JIS A 1134、JIS A 1135に基づき試験を行う。

(d) 試験結果の整理
① 骨材の単位容積質量は、次式により算出し、四捨五入によって有効数字3桁まで求める。

$$T = \frac{m_1}{V}$$

ここに、T：骨材の単位容積質量（kg/L）
　　　　m_1：容器中の試料の質量（kg）
　　　　V：容器の容積（mL）

なお、気乾状態の試料を用いて含水率の測定を行った場合には、次式により算出する。

$$T = \frac{m_1}{V} \times \frac{m_D}{m_2}$$

ここに、m_2：含水率測定に用いた試料の乾燥前の質量（kg）
　　　　m_D：含水率測定に用いた試料の乾燥後の質量（kg）

② 骨材の実積率は次式により算出し、四捨五入によって有効数字3桁まで求める。

$$G = \frac{T}{d_D} \times \frac{Q}{d_S}$$

ここに、G：骨材の実績率（％）
　　　　T：①で求めた単位容積質量（kg/L）
　　　　d_D：骨材の絶乾密度（g/cm³）
　　　　Q：骨材の吸水率（％）
　　　　d_S：骨材の表乾密度（g/cm³）

③ 試験は、同時に採取した試料について2回行い、2回の試験の平均値を試験結果とする。単位容積質量の平均値からの差が0.01kg/Lを超えてしまう場合には、再度試験を行う。

骨材の単位容積質量および実積率試験

	細骨材		粗骨材	
	1	2	1	2
①容器の容積 V (L)				
②試料と容器の質量 (kg)				
③容器質量 (kg)				
④試料質量 m_1 (kg)				
⑤試料質量／容器体積 m_1/V				
⑥含水率測定に用いた試料の乾燥前質量 m_2 (kg)				
⑦含水率測定に用いた試料の乾燥後質量 m_D (kg)				
⑧単位容積質量 T　m_1/V または $m_1/V \times m_D/m_2$				
⑨平均値 (kg/L)				
⑩平均値からの差 (kg/L)				
⑪絶乾密度 d_D (g/cm³)				
⑫表乾密度 d_s (g/cm³)				
⑬吸水率 Q (％)				
⑭実積率 G　T/d_D または $T \times (100+Q)/d_s$ (％)				
⑮平均値 (％)				

Ⅳ. コンクリート試験

[スランプ試験]

1. 試験の目的

スランプ試験は、フレッシュコンクリートのコンシステンシーを測定する代表的な方法であり、コンクリートのワーカビリティーの良否を判断する手段として、広く一般に用いられている。この試験は、「コンクリートのスランプ試験方法（JIS A 1101-2005）」に規定されている。

2. 実験要領

【コンクリートのスランプ試験のイラスト参照】

① スランプコーンの内面を濡れウエスなどで拭き、水平に設置した平板上に置き、スランプコーンが動かないように固定する。
② 練混ぜた直後のコンクリートから試料を採取し、スランプコーンの容量の1/3ずつ詰めて試料を突き固める（3層に分けて行う）。
③ 各層ごとに、突き棒でならした後、周辺部から中央部にかけて一様に25回ずつ突き固める。2層目と3層目を突く際、突き棒の突き入れ深さは前層に達する程度とする。
④ 3層目を突き終えたら、試料上面をスランプコーンの上端に合わせるように、こて（ならし定規）で平坦にならす。その後、持ち手に体重をかけた状態で足を平板の外へ移動させる。
⑤ 3秒くらいかけてスランプコーンを鉛直にゆっくりと引き抜く。
⑥ スランプ試験器でコンクリート中央部の下がりを0.5cm単位で測定し、これをスランプとする。

[フレッシュコンクリートの空気量の圧力による試験]

1. 試験の目的と用語の定義

フレッシュコンクリートの空気量を、圧力の減少によって測定する方法であり、試験方法は「フレッシュコンクリートの空気量の圧力による試験方法（空気室圧力方法）（JIS A 1128-2005）」に規定されている。

コンクリートの空気量は、ワーカビリティーに影響を与え、また、硬化後は耐久性や強度などにも大きな影響を及ぼす。特にAEコンクリートに

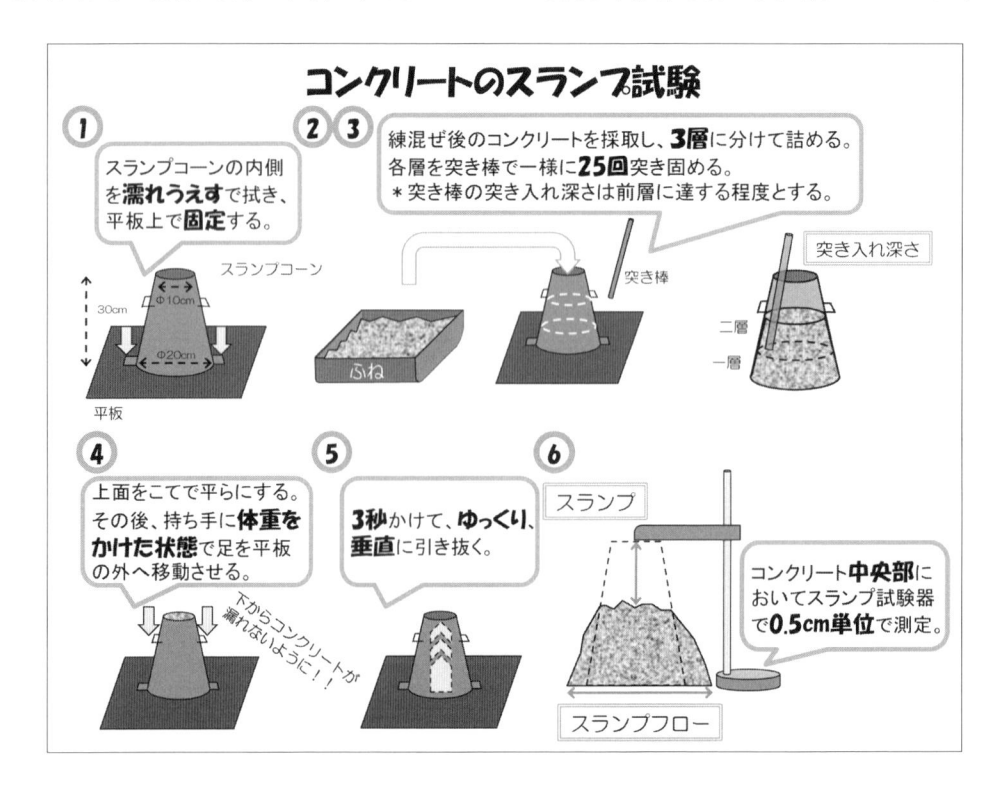

おいては、十分な空気量の管理が必要となる。

AEコンクリートとは、エントレインドエアを含んでいるコンクリートをいう。エントレインドエアは、AE剤、AE減水剤等によって、コンクリート中に連行された空気をいう。

エントラップトエアとは、混和剤を用いなくても、コンクリート中に自然に含まれる空気をいう。

2. 実験要領

(a) 空気量の測定

【フレッシュコンクリートの空気量の圧力による試験（空気室圧力試験）のイラスト参照】

① ワシントン型エアメータの内側を濡れウエスなどで拭き、水平な所へ置く。
② 練混ぜた直後のコンクリートから試料を採取し、エアメータの容量の1/3ずつ詰めて試料を突き固める（3層に分けて行う）。
③ 各層ごとに、突き棒でならした後、周辺部から中央部にかけて一様に25回ずつ突き固める。容器側面を木づちで10～15回叩いて突き穴をなくして試料内の空気を除く。2層目と3層目を突く際、突き棒の突き入れ深さは前層に達する程度とする。
④ 3層目を突き終えたら、こて（ならし定規）で上面の余分な試料をかきとって平坦にならす。容器のフランジ上面とふたのフランジ下面を濡れウエスなどで拭き、ふたを容器に取り付け、空気が漏れないように締め付ける。このとき、ふたの注水口と排気口の弁は開いておく。

注水する場合：注水口から注水して容器内の空気を追い出し、排気口から水が噴き出るようになったら、注水口と排気口の弁を閉じる。

注水しない場合：⑤に進む。なお、精度を求める場合は、注水する方法を採用するのが望ましい。

⑤ 空気ハンドポンプで空気室の圧力を所定の初圧力よりわずかに大きくする。5秒程度たったら調節弁を徐々に開いて、圧力計の針を安定させるために圧力計を軽くたたき、圧力計の指針を初圧力の目盛に正しく一致させる。その後5秒程度たったら調節弁を開いて、容器の側面を木づちで叩く。再び調節弁を開いて、圧力計の指針が安定してから、圧力計の空気量の目盛を小数点以下1桁まで読み、その数値をコンクリートの見掛けの空気量 A_1（％）とする。

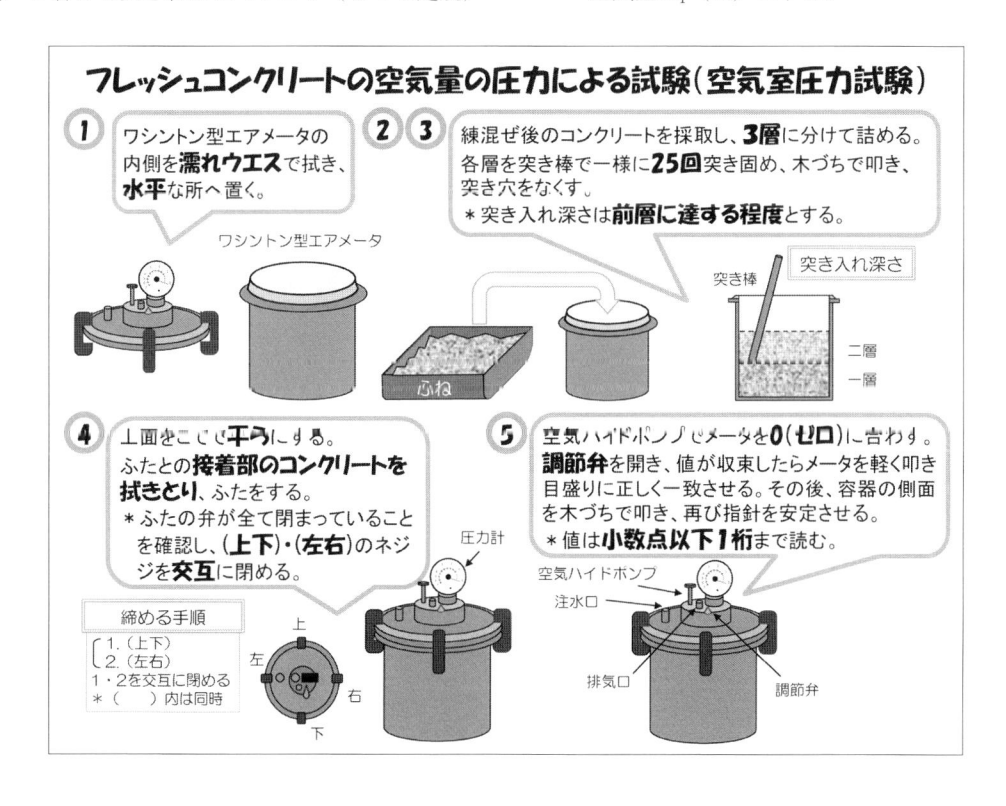

(b) 骨材修正係数の決定

① 空気量を求めようとする容積 V_C のコンクリート試料中の細骨材の質量 m_f および粗骨材の質量 m_c は、次式により求められる。

$$m_f = \frac{V_c}{V_B} \times m'_f \quad (1)$$

$$m_c = \frac{V_c}{V_B} \times m'_c \quad (2)$$

ここに、V_c：コンクリート試料の容積（容器の容積に等しい）（L）
V_B：1バッチのコンクリートの出来上り容積（L）
m'_f：1バッチに用いる細骨材の質量（kg）
m'_c：1バッチに用いる粗骨材の質量（kg）

② 細骨材および粗骨材の代表的試料を、それぞれ m_1 および m_2 だけ採取し、別々に5分間程度水に浸しておく。

③ 約1/3まで水を満たした容器の中に骨材を入れる。細骨材と粗骨材は、混合して少しずつ容器に入れる。このとき、できるだけ空気を入れないようにするため、出てきた泡は手早く取り去る。

④ 空気を追い出すために、容器の側面を木づちでたたき、また、細骨材を加えるごとに約25mmの深さに達するまで突き棒で約10回突く。

⑤ 全部の骨材を入れた後、水面の泡をすべて取り去り、ふたを容器に締め付ける。

⑥ 空気量の測定手順①〜⑤の場合と同様の操作を行って、圧力計の空気量の目盛を読んで、骨材修正係数 G（％）を求める。

⑦ コンクリートの空気量は、次式により求められる。

$$A(\%) = A_1 + G \quad (3)$$

ここに、A：コンクリートの空気量（％）
A_1：コンクリートの見掛けの空気量（％）
G：骨材修正係数（％）

［コンクリートの圧縮強度試験］

1. 試験の目的

コンクリート供試体に圧縮荷重を加え、破壊させて求める圧縮強度は、コンクリートの品質を表す基準として広く用いられており、試験方法は、「コンクリートの圧縮強度試験方法（JIS A 1108-2006）」および「コンクリートの強度試験用供試体の作り方（JIS A 1132-2006）」に規定されている。

圧縮強度試験を行う目的（圧縮強度を測定する意味）、は、次のとおりである。

・コンクリートの強度を知り、配合設計において参考とする。
・セメント、骨材、水、混和材等の材料が使用に適するかどうかを調べて、所要の諸性質をもつコンクリートを経済的に作りうる材料を選定する。
・圧縮強度から、引張強度や弾性係数等の概略を推定する。
・コンクリートの品質を管理する。
・実際の構造物に施工されたコンクリートの品質を把握し、設計時に仮定した圧縮強度やその他の性質を有しているかを調べる。また、型枠の取り外し時期を決める。

2. 実験要領

圧縮強度試験に用いる供試体は、直径の2倍の高さをもつ円柱形とし、粗骨材の最大寸法の3倍以上、かつ100mm以上とする。供試体の直径の標準は、100mm、125mm、150mmである。また供試体の材齢は、一般の構造物に対して28日を標準とすることが多い。

(a) 供試体の準備

① いくつかの部品からなる型枠の場合、型枠の継目には油土や硬いグリースを薄く付けて組み立てる。型枠の内面にはコンクリートを打ち込む前に鉱物性の油または非反応性のはく離材を薄く塗る。

② コンクリートを2層以上のほぼ等しい層に分けて詰める。各層の厚さは160mmを超えてはならない。

③ コンクリートを締め固める。

突き棒を用いる場合、各層は少なくとも1,000mm^2 に1回の割合で突くものとし、す

ぐ下の層まで突き棒が届くようにする（材料の分離を生じるおそれのあるときは、分離を生じない程度に突き数を減らす）。

棒状バイブレータを用いる場合、振動機はコンクリート中に鉛直に挿入する。最下層を締め固める場合は、型枠底面から約20mm上方までの深さまで突き入れる。最下層以外を締め固める場合は、すぐ下の層に20mm程度差し込むようにする（振動台式振動機を用いる場合は、型枠は振動台に取り付けるか、強固に押し当てる）。振動機による締固めは、大きな気泡が出なくなり、大きな骨材の表面をモルタル層が薄く覆うまで続ける。棒状バイブレータを引き抜くときは、できるだけ穴を残さないようにゆっくりと行う。

④ 締固めが終わったら、型枠側面を木づちで軽く叩いて、突き棒や棒状バイブレータによって生じた穴が残らないようにする。最上層は、硬練りコンクリートの場合には型枠頂面のわずか下まで、軟練りコンクリートの場合には型枠頂面まで詰め、型枠上端より上にあるコンクリートは取り除き、注意して表面をならす。キャッピングを行う場合は、コンクリート上面を型枠頂面よりわずかに下げておく。

⑤ 供試体の上面仕上げについては、以下の3とおりがある。

1) キャッピングの場合：
・キャッピング用の材料について、コンクリートによく付着し、コンクリートに影響を与えるおそれのあるものは使わない。
・キャッピング層の圧縮強度は、コンクリートの予想強度より小さくてはならない。
・キャッピング層の厚さは、供試体直径の2%を超えないようにする。

2) 研磨による上面仕上げの場合：コンクリートに影響を与えないように十分に注意して行う。

3) アンボンドキャッピングの場合：供試体打込み硬化後の平面度が2mm以内になるように仕上げる。この供試体を強度試験に適用する場合には、JIS A 1108 附属書の規定に基づき行う。

⑥ 供試体の形状寸法の許容差は次のとおりである（なお、精度が検定された型枠を使用して供試体を作る場合には、各測定は省略してもよい）。

1) 供試体の寸法の許容差は、直径で0.5%以内、高さで5%以内とする。
2) 供試体の載荷面の平面度は、直径の0.05%以内とする。ただし、JIS A 1108 附属書による場合の上面は除く。
3) 載荷面と母線との間の角度は90±0.5°とする。

⑦ コンクリートを詰め終わってから16時間以上3日間以内に、コンクリートの硬化を待って型枠を取り外す。この間、衝撃、振動および水分の蒸発を防ぐように注意する。

⑧ 型枠を取り外した後、コンクリート供試体は、強度試験の直前まで20±2℃の湿潤状態（水中または相対湿度95%以上の環境）で養生を行う。

⑨ 供試体の材齢は、一般の構造物に対して28日を標準とし、試験直前に水槽から取り出す。ただし、場合によっては1週、4週、8週、13週と試験材齢を変化することもある。

(b) 試験方法

① 供試体の直径を0.1mmまで、高さを1mmまで測定する。直径は、供試体の中央部で互いに直交する2方向について測定し、次式で計算し、小数点以下1桁まで四捨五入して求める（なお、供試体に損傷や欠陥があり、試験結果に影響すると考えられるときは、試験を行わないか、その内容を記録しておく）。

$$d = \frac{d_1 - d_2}{2} \tag{1}$$

ここに、d：供試体の直径（mm）
　　　　$d_1 - d_2$：2方向の直径（mm）

② 供試体の水分をふき取った後、供試体の質量を、質量の0.25%以下の目盛りのあるはかりで測定する。

③ 圧縮試験機を点検し調整する。試験機は、秤量の20～100%となる範囲で使用する。

④ 供試体の上下端面と試験機加圧板の圧縮面を清掃し、供試体の中心軸が加圧板の中心と一致するように設置する（設置誤差は供試体直径の1%以内）。

⑤ 試験機の加圧板と供試体の端面とは直接密着させ、その間にクッション材を入れては

ならない（アンボンドキャッピングによる場合を除く）。

⑥ 供試体には衝撃を与えないように、一様な速度で荷重を加える。供試体が急激な変形を始めた後は、載荷速度の調整を中止して、荷重を加え続ける。

⑦ 供試体が破壊するまでに試験機が示す最大荷重を有効数字3桁まで読み、圧縮強度を次式で計算し、有効数字3桁まで四捨五入して求める。

$$f_c = \frac{P}{\pi(d/2)^2} \quad (2)$$

ここに、f_c：圧縮強度（N/mm^2）
　　　　P：(b)の①で求めた最大荷重（N）
　　　　d：(b)の①で求めた供試体の直径（mm）

⑧ 見掛け密度を次式によって算出し、有効数字3桁まで四捨五入して求める。

$$\rho = \frac{m}{h \times \pi(d/2)^2} \quad (3)$$

ここに、ρ：見掛け密度（kg/cm^3）
　　　　m：(b)の②で求めた供試体の質量（kg）
　　　　h：(b)の①で求めた供試体の高さ（m）
　　　　d：(b)の①で求めた供試体の直径（m）

［コンクリートの曲げ強度試験］

1. 試験の目的

コンクリートの曲げ強度は、道路や滑走路の舗装版などの設計や、コンクリート管や杭などの品質判定、品質管理に用いられる。

コンクリートはり供試体に3等分点荷重を加えて曲げ破壊し、コンクリートを弾性体と仮定して供試体の引張側に生じる曲げ引張応力の最大値を計算する方法で、コンクリートの引張強度を求めるための間接試験である。この試験は、「コンクリートの曲げ強度試験方法（JIS A 1106-2006）」および「コンクリートの強度試験用供試体の作り方（JIS A 1132-2006）」に規定されている。

なお、この試験で求める曲げ強度は、コンクリートの曲げひび割れ強度とは異なるものである。

2. 実験要領

(a) 試料の準備

① 型枠の準備およびコンクリートの打込みに関しては、［コンクリートの圧縮強度試験］2.(a)の①～④と同じ方法で行う。なお、突き棒を用いる場合は、2層以上のほぼ等しい層に分けて詰める。振動機を用いる場合は、1層または2層以上のほぼ等しい層に分けて詰める。

② 供試体の形状寸法の許容差は次のとおりとする（なお、精度が検定された型枠を用いて供試体を作る場合には省略してよい）。

・供試体の寸法の許容差は、断面の一辺で0.5％以内、長さで5％以内とする。
・供試体の載荷面の平面度は、断面の一辺の長さの0.05％以内とする。
・隣接する面の間の角度は、90±0.5°とする。

③ 型枠の取り外しおよび養生については、［コンクリートの圧縮強度試験］2.(a)の⑦⑧と同じ方法で行う。

(b) 試験方法

① 供試体は、コンクリートを型枠に詰めたときの側面を上下面とし、支承の幅の中央に置き、供試体の高さの3倍のスパンで支える。

② スパンの3等分点に、上部加圧装置を接触させる（載荷装置の接触面と供試体の面との間にすき間が生じないように注意する）。

③ 供試体には衝撃を与えないように、一様な速度で荷重を加える。試験機は、試験時の最大荷重が秤量の20～100％となる範囲で使用する。

④ 供試体が破壊するまでに試験機が示す最大荷重を、有効数字3桁まで読み取る。

⑤ 破壊断面の幅を、3カ所において0.1mmまで測定し、その平均値を有効数字4桁まで四捨五入して求める。

⑥ 破壊断面の高さを、2カ所において0.1mmまで測定し、その平均値を有効数字4桁まで四捨五入して求める。

⑦ 曲げ強度は、破壊位置によって区別し、次式で計算し、有効数字3桁まで四捨五入して求める。

・供試体が、引張り側表面のスパン方向の

コンクリートの圧縮強度・曲げ強度試験

配合	水結合材比	細骨材率	単位量　（kg/m³）				
	W/B (％)	s/a (％)	水 W	結合材 B	細骨材 S	粗骨材 G	混和剤
試料							

スランプ ＿＿＿＿＿＿ cm　　　空気量 ＿＿＿＿＿＿ ％

材齢 ＿＿＿＿＿＿ 日

供試体番号	1	2	3
直径1　　　　　　　(mm)			
直径2　　　　　　　(mm)			
平均直径　　　　　(mm)			
高さ1　　　　　　　(mm)			
高さ2　　　　　　　(mm)			
平均高さ　　　　　(mm)			
断面積　　　　　　(mm²)			
質量　　　　　　　(g)			
最大荷重　　　　　(N)			
圧縮強度　　　　　(N/mm²)			
平均圧縮強度　　　(N/mm²)			
見かけの密度　　　(kg/m³)			
供試体破壊状況のスケッチ			

材齢 ＿＿＿＿＿＿ 日

供試体番号	1	2	3
幅1　　　　　　　　(mm)			
幅2　　　　　　　　(mm)			
平均幅　　　　　　(mm)			
高さ1　　　　　　　(mm)			
高さ2　　　　　　　(mm)			
平均高さ　　　　　(mm)			
スパン　　　　　　(mm)			
最大荷重　　　　　(N)			
曲げ強度　　　　　(N/mm²)			
平均曲げ強度　　　(N/mm²)			
供試体破壊状況のスケッチ			

中心線の3等分点の間で破壊したとき

$$f_b = \frac{Pl}{bh^2} \qquad (1)$$

ここに、f_b：曲げ強度（N/mm²）
　　　　P：(b)の⑤で求めた試験機の示す最大荷重（N）
　　　　l：(b)の②で求めたスパン（mm）
　　　　b：(b)の⑥で求めた破壊断面の幅（mm）
　　　　h：(b)の⑦で求めた破壊断面の高さ（mm）

・供試体が、引張り側表面のスパン方向の中心線の3等分線の外側で破壊した場合は、その試験結果を無効とする。

参考・引用文献

1) 土木学会コンクリート委員会土木材料実験指導書編集小委員会編：土木材料実験指導書（2011年版）、土木学会、2011
2) 建設材料実験教育研究会編：建設材料実験法、鹿島出版会、2009

イラスト作成

芝浦工業大学工学部土木工学科マテリアルデザイン研究室

写真提供

日本大学理工学部土木工学科コンクリート研究室

索　引

あ
iRドロップ　103
あき　79
アースドリル工法　146
アスファルトフィニッシャ　151
アノード　100, 103
アノード分極　102
アラミド繊維　138
アルカリ骨材反応　123
アルカリシリカ反応　123
アルカリ総量　124
RCCP工法　151
RCD工法　149
アルミネート相　143
安全性　7

い
維持管理　153, 155
維持管理計画　155
維持管理体制　154
一般の環境　112
移流　111
色むら　94

う
打ち込みの最小スランプ　127
打継目　80
運搬時間　72

え
AEコンクリート　119
ASR　33
エトリンガイト　143, 144
エネルギー吸収能力　138
$MgSO_2$　143
$MgCl_2$　143
塩害　103, 110
塩化物イオン　102, 110
塩化物イオンに対する拡散係数　125
塩化物イオンの吸着　110
塩化物イオンの侵入機構　110
塩化物イオン量　117
塩化物含有量　73

塩化マグネシウム　143
鉛直打継目　81
エントラップトエア　86
エントレインドエア　119

お
小樽港北防波堤　4
オールケーシング工法　146

か
海洋コンクリート　137
化学的侵食　105, 121
重ね継手　79
ガス圧接継手　79
カソード　100, 103
カソード分極　102
型枠　74
型枠バイブレータ　86
活量　100, 101
かぶり　77
下方管理限界線　70
可溶性塩化物　117
ガラス繊維　138
過冷却現象　118
環境作用　99
環境負荷低減技術　9
間隙通過性試験　141
観察維持管理　155
乾式吹付け方式　149
乾燥収縮　144
寒中コンクリート　90
管理図　69
管理水準　154

き
機械式継手　79
気硬性コンクリート　3
亀甲状のひび割れ　123
起電力　100, 101
Gibbs（ギブス）の自由エネルギー　100
気泡間隔係数　119
吸着塩化物　111
給熱養生　91

凝結　48
凝結遅延　144
局部腐食　100
許容ひび割れ幅　61
均一腐食　100

く
杭頭処理　147
空気量　126, 131, 133
空隙径　118
空隙構造　106
クリープ　51
クリンカ　13

け
計画配合　133
軽量骨材　138
軽量骨材コンクリート　137, 138
下水道施設　121
ケミカルプレストレストコンクリート　144
現場配合　134

こ
高強度コンクリート　137, 139
鋼材　39
鋼材の電流　101, 102
鋼材腐食　100, 103
鋼材腐食発生限界濃度　113
鋼材腐食発生限界深さ　109
孔食　100
高性能AE減水剤　140
高性能減水剤　140, 143
鋼繊維　137
高流動コンクリート　137, 140
高炉スラグ微粉末　15, 141
高炉セメント　25, 143
骨材の含水状態　30
骨材粒径　134
固定塩化物　111, 114
コールドジョイント　85, 89
コンクリート　2
コンクリート抵抗　103
コンクリート標準示方書　6
コンクリートポンプ　83
コンクリートポンプ工法　146
コンクリートマット工法　145
コンシステンシー　45

さ
再アルカリ化工　159

細骨材　29
細骨材率　132
最大圧送負荷　84
最大理論吐出圧力　84
材料分離　48
材料分離抵抗性　28, 126, 140, 141
材料劣化　99
暫定の配合　126, 131

し
C_3A　16
C_3S　15
C_2S　15
C_4AF　16
事後維持管理　155
自己収縮　144
自己充填性　141
止水板　81
自然電位　104
持続可能性　5
実効拡散係数　114
湿式吹付け方式　149
湿潤養生　88
支保工　74
自由塩化物イオン　111, 114, 117
自由塩化物イオン濃度　113
収縮低減コンクリート　144
収縮低減剤　144
収縮補償コンクリート　137, 144
充填性　126
シュート　82
シューハート管理図　69
循環型社会　10
仕様規定　7
照査　7
使用性　7
上方管理限界線　70
初期欠陥　155
初期点検　156
初期凍害　118
初期の診断　156
暑中コンクリート　91
シリカフューム　3, 15, 140, 149
人工軽骨材　138
伸縮継目　82
深礎工法　146
診断　155
振動ローラ　149

す

水硬性コンクリート 3, 4
水酸化カルシウム 107
水中コンクリート 137, 142, 145
水中不分離性コンクリート 137, 142
水中不分離性混和剤 142, 143
水平打継目 80
スクイズ式ポンプ 83
スケーリング 118
スペーサ 78
スページング 87
スランプ 126, 127, 133
スランプ試験 45

せ

性能 7
性能規定 7
せき板 74
積算温度 89
施工計画書 63
石灰石微粉末 141, 149
設計 125
設計基準強度 129, 130
セメント従量 113, 116
セメントペースト 2
セルフレベリング性 143
繊維補強コンクリート 137
全塩化物 111, 114

そ

相対動弾性係数 120
増粘剤 141
側圧 75
粗骨材 29
粗骨材の最大寸法 126, 127
底開き箱（袋）コンクリート工法 145
粗粒率（F.M.） 31
損傷 155

た

耐久性 7, 99, 126
対策 158
第三者影響度 7
脱塩工 159
Tafel 勾配 102
試し練り 66, 126, 133
単位水量 131
単位水量の検査 73
単位セメント（粉体）量 131
単位粉体量 126

炭酸化 105

炭酸ガス 105, 115
短繊維補強コンクリート 137
炭素繊維 138
タンピング 87
断面修復工 159

ち

中性化 103, 105, 115
中性化速度係数 106, 109, 125
中性化残り 106, 109
中性化深さ 106, 109
中庸熱ポルトランドセメント 140, 143
沈下ひび割れ 86

つ

継手 79

て

低アルカリセメント 145
定期点検 156
定期の診断 156
低熱ポルトランドセメント 143
低発熱セメント 140
テストハンマー 94
鉄筋コンクリート 13
転圧コンクリート 137, 149
転圧コンクリート舗装 151
電位 101, 102
電位差滴定法 117
電気化学 100
電気化学当量 101
電気伝導度 145
電気防食工 159
点検 155
電磁波レーダ 95
電磁誘導 95
天然軽量骨材 138

と

凍害 118
凍結防止剤 120
凍結融解 144
凍結融解作用 143
特性値 125, 126, 130
特に厳しい腐食性環境 112
トレミー工法 142, 146

な

生コン 64

に
日常点検　156

ね
熱膨張係数　59
練上り時の目標スランプ　129
Nernst（ネルンスト）の式　101
粘土　4

の
濃縮現象　115
濃度拡散　106, 111

は
配合強度　129, 130
配合計画書　66
配合設計　125
パイプクーリング　92
破壊試験　158
バケット　83
箱（袋）詰めコンクリート工法　145
場所打ちコンクリート杭　146

ひ
ヒストグラム　68
ピストン式ポンプ　83
引張軟化特性　138
ビニロン繊維　138
非破壊試験　158
ひび割れ　57, 60, 112, 118, 123, 126
ひび割れ注入工　159
ひび割れ補強材　93
ひび割れ誘発目地　93
標準電位　101
標準偏差　67
表層透気係数　108
表面水率　134
表面の塩化物濃度　111, 115
表面被覆　122
表面被覆工　159
飛来塩分　110

ふ
Faradayの法則　101
Fickの拡散方程式　108
フィニッシャビリティー　45
フェノールフタレイン　106
吹付けコンクリート　137, 149
腐食性環境　112
腐食速度　101
フーチング　147
復旧性　7
不動態　102, 113, 122
不動態皮膜　102
フライアッシュ　3, 15, 141
フライアッシュセメント　143
プラスチック収縮ひび割れ　87
プラスティシティー　45
プランジャ　147
フリーデル氏塩　111, 115
Pourbaix（プールベ）図　101
プレクーリング　92
フレッシュコンクリート　3, 44
プレパックドコンクリート　137, 148
Freundlich型吸着等温式　114
分極　102, 103
分極曲線　103
分極図　102
分極抵抗　104
分離低減剤　141

へ
変動係数　67
ベントナイト　146

ほ
棒状バイブレータ　86
膨張コンクリート　144
膨張材　144
保温養生　88
補強　160
ボーグ式　16
補修　159
ポゾラン　3
ポップアウト　118
ポーラスコンクリート　137, 144
ポルトランドセメント　24
ポンパビリティー　45, 84

ま
膜養生　88
マクロセル　100, 103
マスコンクリート　59, 92
まぶしコンクリート　145
豆板　85

み
見掛けの拡散係数　111, 114, 115
ミクロセル　100, 103
水セメント比　126, 130

も
毛細管空隙　*119*
モルタル　*2*

よ
陽イオン交換容量　*145*
要求性能　*7, 125*
呼び強度　*65*
予防維持管理　*155*

ら
ライフサイクルアセスメント　*8*
Langmuir型吸着等温式　*114*

り
リバウンド　*149*
リバースサーキュレーションドリル工法　*146*
硫酸　*121*
硫酸塩　*121*
硫酸マグネシウム　*143*
流動性　*28, 126, 141*
リラクセーション　*51*
臨時点検　*157*
臨時の診断　*157*

る
ルートt則　*106, 109*

れ
劣化　*155*
レディーミクストコンクリート　*6, 64*

わ
ワーカビリティー　*44, 125, 126*
割増し係数　*68, 129*

著者紹介（2016年4月現在）

加藤 佳孝（かとう よしたか）

1994年	東京大学 工学部 土木工学科 卒業
1995年	東京大学 工学系研究科 社会基盤学専攻 修士課程中退
1995年	東京大学 生産技術研究所 助手
2000年	建設省 土木研究所 研究員
	国土交通省 土木研究所 研究員（省庁再編により）
	国土交通省 国土技術政策総合研究所 研究官（独立行政法人化により）
2002年	東京大学 生産技術研究所 都市基盤安全工学国際研究センター 講師
2006年	同　助教授（2007年より准教授）
2005年～2007年	アジア工科大学院 客員講師
2011年	東京理科大学 理工学部 土木工学科 准教授
2016年	東京理科大学 理工学部 土木工学科 教授、現在に至る

博士(工学)

伊代田 岳史（いよだ たけし）

1997年	芝浦工業大学 工学部 土木工学科 卒業
1999年	芝浦工業大学大学院 建設工学専攻修了（修士課程）
2001年	スイス連邦工科大学ローザンヌ校　交換留学
2003年	東京大学大学院 社会基盤学専攻修了（博士課程）
2003年	東京大学 生産技術研究所 PD研究員
2003年	新日鐵高炉セメント株式会社 技術開発センター
2009年	芝浦工業大学 工学部 土木工学科 助教
2011年	芝浦工業大学 工学部 土木工学科 准教授
2016年	芝浦工業大学 工学部 土木工学科 教授、現在に至る

博士(工学)、技術士(建設部門)

渡部　正（わたなべ ただし）

1973年	秋田県立横手工業高校 卒業
1973年	前田建設工業株式会社 入社
1978年	日本大学 理工学部 土木工学科 卒業
1991年～1993年	東京大学生産技術研究所 受託研究員
1996年～2011年	日本大学 理工学部 土木工学科 非常勤講師
1996年～1997年	中国三峡建設工程総公司 出向
2011年	前田建設工業株式会社 退社

（技術研究所 技術開発土木グループ長兼環境技術グループ長）

2011年	日本大学 生産工学部 土木工学科 准教授
2014年	日本大学 生産工学部 土木工学科 教授、現在に至る

博士(工学)、技術士(建設部門)、コンクリート主任技士、コンクリート診断士

梅村 靖弘（うめむら やすひろ）

1984年	日本大学 理工学部 土木工学科 卒業
1986年	日本大学大学院 理工学研究科（土木工学専攻）博士前期課程 修了
1986年	株式会社オリエンタルコンサルタンツ 入社
1992年	日本大学 理工学部 土木工学科 助手
1999年	日本大学 理工学部 土木工学科 専任講師
2000年	英国Dundee大学 客員研究員
2002年	日本大学 理工学部 土木工学科 助教授
2006年	日本大学 理工学部 土木工学科 教授、現在に至る

博士(工学)

鉄筋コンクリートの材料と施工

2012年10月10日　第1刷発行
2019年 7月30日　第4刷発行

著　者　加藤　佳孝
　　　　伊代田　岳史
　　　　渡部　正
　　　　梅村　靖弘

発行者　坪内　文生

発行所　鹿島出版会
　　　　104-0028　東京都中央区八重洲2丁目5番14号
　　　　Tel. 03(6202)5300　振替 00160 2 180883

落丁・乱丁本はお取替えいたします。
本書の無断複製(コピー)は著作権法上での例外を除き禁じられています。また、代行業者等に依頼してスキャンやデジタル化することは、たとえ個人や家庭内の利用を目的とする場合でも著作権法違反です。

装幀：伊藤滋章　　DTP：エムツークリエイト
印刷・製本：壮光舎印刷
© Yoshitaka KATO. Takeshi IYODA.
　Tadashi WATANABE. Yasuhiro UMEMURA., 2012
ISBN 978-4-306-02448-9　C3052　　Printed in Japan

本書の内容に関するご意見・ご感想は下記までお寄せください。
URL：http://www.kajima-publishing.co.jp
E-mail：info@kajima-publishing.co.jp